Wissenschaftliche Taschenbücher

WTB

Mathematik · Physik

Dieter Klaua

Kardinal- und Ordinalzahlen

Teil 2

THEORIA CUM PRAXI

Akademie-Verlag · Berlin

WTB Wissenschaftliche Taschenbücher

WERNER HABERDITZL
Magnetochemie

A. A. SOKOLOW
Elementarteilchen

HEINZ AHRENS
Varianzanalyse

HANS-JÜRGEN TREDER
Relativität und Kosmos
Raum und Zeit in Physik, Astronomie und Kosmologie

ALBERT EINSTEIN
Grundzüge der Relativitätstheorie

ALBERT EINSTEIN
Über die spezielle und die allgemeine Relativitätstheorie

GÜNTHER LUDWIG
Wellenmechanik. Einführung und Originaltexte

HARRY PAUL
Lasertheorie, Teil I und II

FRANZ RUDOLF KESSLER
Einführung in die physikalischen Grundlagen der Kernenergiegewinnung

D. TER HAAR
Quantentheorie. Einführung und Originaltexte

JEAN KUNTZMANN
Systeme von Differentialgleichungen
Mathematische Hilfsmittel der Physik und Chemie
Mit 88 Übungen und 40 Aufgaben

JEAN KUNTZMANN
Komplexe Veränderliche
Mathematische Hilfsmittel der Physik und Chemie
Mit 90 Übungen und 37 Aufgaben

FERDINAND CAP
Einführung in die Plasmaphysik
I. Theoretische Grundlagen

FERDINAND CAP
Einführung in die Plasmaphysik
II. Wellen und Instabilitäten

FERDINAND CAP
Einführung in die Plasmaphysik
III. Magnetohydrodynamik

J. A. ROSANOW
Wahrscheinlichkeitstheorie

HARRY PFEIFER
Theorie linearer Bauelemente
Elektronik für den Physiker I

HARRY PFEIFER
Die Elektronenröhre
Elektronik für den Physiker II

HARRY PFEIFER
Schaltungen mit Elektronenröhren
Elektronik für den Physiker III

HARRY PFEIFER
Leitungen und Antennen
Elektronik für den Physiker IV

HARRY PFEIFER
Mikrowellenelektronik
Elektronik für den Physiker V

HARRY PFEIFER
Halbleiterelektronik
Elektronik für den Physiker VI

GERHARD HÜBNER / KLAUS JUNG / ECKART WINKLER
Die Rolle des Wassers in biologischen Systemen

STEPHEN G. BRUSH
Kinetische Theorie, Teil I und II
Einführung und Originaltexte

EBERHARD HOFMANN
Eiweiße und Nucleinsäuren als biologische Makromoleküle
Dynamische Biochemie, Teil I

EBERHARD HOFMANN
Enzyme und energieliefernde Stoffwechselreaktionen
Dynamische Biochemie, Teil II

EBERHARD HOFMANN
Intermediärstoffwechsel
Dynamische Biochemie, Teil III

EBERHARD HOFMANN
Grundlagen der Molekularbiologie
und Regulation des Zellstoffwechsels
Dynamische Biochemie, Teil IV

HERBERT GOERING
Elementare Methoden zur Lösung
von Differentialgleichungsproblemen

PETER KRUMBIEGEL
Isotopieeffekte

D. M. BRINK
Kernkräfte. Einführung und Originaltexte

DIETER ONKEN
Steroide
Zur Chemie und Anwendung

HEINZ GEILER
Ökologie der Land- und Süßwassertiere

ARTHUR P. CRACKNELL
Angewandte Gruppentheorie. Einführung und Originaltexte

DIETER KLAUA
Elementare Axiome der Mengenlehre
Einführung in die Allgemeine Mengenlehre I

GÜNTHER TEMBROCK
Grundlagen der Tierpsychologie

J. F. VINSON
Optische Kohärenz in der klassischen Theorie und in der Quantentheorie

W. R. HINDMARSH
Atomspektren. Einführung und Originaltexte

GÜNTER TEMBROCK
Biokommunikation
Informationsübertragung im biologischen Bereich
Teil I und II

ADOLF ZSCHUNKE
Kernmagnetische Resonanzspektroskopie in der organischen Chemie

DIETER MERKEL
Riechstoffe

JOHN CUNNINGHAM
Vektoren

GEORG DAUTCOURT
Relativistische Astrophysik

ERNST SCHMUTZER
Symmetrien und Erhaltungssätze der Physik

GERHARD LERCH
Pflanzenökologie

MICHAEL GÖSSEL
Angewandte Automatentheorie, Band I
Grundbegriffe

MICHAEL GÖSSEL
Angewandte Automatentheorie, Band II
Lineare Automaten und Schieberegister

HEINRICH KINDLER
Der Regelkreis. Eine Einführung

A. R. KESSEL
Akustische Kernresonanz

WOLFRAM BRAUER/HANS-WALDEMAR STREITWOLF
Theoretische Grundlagen der Halbleiterphysik

HARRY PAUL
Nichtlineare Optik, Teil I und II

HANS BANDEMER/ANDREAS BELLMANN
WOLFHART JUNG/KLAUS RICHTER
Optimale Versuchsplanung

DIETRICH BENDER/ERNST-EGON PIPPIG
Einheiten, Maßsysteme, SI

DIETER KLAUA
Grundbegriffe der axiomatischen Mengenlehre, Teil 1 und 2
Einführung in die Allgemeine Mengenlehre II

E. G. GOLSTEIN
Konvexe Optimierung. Die Elemente der Theorie

HELMUT FRIEMEL / JOSEF BROCK
Grundlagen der Immunologie

SIEGFRIED HAUPTMANN
Über den Ablauf organisch-chemischer Reaktionen

EBERHARD TEUSCHER
Pharmakognosie, Teil I und II

JOACHIM NITSCHMANN
Entwicklung bei Mensch und Tier
Embryologie

R. A. R. TRICKER
Frühe Elektrodynamik

L. A. SKORNJAKOW
Elemente der Verbandstheorie

KONRAD KREHER
Festkörperphysik

N. D. SHEWANDROW
Polarisation des Lichtes

HANS MARTIN BARCHET
Chemie photographischer Prozesse

DIETER KLAUA
Kardinal- und Ordinalzahlen, Teil 1 und 2
Einführung in die Allgemeine Mengenlehre III

VOLKER KEMPE
Theorie stochastischer Systeme

ROLF BORSDORF / MANFRED SCHOLZ
Spektroskopische Methoden in der organischen Chemie

A. S. SONIN / B. A. STRUKOW
Ferroelektrizität

A. A. SMIRNOW
Metallphysik

KLAUS ODENING
Parasitismus. Grundfragen und Grundbegriffe

WOLFGANG PAULI
Vierpoltheorie und ihre Anwendung auf elektrische Schaltungen

R. A. R. TRICKER
Die Beiträge von Faraday und Maxwell zur Elektrodynamik

Vorschau auf die nächsten Bände:

HANS DAWCZYNSKI
Temperaturbeständige Faserstoffe aus organischen Polymeren

WTB

BAND 141

Dieter Klaua

Kardinal- und Ordinalzahlen

Teil 2

Einführung in die Allgemeine Mengenlehre III/2

THEORIA CUM PRAXI

AKADEMIE-VERLAG · BERLIN

Reihe MATHEMATIK UND PHYSIK

Verfasser:
Prof. Dr. rer. nat. habil. D. Klaua
Berlin

1974

Lizenznummer: 202 · 100/424/74
Herstellung: VEB Druckhaus „Maxim Gorki", 74 Altenburg,
Bestellnummer: 761 883 6 (7141) · LSV 1014
Printed in GDR
EVP 8,–

Vorwort

Der vorliegende zweite Teil III/2 von Band III „Kardinal- und Ordinalzahlen“ des Buches „Einführung in die Allgemeine Mengenlehre“ ist die unmittelbare Fortsetzung des ersten Teiles III/1, der damit für das Verständnis von III/2 erforderlich ist und dessen Vorwort den gesamten Band III einbezieht.

Berlin, Februar 1974 D. Klaua

Inhaltsverzeichnis

KAPITEL II

Kardinal- und Ordinalzahlen

KAPITEL III

Das erweiterte Axiomensystem

Inhaltsverzeichnis für Teil 1

KAPITEL II

Kardinal- und Ordinalzahlen

§ 7. Kardinalzahlen und ihre Wohlordnung

1. Vorbemerkungen. In Bd. II, § 7 wurden die natürlichen Zahlen mit einem Abstraktionsprinzip (im weiteren Sinne; vgl. Bd. II, § 6, Abschn. 2) in bezug auf die Gleichmächtigkeit $\sim$ im Bereich der endlichen Mengen eingeführt. Sie ermöglichen mit ihren Relationen (wie $\leqq$, $<$) und Operationen (wie $+$, $\cdot$) eine vorteilhafte, nämlich repräsentantenfreie Kommunikation über Gesetzmäßigkeiten endlicher Mengen. Als Verallgemeinerung hiervon sollen in Kapitel II jetzt zu demselben Vorteil repräsentantenfreier Kommunikation mit einem Abstraktionsprinzip in bezug auf die Gleichmächtigkeit $\sim$ im Bereich aller Mengen die Kardinalzahlen und mit einem Abstraktionsprinzip in bezug auf die Isomorphie $\simeq$ im Bereich aller wohlgeordneten Mengen die Ordinalzahlen eingeführt werden. Wir wissen nach Satz 5, § 4, daß endliche wohlgeordnete Mengen isomorph sind genau dann, wenn sie gleichmächtig sind, so daß man bei der Definition der natürlichen Zahlen auf den Ordinalzahlaspekt verzichten konnte (vgl. auch Bd. II, § 7, Abschn. 2). Der Grundstein zur Theorie der Kardinal- und Ordinalzahlen wurde von CANTOR gelegt. Diese Zahlen führen — abgesehen von dem prinzipiellen theoretischen Interesse an ihnen — in Kapitel III zur wichtigen Erkenntnis der exorbitanten Größe der Universen bei der noch vorzunehmenden Erweiterung des elementaren Axiomensystems der Mengenlehre aus Band I. Das von uns verwendete Abstraktionsprinzip bei der Definition der Kardinal- und Ordinalzahlen (Relativierung der „Abstraktionsklassen“ auf kleinstmögliche

Allmengen) hat im Gegensatz zu anderen Definitionen (vgl. etwa H. Bachmann, Transfinite Zahlen) den Vorteil, daß es generell für jede nicht mehr als mengentheoretisches Objekt existierende Äquivalenzrelation funktioniert, nicht nur für die Gleichmächtigkeit von Mengen und die Isomorphie wohlgeordneter Mengen (z. B. auch für die Isomorphie irgendeiner Strukturgattung wie die Isomorphie vollgeordneter Mengen, die Isomorphie von durch eine Relation geregelten Mengen, die Gruppenisomorphie, Verbandsisomorphie, Isomorphie topologischer Räume). Kardinalzahlen werden vorwiegend mit kleinen deutschen Buchstaben (kleinen Frakturbuchstaben), Ordinalzahlen vorwiegend mit kleinen griechischen Buchstaben bezeichnet. Wir beginnen mit der Definition der Kardinalzahlen.

2. Der Kardinalzahlbegriff. Die Kardinalzahl (Anzahl, Grundzahl) einer Menge A soll anschaulich die Elementeanzahl dieser Menge sein, wobei der Begriff der Elementeanzahlgleichheit von Mengen A, B als Gleichmächtigkeit, nämlich $A \sim B$, bereits vorhanden ist. Gesucht ist also ein in Abhängigkeit von der Menge A definiertes mengentheoretisches Objekt $\mathbf{T}(A)$, so daß für Mengen A, B gilt:

$$\mathbf{T}(A) = \mathbf{T}(B) \leftrightarrow A \sim B .$$

Für endliche Mengen A haben wir mit der natürlichen Zahl card A ein solches Objekt $\mathbf{T}(A)$ schon früher definiert (vgl. Bd. II, § 7). Jetzt schlagen wir für beliebige Mengen A folgenden Weg ein (der auch früher für endliche Mengen hätte beschritten werden können): Die Gleichmächtigkeit $\sim$ bildet eine Äquivalenzrelation im Bereich der Mengen. Für jede nichtleere Menge A existiert allerdings die „Äquivalenzklasse“

$$[A] = \{X \mid X \sim A\},$$

die man als naheliegendes $\mathbf{T}(A)$ verwenden könnte, nicht mehr als mengentheoretisches Objekt. Denn für jedes Objekt a wäre auch $\{a\} \times A \sim A$ und damit

$$a \in (a, x) \in \{a\} \times A \in [A] \quad \text{für jedes} \quad x \in A ;$$

im Falle $A \neq \emptyset$ wäre also $a \sqsubset [A]$ für jedes Objekt a, womit $[A]$ selbst kein mengentheoretisches Objekt sein kann. Relativiert man jedoch $[A]$ auf eine feste Allmenge, etwa auf die kleinste Allmenge K, welche als Element eine mit A gleichmächtige Menge X enthält, so erhält man sofort ein einwandfrei definiertes Objekt

$$\mathrm{T}(A) = \{X \in K \mid X \sim A\}.$$

Schließlich ersetzen wir noch $\mathrm{T}(A)$ für endliches A durch die natürliche Zahl card A, wodurch die natürlichen Zahlen in den Bereich aller Kardinalzahlen eingebettet werden, und bezeichnen danach die Kardinalzahl einer beliebigen Menge A mit card A. Um nicht auf die Definition der natürlichen Zahlen zurückgreifen zu müssen, sondern um uns nur auf das PEANOsche Axiomensystem der natürlichen Zahlen stützen zu können, werden wir die $\mathrm{T}(A)$ für unendliches A noch mit $\boldsymbol{N}$ indizieren, so daß dann bei der vorgenommenen Einbettung der natürlichen Zahlen Überschneidungen vermieden werden.

Satz 1. *Für jede Menge A existiert die in bezug auf $\subseteq$ kleinste Allmenge K mit*

$$\exists X(X \in K \wedge X \sim A).$$

Beweis. Jede Menge A ist Element einer Allmenge B (Satz 3a), Bd. I, § 5), womit B gleichzeitig eine Allmenge ist, welche eine mit A gleichmächtige Menge X als Element enthält, nämlich $X = A$. Das Mengensystem

$$\mathfrak{B} = \{Y \mid Y \text{ Allmenge} \wedge Y \subseteq B \wedge \exists X(X \in Y \wedge X \sim A)\}$$

besitzt nach der Minimumbedingung für Allmengen (Satz 4, Bd. I, § 5) ein kleinstes Element

$$K = \min \mathfrak{B},$$

welches auf Grund der Vergleichbarkeit der Allmengen die gewünschte kleinste Allmenge K ist mit also

$$\exists X(X \in K \wedge X \sim A)$$

und

$$\exists X(X \in L \wedge X \sim A) \rightarrow K \subseteq L$$

für beliebige Allmengen L. ∎

Definition 1. Ist A eine Menge und K die kleinste Allmenge mit $X \sim A$ für ein $X \in K$, so sei die *Kardinalzahl von* A oder die *Mächtigkeit* (*Anzahl*, *Elementeanzahl*, *Grundzahl*) *von* A im Falle einer endlichen Menge A die natürliche Zahl von A (Definition 5, Bd. II, § 7) und im Falle einer unendlichen Menge A das Paar

$$(\boldsymbol{N}, \{X \in K \mid X \sim A\}),$$

in beiden Fällen bezeichnet mit: card A (gelesen: *Kardinalzahl* A). Ein Objekt $\mathfrak{a}$ ist eine *Kardinalzahl*, wenn es eine Menge A mit $\mathfrak{a} = \operatorname{card} A$ gibt. Eine Menge A *repräsentiert* die Kardinalzahl $\mathfrak{a}$, ist ein *Repräsentant* von $\mathfrak{a}$ oder *besitzt* $\mathfrak{a}$ *Elemente*, falls $\operatorname{card} A = \mathfrak{a}$ gilt. ∎

An Stelle von card A findet man auch die Bezeichnung $|A|$ oder nach Cantor $\overline{\overline{A}}$; wir verwenden card A. Die natürlichen Zahlen sind die Kardinalzahlen der endlichen und auch nur der endlichen Mengen, da für eine unendliche Menge A stets $\boldsymbol{N} \in \operatorname{card} A$ ist, also nicht $\operatorname{card} A \in \boldsymbol{N}$ sein kann.

Satz 2. *Für Mengen* A, B *und Kardinalzahlen* $\mathfrak{a}$, $\mathfrak{b}$ *gilt:*

a) $\operatorname{card} A = \operatorname{card} B \leftrightarrow A \sim B$,

b) $$\begin{aligned}\mathfrak{a} = \mathfrak{b} &\leftrightarrow \forall X \forall Y(\mathfrak{a} = \operatorname{card} X \wedge \mathfrak{b} = \operatorname{card} Y \\ &\qquad \rightarrow X \sim Y) \\ &\leftrightarrow \exists X \exists Y(\mathfrak{a} = \operatorname{card} X \wedge \mathfrak{b} = \operatorname{card} Y \\ &\qquad \wedge X \sim Y).\end{aligned}$$

Beweis. a) Sind A, B endliche Mengen, so ist die Behauptung eine bekannte Eigenschaft der natürlichen Zahlen (vgl. aus Bd. II, § 7: Satz 5a) und Abschn. 7). Ist A endlich und B unendlich, so ist $A \not\sim B$ und

$$\operatorname{card} A \in \boldsymbol{N} \in \operatorname{card} B,$$

also auch card $A \neq$ card B. Analog bei unendlichem A und endlichem B. Sind A, B unendliche Mengen mit den zugehörigen kleinsten Allmengen K, L, so ist

$$\text{card}\, A = (\boldsymbol{N}, \{X \in K \mid X \sim A\}),$$
$$\text{card}\, B = (\boldsymbol{N}, \{X \in L \mid X \sim B\}).$$

Aus card $A =$ card B und der Nichtleerheit der zweiten Elemente dieser Paare folgt $A \sim B$. Aus $A \sim B$ folgt umgekehrt $K = L$ und damit card $A =$ card B.

b) folgt unmittelbar aus a). ∎

Nach Satz 2a) ist der Kardinalzahlbegriff für beliebige Mengen mit einem Abstraktionsprinzip (im weiteren Sinne) in bezug auf die Gleichmächtigkeit im Bereich aller Mengen eingeführt worden. Für den Umgang mit dem Kardinalzahlbegriff dient fast ausschließlich Satz 2 als Grundlage.

Satz 3. *Für Allbereiche* $\mathfrak{B}$, *Kardinalzahlen* $\mathfrak{a}$ *und Mengen* A *gilt*:

a) $\mathfrak{a} \in \mathfrak{B} \rightarrow \exists X(\mathfrak{a} = \text{card}\, X \wedge X \in \mathfrak{B})$,

b) $\boldsymbol{N}, A \in \mathfrak{B} \rightarrow \text{card}\, A \in \mathfrak{B}$.

Beweis. a) Für natürliche Zahlen $\mathfrak{a}$ ist $\mathfrak{a} = \text{card}\, \boldsymbol{N}(\mathfrak{a})$ bei endlichem $\boldsymbol{N}(\mathfrak{a}) \subseteq \boldsymbol{N} \subseteq \mathfrak{B}$ und damit $\boldsymbol{N}(\mathfrak{a}) \in \mathfrak{B}$ nach Satz 8f), e), Bd. II, § 10. Ist $\mathfrak{a} \in \mathfrak{B}$ und $\mathfrak{a}$ keine natürliche Zahl, so folgt trivial aus Definition 1 die Existenz eines Repräsentanten X mit $X \sqsubset \mathfrak{a}$, also mit $X \in \mathfrak{B}$.

b) Sei $\boldsymbol{N}, A \in \mathfrak{B}$. Für endliches A ist sofort card $A \in \boldsymbol{N} \subseteq \mathfrak{B}$. Für unendliches A ist

$$\text{card}\, A = (\boldsymbol{N}, \{X \in K \mid X \sim A\})$$

für die kleinste Allmenge K mit $X \sim A$ für ein $X \in K$. Nach Satz 8c), Bd. II, § 10 ist

$$A \in \mathfrak{P}A \in \mathfrak{B}.$$

Für die Allmenge L aller Objekte $x \sqsubset \mathfrak{P}A$ (vgl. Definition 1, Bd. I, § 5) ist $A \in L \subseteq \mathfrak{B}$ und sogar $L \subset \mathfrak{B}$ wegen $\mathfrak{P}A \in \mathfrak{B} \setminus L$. Damit ist $K \subseteq L \subset \mathfrak{B}$, also $K \in \mathfrak{B}$, also nach Satz 8b), c), Bd. II, § 10 wegen

$$\boldsymbol{N} \in \mathfrak{B}, \qquad \{X \in K \mid X \sim A\} \in \mathfrak{B}$$

schließlich card $A \in \mathfrak{B}$. ∎

3. Anordnung. Wir hatten bereits in Definition 7, Bd. II, § 7 auf der Grundlage des Gleichmächtigkeitsbegriffes die reflexive und irreflexive Anordnungsbeziehung $\precsim$ und $\prec$ für Mengen A, B eingeführt:

$$A \precsim B \leftrightarrow \exists X(A \sim X \subseteq B),$$
$$A \prec B \leftrightarrow A \precsim B \wedge A \nsim B.$$

Man rekapituliere Satz 9, Bd. II, § 7, der für alle weiteren Betrachtungen verwendet wird. Für endliche Mengen B gilt nach Satz 11c), Bd. II, § 7 auch

$$A \prec B \leftrightarrow \exists X(A \sim X \subset B),$$

während es für unendliches B nach Satz 3, Bd. II, § 9 ein X mit $B \sim X \subset B$ gibt, so daß dann für $A = B$ zwar $\exists X(A \sim X \subset B)$ gilt, aber nicht $A \prec B$. Es besteht noch der

Satz 4. *Für Mengen A, B gilt:*

a) $A \precsim B \leftrightarrow \exists f$ (*f eineindeutige Abbildung von A in B*),

b) $A \precsim B \leftrightarrow \exists f$ (*f eindeutige Abbildung von B auf A*) $\vee A = \emptyset$.

Beweis. a) ist trivial nach Definition von $\precsim$. b) ($\rightarrow$) Ist $A \precsim B$ und $A \sim X \subseteq B$, so gibt es eine eineindeutige Abbildung f' von X auf A. Ist außerdem $A \neq \emptyset$ und $a \in A$, so ist die Funktion f über B mit

$$f(x) = \begin{cases} f'(x) & \text{für} \quad x \in X \\ a & \text{für} \quad x \in B \setminus X \end{cases}$$

eine Funktion von B auf A. ($\leftarrow$) Ist $A = \emptyset$, so ist trivial $A \precsim B$ für jede Menge B. Gibt es eine Funktion f von B auf A, so ist nach Satz 9, Bd. II, § 7

$$A = \mathrm{W}(f) \precsim \mathrm{D}(f) = B. \blacksquare$$

Inhaltlich bedeutet $A \precsim B$ bzw. $A \prec B$, daß die Elementeanzahl von A kleinergleich der von B bzw. kleiner als die von B ist, so daß wir für den uns jetzt zur Verfügung stehenden Begriff der Elementeanzahl sofort definieren können:

Definition 2. $\mathfrak{a}, \mathfrak{b}$, seien Kardinalzahlen: $\mathfrak{a}$ ist *kleinergleich* $\mathfrak{b}$, in Zeichen: $\mathfrak{a} \leqq \mathfrak{b}$, oder $\mathfrak{b}$ ist *größergleich* $\mathfrak{a}$, in Zeichen: $\mathfrak{b} \geqq \mathfrak{a}$, wenn

$$\forall X \,\forall Y (\mathfrak{a} = \operatorname{card} X \wedge \mathfrak{b} = \operatorname{card} Y \rightarrow X \precsim Y)$$

gilt; $\mathfrak{a}$ ist *kleiner* als $\mathfrak{b}$, in Zeichen: $\mathfrak{a} < \mathfrak{b}$, oder $\mathfrak{b}$ ist *größer* als $\mathfrak{a}$, in Zeichen: $\mathfrak{b} > a$, wenn

$$\forall X \,\forall Y (\mathfrak{a} = \operatorname{card} X \wedge \mathfrak{b} = \operatorname{card} Y \rightarrow X \prec Y)$$

gilt. $\blacksquare$

Die Entscheidung darüber, ob $\mathfrak{a} \leqq \mathfrak{b}$ bzw. $a < \mathfrak{b}$ gilt oder nicht, fällt bereits durch ein einzeln herausgegriffenes Repräsentantenpaar (X, Y), unabhängig von der speziellen Auswahl dieser Repräsentanten X, Y:

Satz 5. *Für Mengen A, B und Kardinalzahlen* $\mathfrak{a}, \mathfrak{b}$ *gilt:*

a) $\operatorname{card} A \leqq \operatorname{card} B \leftrightarrow A \precsim B,$

$\operatorname{card} A < \operatorname{card} B \leftrightarrow A \prec B,$

b)
$$\begin{aligned}
\mathfrak{a} \leqq \mathfrak{b} &\leftrightarrow \forall X \,\forall Y (\mathfrak{a} = \operatorname{card} X \wedge \mathfrak{b} = \operatorname{card} Y \\
&\qquad \rightarrow X \precsim Y) \\
&\leftrightarrow \exists X \,\exists Y (\mathfrak{a} = \operatorname{card} X \wedge \mathfrak{b} = \operatorname{card} Y \\
&\qquad \wedge X \precsim Y), \\
\mathfrak{a} < \mathfrak{b} &\leftrightarrow \forall X \,\forall Y (\mathfrak{a} = \operatorname{card} X \wedge \mathfrak{b} = \operatorname{card} Y \\
&\qquad \rightarrow X \prec Y) \\
&\leftrightarrow \exists X \,\exists Y (\mathfrak{a} = \operatorname{card} X \wedge \mathfrak{b} = \operatorname{card} Y \\
&\qquad \wedge X \prec Y).
\end{aligned}$$

Beweis. a) folgt aus b), und für b) genügt es nach Satz 2a), für beliebige Mengen X, X', Y, Y' mit $X \sim X'$ und $Y \sim Y'$ zu zeigen:

$$X \leq Y \leftrightarrow X' \leq Y', \qquad X < Y \leftrightarrow X' < Y'.$$

Dies folgt aber unmittelbar aus Satz 9, Bd. II, § 7. ∎

Aus den Sätzen 2a) und 5a) folgt (wie auch aus Satz 9, Bd. II, § 7) für Mengen A, A', B, B' mit $A \sim A'$ und $B \sim B'$:

$$A \leq B \leftrightarrow A' \leq B', \qquad A < B \leftrightarrow A' < B'.$$

$\leqq$ und $<$ fallen innerhalb $\boldsymbol{N}$ mit der üblichen $\leqq$- und $<$-Beziehung der natürlichen Zahlen zusammen (vgl. aus Bd. II, § 7: Satz 11d) und Abschn. 7) und bilden also in $\boldsymbol{N}$ eine reflexive bzw. irreflexive Wohlordnung. Wir zeigen jetzt repräsentantenweise, daß $\leqq$ und $<$ auch im Gesamtbereich der Kardinalzahlen eine reflexive bzw. irreflexive Wohlordnung bilden, d. h. genauer: sie liefern in jeder Menge von Kardinalzahlen eine reflexive bzw. irreflexive Wohlordnung, die einander zugehörig sind. Nach Satz 9, Bd. II, § 7 gilt bereits für Mengen A, B, C:

$$A \leq B \leftrightarrow A < B \vee A \sim B, \quad A < B \leftrightarrow A \leq B \wedge A \nsim B$$

$$A \leq A, \qquad A \nless A,$$

$$A \leq B \leq C \rightarrow A \leq C.$$

Der folgende Satz geht auf Cantor, Bernstein und Schröder zurück.

Satz 6 (Cantor-Bernsteinscher Äquivalenzsatz). *Für Mengen A, B gilt:*

$$A \leq B \wedge B \leq A \rightarrow A \sim B.$$

Beweis. Es seien A, B Mengen; für

$$(1) \ A \leq B \wedge B \leq A \rightarrow A \sim B$$

genügt es zu zeigen, daß für beliebige Mengen A_1, A_2, A gilt:

$$(2)\quad A_1 \subseteq A_2 \subseteq A \wedge A_1 \sim A \to A_2 \sim A.$$

Denn ist (2) bewiesen und ist $A \lesssim B$ und $B \lesssim A$, so gibt es Mengen X, Y mit $A \sim X \subseteq B$ und $B \sim Y \subseteq A$; wegen $X \subseteq B \sim Y$ ist $X \sim Z \subseteq Y$ für eine Menge Z, und wegen $Z \sim X \sim A$ ist $Z \sim A$, also insgesamt $Z \subseteq Y \subseteq A$ und $Z \sim A$, woraus nach (2) $Y \sim A$ folgt, also schließlich $A \sim B$ wegen $Y \sim B$. Für (2) genügt es zu zeigen, daß für paarweise disjunkte Mengen A, B, C (d. h. $A \cap B = A \cap C = B \cap C = \emptyset$) gilt:

$$(3)\quad A \cup B \cup C \sim A \to A \cup B \cup C \sim A \cup B.$$

Denn ist (3) bewiesen und ist $A_1 \subseteq A_2 \subseteq A$ und $A_1 \sim A$, so setze man $X = A_1$, $Y = A_2 \setminus A_1$, $Z = A \setminus A_2$; dann sind X, Y, Z paarweise disjunkt, und es ist $X = A_1 \sim A = X \cup Y \cup Z$, woraus nach (3) $A_2 = X \cup Y \sim X \cup Y \cup Z = A$ folgt.

Wir brauchen also nur noch (3) zu beweisen. Dem Beweis liegt folgende Idee zugrunde: Man erhält aus einer eineindeutigen Abbildung f von $A \cup B \cup C$ auf A eine Funktion g von $A \cup B \cup C$ in $A \cup B$, indem man für eine feste Menge X mit $C \subseteq X \subseteq A \cup B \cup C$ bei $x \in A \cup B \cup C$ definiert:

$$g(x) = \begin{cases} f(x), & \text{falls} \quad x \in X \\ x, & \text{falls} \quad x \notin X; \end{cases}$$

denn es ist $g(x) = f(x) \in A$ für $x \in X$ und $g(x) = x \in A \cup B$ für $x \notin X$. g wird eineindeutig, wenn man noch $f\langle X\rangle \subseteq X$ fordert; denn f ist eineindeutig, und bei $f\langle X\rangle \subseteq X$ kann es nicht passieren, daß $g(x_1) = g(x_2)$ gilt für $x_1 \in X$, $x_2 \notin X$. Vom Wertebereich von g werden wahrscheinlich um so mehr Elemente von $A \cup B$ erfaßt, je kleiner X ist (im Falle $X = C$ z. B. wäre sofort $\mathrm{W}(g) = A \cup B$). Wir versuchen also zu beweisen, daß die kleinste Menge X mit $C \subseteq X \subseteq A \cup B \cup C$ und $f\langle X\rangle \subseteq X$ existiert (indem wir etwa den Durchschnitt all dieser Mengen X bilden und nachweisen, daß er ebenfalls eine solche Menge X ist) und daß für diese kleinste Menge X, etwa mit A' bezeichnet, die Funktion g von $A \cup B \cup C$ in $A \cup B$ mit

$$g(x) = \begin{cases} f(x), & \text{falls} \quad x \in A' \\ x, & \text{falls} \quad x \notin A' \end{cases}$$

eine eineindeutige Abbildung von $A \cup B \cup C$ auf $A \cup B$ ist. Diese Beweisidee soll nun exakt durchgeführt werden.

Es seien also A, B, C paarweise disjunkte Mengen, f sei eine eineindeutige Abbildung von $A \cup B \cup C$ auf A, und es sei

$$\mathfrak{X} = \{X \mid C \subseteq X \subseteq A \cup B \cup C \wedge f\langle X \rangle \subseteq X\}.$$

Wegen $A \cup B \cup C \in \mathfrak{X}$ ist $\mathfrak{X} \neq \emptyset$; es sei

$$A' = \bigcap \mathfrak{X}, \qquad A^* = f\langle A' \rangle.$$

Für jedes X gilt:

$$\text{(a)} \quad X \in \mathfrak{X} \rightarrow C \cup f\langle X \rangle \in \mathfrak{X}.$$

Denn aus $X \in \mathfrak{X}$ folgt $C \subseteq X \subseteq A \cup B \cup C$ und $f\langle X \rangle \subseteq X$, also

$$C \subseteq C \cup f\langle X \rangle \subseteq A \cup B \cup C, \qquad C \cup f\langle X \rangle \subseteq X;$$

aus $C \cup f\langle X \rangle \subseteq X$ folgt

$$f\langle C \cup f\langle X \rangle \rangle \subseteq f\langle X \rangle \subseteq C \cup f\langle X \rangle;$$

also insgesamt $C \cup f\langle X \rangle \in \mathfrak{X}$. Weiter gilt:

$$\text{(b)} \quad A' \in \mathfrak{X}.$$

Denn es ist trivial $C \subseteq \bigcap \mathfrak{X} \subseteq A \cup B \cup C$ und $f\langle \bigcap \mathfrak{X} \rangle \subseteq \bigcap \mathfrak{X}$. Schließlich ist:

$$\text{(c)} \quad C \cup A^* = A'.$$

Denn aus (a), (b) folgt $C \cup A^* \in \mathfrak{X}$, also $A' = \bigcap \mathfrak{X} \subseteq C \cup A^*$; aus (b) folgt $C \subseteq A'$ und $A^* = f\langle A' \rangle \subseteq A'$, also auch $C \cup A^* \subseteq A'$.

Wir zeigen nun, daß die über $A \cup B \cup C$ definierte Funktion

$$g(x) = \begin{cases} f(x), & \text{falls} \quad x \in C \cup A^* \\ x, & \text{falls} \quad x \notin C \cup A^* \end{cases}$$

eine eineindeutige Abbildung von $A \cup B \cup C$ auf $A \cup B$ ist. Trivial ist g eine eindeutige Abbildung von $A \cup B \cup C$ in $A \cup B$, da $\mathrm{W}(f) \subseteq A$ ist und für $x \notin C \cup A^*$ stets $x \notin C$ und damit $x \in A \cup B$ ist wegen $x \in A \cup B \cup C$. g ist eine Abbildung auf $A \cup B$. Sei hierzu $y \in A \cup B$. Im Falle $y \notin C \cup A^*$ ist $g(y) = y$; im Falle $y \in C \cup A^*$ ist wegen $A \cap C = B \cap C = \emptyset$ und wegen (c) $y \in A^* = f\langle A' \rangle = f\langle C \cup A^* \rangle$, also $g(x) = f(x) = y$ für ein $x \in C \cup A^*$. Schließlich ist g auch voreindeutig. Denn für Elemente $x_1, x_2 \in A \cup B \cup C$ gilt im Falle $x_1, x_2 \in C \cup A^*$ oder $x_1, x_2 \notin C \cup A^*$:

$$g(x_1) = g(x_2) \rightarrow f(x_1) = f(x_2) \vee x_1 = x_2 \rightarrow x_1 = x_2,$$

da f umkehrbar ist, und im Falle $x_1 \in C \cup A^*, x_2 \notin C \cup A^*$:

$$g(x_1) = f(x_1) \neq x_2 = g(x_2),$$

da $f(x_1) \in f\langle A' \rangle = A^*$ und $x_2 \notin A^*$ ist. ∎

Aus Satz 6 folgt umgekehrt für Mengen A, B, C:

$$A \cup B \cup C \sim A \rightarrow A \cup B \cup C \sim A \cup B;$$

denn es ist $A \cup B \preceq A \cup B \cup C$ wegen $A \cup B \subseteq A \cup B \cup C$, und unter der Voraussetzung $A \cup B \cup C \sim A$ ist $A \cup B \cup C \preceq A \cup B$ wegen $A \cup B \cup C \sim A \preceq A \cup B$, so daß insgesamt aus Satz 6 $A \cup B \cup C \sim A \cup B$ folgt. Die Aussagen (1), (2), (3) im Beweis zu Satz 6 sind also alle gleichwertig, wobei die paarweise Disjunktheit der Mengen von (3) sogar entbehrlich ist.

Mit Satz 6 folgt für Mengen A, B, C auch:

$$A \prec B \wedge B \prec C \to A \prec C,$$

$$A \prec B \to B \not\prec A,$$

$$A \prec B \wedge B \preceq C \to A \prec C,$$

$$A \preceq B \wedge B \prec C \to A \prec C,$$

$$A \prec B \to B \not\preceq A, \qquad A \preceq B \to B \not\prec A.$$

Denn ist $A \prec B \prec C$, so ist zunächst $A \preceq B \preceq C$, also $A \preceq C$, und wäre $A \sim C$, so hätte man etwa $A \preceq B \preceq A$, also nach Satz 6 $A \sim B$ im Widerspruch zu $A \prec B$.

Satz 7 (Vergleichbarkeitssatz für Mengen). *Für Mengen A, B gilt:*

$$A \preceq B \vee B \preceq A.$$

Beweis. Für Mengen A, B gilt nach Satz 4a):

$$A \preceq B \leftrightarrow \exists f(f \textit{ eineindeutige Abbildung von } A \textit{ in } B).$$

Das Mengensystem

$$\mathfrak{F} = \{f \mid f \textit{ eineindeutige Abbildung aus } A \textit{ in } B\}$$

ist rechtsinduktiv (vgl. Beispiel (2) hinter Definition 10, § 2), so daß nach dem ZORNschen Lemma (Satz 6, § 6) ein maximales Element f von $\mathfrak{F}$ existiert, d. h. ein $f \in \mathfrak{F}$ mit $f \not\subset g$ für jedes $g \in \mathfrak{F}$. f ist eine eineindeutige Abbildung aus A in B, also u. a. $D(f) \subseteq A$ und $W(f) \subseteq B$. Ist $D(f) = A$, so ist f eine eineindeutige Abbildung von A in B, also $A \preceq B$. Ist $W(f) = B$, so ist f^{-1} eine eineindeutige Abbildung von B in A, also $B \preceq A$. Der Fall $D(f) \subset A$ und $W(f) \subset B$ kann schließlich nicht eintreten; denn für ein $x \in A \setminus D(f)$ und ein $y \in B \setminus W(f)$ wäre $g = f \cup \{(x, y)\} \in \mathfrak{F}$ bei $f \subset g$ im Widerspruch zur Maximalität von f. Damit gilt stets $D(f) = A$ oder $W(f) = B$, also $A \preceq B$ oder $B \preceq A$. ∎

Mit Satz 7 folgt für Mengen A, B auch:

$$A \prec B \vee A \sim B \vee B \prec A,$$

$$A \prec B \leftrightarrow B \npreceq A, \qquad A \preceq B \leftrightarrow B \nprec A;$$

die drei Fälle der ersten Zeile schließen sich gegenseitig aus.

Satz 8. *Für Mengensysteme* $\mathfrak{M}$ *gilt*:

$$\mathfrak{M} \neq \emptyset \rightarrow \exists M(M \in \mathfrak{M} \wedge \forall X(X \in \mathfrak{M} \rightarrow M \preceq X)).$$

Beweis. Der Hauptsatz der Wohlordnungstheorie liefert zunächst für wohlgeordnete Mengen $(A, \leqq)$ und Mengen X:

$$X \prec A \rightarrow \exists a(a \in A \wedge X \sim \text{Ab}\, a). \quad (*)$$

Denn ist $X \sim U \subseteq A$ und $U \not\sim A$, so gibt es nach Satz 25, § 4 ein Segment S von A mit $(U, \leqq \| U) \simeq (S, \leqq \| S)$, also mit $U \sim S$ bei $S \neq A$ wegen $U \not\sim A$; damit ist S ein Abschnitt Ab a mit $X \sim U \sim \text{Ab}\, a$.

Ist nun $\mathfrak{M}$ ein nichtleeres Mengensystem, $A \in \mathfrak{M}$ und $\leqq$ eine nach dem Wohlordnungssatz (Satz 1, § 6) existierende Wohlordnung in A, so sei

$$B = \{a \in A \mid \exists X(X \in \mathfrak{M} \wedge X \sim \text{Ab}\, a)\}.$$

Es ist $B \subseteq A$. Ist $B = \emptyset$, so gilt nach (*) $X \prec A$ für kein $X \in \mathfrak{M}$; damit gilt nach Satz 7 $M \preceq X$ für $M = A$ und alle $X \in \mathfrak{M}$. Ist $B \neq \emptyset$, so sei b innerhalb $(A, \leqq)$ das kleinste Element von B. Nach Definition von B existiert ein $M \in \mathfrak{M}$ mit $M \sim \text{Ab}\, b$. Dann gilt $M \preceq X$ für alle $X \in \mathfrak{M}$. Wäre nämlich $X \prec M$ für ein $X \in \mathfrak{M}$, so hätte man $X \prec M \sim \text{Ab}\, b$, also $X \prec \text{Ab}\, b$, womit nach (*) – angewandt auf den wohlgeordneten Abschnitt (Ab b, $\leqq \|$ Ab b) – ein $c \in \text{Ab}\, b$ existiert mit $X \sim \text{Ab}\, c$; dann wäre $c \in B$ bei $c < b$ im Widerspruch zur Minimumeigenschaft von b. ∎

Damit haben wir repräsentantenweise alle Sätze für die Wohlordnungseigenschaften von $\leqq$ und $<$ zusammengestellt, wobei Wert darauf gelegt wurde, möglichst ohne Wohlordnungstheorie auszukommen (sie kam äußerlich nur beim Beweis von Satz 8 ins Spiel). Verzichtet man auf diese methodische Vorgabe, so erhält man alle Ergebnisse mit einem Schlage aus dem Wohlordnungssatz und dem Hauptsatz der Wohlordnungstheorie, was wir jetzt noch zeigen wollen. Es genügt offenbar, die reflexiven Gesetze zu behandeln, da die irreflexiven eine unmittelbare Folge daraus sind.

Satz 9. *Für Mengen A, B, C und Mengensysteme $\mathfrak{M}$ gilt:*

$$A \preceq A,$$
$$A \preceq B \preceq C \rightarrow A \preceq C,$$
$$A \preceq B \preceq A \rightarrow A \sim B,$$
$$A \preceq B \vee B \preceq A,$$
$$\mathfrak{M} \neq \emptyset \rightarrow \exists M(M \in \mathfrak{M} \wedge \forall X(X \in \mathfrak{M} \rightarrow M \preceq X)).$$

Beweis. Der Beweis wird nach „N. Bourbaki, Théorie des ensembles, Kapitel III" geführt. Es genügt, die Behauptungen für die Elemente A, B, C und die Teilmengen $\mathfrak{M}$ eines beliebig vorgegebenen Mengensystems $\mathfrak{N}$ zu beweisen. Sei also $\mathfrak{N}$ ein Mengensystem. Nach dem Wohlordnungssatz existiert eine Wohlordnung $\leqq$ in der Vereinigung $V = \bigcup \mathfrak{N}$, und nach dem Hauptsatz der Wohlordnungstheorie existiert (über Satz 25, § 4) für jedes $X \subseteq V$ ein Segment S von V (bzgl. $\leqq$) mit

$$(X, \leqq \| X) \simeq (S, \leqq \| S), \qquad X \sim S.$$

Das Mengensystem $\mathfrak{S}$ aller Segmente von V ist in bezug auf $\subseteq$ wohlgeordnet (Satz 8b), § 4). Damit existiert für jedes $X \subseteq V$ das kleinste Segment $S(X)$ von V mit $X \sim S(X)$. Für beliebige $X, Y \subseteq V$ gilt:

$$\left.\begin{aligned} X \sim Y &\leftrightarrow S(X) = S(Y), \\ X \preceq Y &\leftrightarrow S(X) \subseteq S(Y); \end{aligned}\right\} (*)$$

denn ist $X \precsim Y$, so ist $X \sim Z \subseteq Y \sim S(Y)$ für eine Menge Z, also auch $X \sim Z \subseteq S(Y)$ für ein Z, und Z ist (wieder nach Satz 25, § 4), auf das wohlgeordnete Segment $(S(Y), \leqq \| S(Y))$ angewandt) mit einem Segment T von $S(Y)$ gleichmächtig, womit also $X \sim T$ und T Segment von V ist, also $S(X) \subseteq T \subseteq S(Y)$.

Schließlich ist das Teilsystem $\mathfrak{S}'$ von $\mathfrak{S}$ aller $S(X)$ für $X \in \mathfrak{N}$ ebenfalls bzgl. $\subseteq$ wohlgeordnet, woraus über (*) die Behauptungen unseres Satzes für die Elemente $A, B, C \in \mathfrak{N}$ und die Teilmengen $\mathfrak{M} \subseteq \mathfrak{N}$ folgen. ∎

Wir erinnern an unsere früheren Existenzaussagen für überabzählbare Mengen in Bd. II, § 9, Abschn. 5. Es ergab sich für Mengen A der Satz von CANTOR:

$$A \prec \mathfrak{P}A.$$

Außerdem galt für Mengen A und mindestens zweielementige Mengen B:

$$A \prec B^A.$$

Aus jeder dieser Aussagen folgt der

Satz 10. *Für Mengen A und Mengensysteme $\mathfrak{M}$ gilt:*

$$\exists X(A \prec X),$$
$$\exists X \forall Y(Y \in \mathfrak{M} \rightarrow Y \prec X).$$

Beweis. Es ist noch die zweite Behauptung zu zeigen. Für jedes Mengensystem $\mathfrak{M}$ und seine Vereinigung $V = \bigcup \mathfrak{M}$ gibt es eine Menge X mit $V \prec X$, woraus für jedes $Y \in \mathfrak{M}$ wegen $Y \subseteq V$ und damit $Y \precsim V$ folgt: $Y \prec X$. ∎

Der Satz von CANTOR führt in Verbindung mit den bewiesenen Eigenschaften von $\precsim$, $\prec$ auch zu folgendem

Satz 11. *Für Allmengen A, B gilt:*

$$A \sim B \leftrightarrow A = B \leftrightarrow A \sqsubset\!\!\sqsupset B,$$
$$A \precsim B \leftrightarrow A \subseteq B \leftrightarrow A \sqsubseteq B,$$
$$A \prec B \leftrightarrow A \subset B \leftrightarrow A \sqsubset B.$$

Beweis. Nach Satz 3, Bd. I, § 5 und der gegenseitigen Definierbarkeit von $\preceq$, $\prec$ ist nur noch

$$A \preceq B \leftrightarrow A \subseteq B$$

für beliebige Allmengen A und B zu zeigen. Aus $A \subseteq B$ folgt trivial $A \preceq B$. Ist umgekehrt $A \preceq B$ und wäre nicht $A \subseteq B$, so wäre $B \subset A$ nach der Vergleichbarkeit der Allmengen, also $B \sqsubset A$ und damit auch $X \sqsubset A$ für alle $X \subseteq B$. Man hätte somit $X \in A$ für alle $X \subseteq B$, also $\mathfrak{P}B \subseteq A$, also $B \prec \mathfrak{P}B \preceq A$, $B \prec A$ im Widerspruch zu $A \preceq B$. ∎

Die Eigenschaften von $\preceq$, $\prec$ ergeben für Kardinalzahlen den

Satz 12. *Für Kardinalzahlen* $\mathfrak{a}, \mathfrak{b}, \mathfrak{c}$ *und Mengen* M *von Kardinalzahlen gilt:*

$$\mathfrak{a} \leqq \mathfrak{b} \leftrightarrow \mathfrak{a} < \mathfrak{b} \vee \mathfrak{a} = \mathfrak{b}, \qquad \mathfrak{a} < \mathfrak{b} \leftrightarrow \mathfrak{a} \leqq \mathfrak{b} \wedge a \neq \mathfrak{b},$$

$$\mathfrak{a} \leqq \mathfrak{a},$$
$$\mathfrak{a} \leqq \mathfrak{b} \wedge \mathfrak{b} \leqq \mathfrak{c} \to \mathfrak{a} \leqq \mathfrak{c},$$
$$\mathfrak{a} \leqq \mathfrak{b} \wedge \mathfrak{b} \leqq \mathfrak{a} \to \mathfrak{a} = \mathfrak{b},$$
$$\mathfrak{a} \leqq \mathfrak{b} \vee \mathfrak{b} \leqq \mathfrak{a},$$

$$\mathfrak{a} \nless \mathfrak{a},$$
$$\mathfrak{a} < \mathfrak{b} \wedge \mathfrak{b} < \mathfrak{c} \to \mathfrak{a} < \mathfrak{c},$$
$$\mathfrak{a} < \mathfrak{b} \to \mathfrak{b} \nless \mathfrak{a},$$
$$\mathfrak{a} < \mathfrak{b} \vee \mathfrak{a} = \mathfrak{b} \vee \mathfrak{b} < \mathfrak{a},$$

$$\mathfrak{a} < \mathfrak{b} \leqq \mathfrak{c} \vee \mathfrak{a} \leqq \mathfrak{b} < \mathfrak{c} \to \mathfrak{a} < \mathfrak{c},$$
$$\mathfrak{a} < \mathfrak{b} \leftrightarrow \mathfrak{b} \nleqq \mathfrak{a}, \qquad \mathfrak{a} \leqq \mathfrak{b} \leftrightarrow \mathfrak{b} \nless \mathfrak{a},$$

$$M \neq \emptyset \to \exists \mathfrak{m}(\mathfrak{m} \in M \wedge \forall \mathfrak{x}(\mathfrak{x} \in M \to \mathfrak{m} \leqq \mathfrak{x})),$$
$$\exists \mathfrak{x}\, \mathfrak{a} < \mathfrak{x},$$
$$\exists \mathfrak{x}\, \forall \mathfrak{y}(\mathfrak{y} \in M \to \mathfrak{y} < \mathfrak{x}).$$

Beweis. Die Behauptungen folgen über die Sätze 2a) und 5a) repräsentantenweise direkt aus den in diesem Abschnitt bewiesenen entsprechenden Sätzen über $\lesssim$, $\prec$. Für die drittletzte und letzte Behauptung verschaffe man sich dabei zunächst eine Funktion F über M, welche jedem $\mathfrak{x} \in M$ einen Repräsentanten $F(\mathfrak{x})$ von $\mathfrak{x}$ zuordnet, und wende dann die Sätze 8 und 10 auf den Wertebereich $\mathfrak{M}$ von F an. F erhält man folgendermaßen: Ist F' eine Auswahlfunktion des Mengensystems $\mathfrak{M}'$ aller $\mathfrak{X}$ mit $\mathfrak{x} = (\boldsymbol{N}, \mathfrak{X}) \in M$ (und damit $\mathfrak{x} \in M \setminus \boldsymbol{N}$), so sei

$$F(\mathfrak{x}) = \begin{cases} \boldsymbol{N}(\mathfrak{x}) \text{ für } \mathfrak{x} \in M \cap \boldsymbol{N} \\ F'(\mathfrak{X}) \text{ für } \mathfrak{x} = (\boldsymbol{N}, \mathfrak{X}) \in M \setminus \boldsymbol{N}. \end{cases} \blacksquare$$

Satz 12 besagt, daß $\leqq$ und $<$ in jeder Menge von Kardinalzahlen einander zugehörige reflexive bzw. irreflexive Wohlordnungen ergeben. Der Gesamtbereich der Kardinalzahlen ist unbeschränkt; es gibt keine größte Kardinalzahl. Dagegen ist jede Menge M von Kardinalzahlen beschränkt; es gibt eine Kardinalzahl, welche sogar größer als alle Zahlen von M ist. Aus dieser letzten Eigenschaft erhält man die Burali-Forti*sche Antinomie* der Menge aller Kardinalzahlen; d. h. einen Widerspruch zur Annahme, es existiere die Menge M aller Kardinalzahlen. Für die Menge M müßte es ja wiederum eine Zahl $\mathfrak{x}$ geben mit $\mathfrak{y} < \mathfrak{x}$ für alle $\mathfrak{y} \in M$, woraus speziell $\mathfrak{x} < \mathfrak{x}$ folgt, Widerspruch. Die Menge aller Kardinalzahlen existiert nicht! Aber es gilt der

Satz 13. *Für jede Kardinalzahl $\mathfrak{a}$ existiert die Menge aller Kardinalzahlen $\mathfrak{x}$ mit $\mathfrak{x} \leqq \mathfrak{a}$.*

Beweis. Sind $\mathfrak{a}$, $\mathfrak{x}$ Kardinalzahlen mit Repräsentanten A, X und $\mathfrak{x} \leqq \mathfrak{a}$, so ist

$$\mathfrak{a} = \operatorname{card} A, \qquad \mathfrak{x} = \operatorname{card} X, \qquad X \lesssim A.$$

Für unendliches X gilt nach Definition 1:

$$\mathfrak{x} = (\boldsymbol{N}, \{Y \in K \mid Y \sim X\}),$$

wo K die kleinste Allmenge ist mit $Y \sim X$ für ein $Y \in K$. Ist L eine feste Allmenge mit $A \in L$, so gibt es wegen $X \lesssim A$ ein $Y \subseteq A$ mit $Y \sim X$, also ein $Y \in L$ mit $Y \sim X$, woraus $K \subseteq L$ folgt, also $\mathfrak{x} \in \{\boldsymbol{N}\} \times \mathfrak{P}L$. Für festes $\mathfrak{a}$ und damit festes L gilt also für beliebiges $\mathfrak{x}$:

$$\mathfrak{x} \leqq \mathfrak{a} \leftrightarrow \mathfrak{x} \in \boldsymbol{N} \cup (\{\boldsymbol{N}\} \times \mathfrak{P}L) \wedge \mathfrak{x} \leqq \mathfrak{a}.$$

Somit existiert die Menge

$$\{\mathfrak{x} \mid \mathfrak{x} \leqq \mathfrak{a}\} = \{\mathfrak{x} \in \boldsymbol{N} \cup (\{\boldsymbol{N}\} \times \mathfrak{P}L) \mid \mathfrak{x} \leqq \mathfrak{a}\}. \blacksquare$$

Trivial existiert nach Satz 13 auch die Menge aller $\mathfrak{x}$ mit $\mathfrak{x} < \mathfrak{a}$, und wir definieren:

Definition 3. $\mathfrak{a}$ sei eine Kardinalzahl: Die Menge aller Kardinalzahlen $\mathfrak{x}$ mit $\mathfrak{x} < \mathfrak{a}$ heißt der *Abschnitt* von $\mathfrak{a}$, bezeichnet mit: $\boldsymbol{C}(\mathfrak{a})$. ∎

Sprechen wir für eine vorgegebene Menge C von Kardinalzahlen ohne weitere Erläuterungen von der wohlgeordneten Menge $(C, \leqq)$, so sei $\leqq$ (das Zeichen $\leqq$ sei hier Objektvariable) die in C nach Satz 12 erzeugte Wohlordnung. So ist $(\boldsymbol{C}(\mathfrak{a}), \leqq)$ stets der betreffende wohlgeordnete Abschnitt von $\mathfrak{a}$, auf welchen dann alle ordnungstheoretischen Begriffe und alle Sätze der Wohlordnungstheorie angewandt werden können. Für Kardinalzahlen $\mathfrak{a}, \mathfrak{b}$ mit $\mathfrak{a} < \mathfrak{b}$ ist $\boldsymbol{C}(\mathfrak{a})$ auch der Abschnitt von $\mathfrak{a}$ in bezug auf $(\boldsymbol{C}(\mathfrak{b}), \leqq)$.

Definition 4. M sei eine Menge von Kardinalzahlen mit $M \neq \emptyset$: Die Kardinalzahl $\mathfrak{m} \in M$ mit $\forall \mathfrak{x}(\mathfrak{x} \in M \rightarrow \mathfrak{m} \leqq \mathfrak{x})$ heißt das *kleinste* (*erste*) *Element* oder die *kleinste* (*Kardinal-*)*Zahl* oder das *Minimum* von M, bezeichnet mit: min M. Existiert ein $\mathfrak{m} \in M$ mit $\forall \mathfrak{x}(\mathfrak{x} \in M \rightarrow \mathfrak{x} \leqq \mathfrak{m})$, so heißt dieses dann eindeutig bestimmte Element $\mathfrak{m}$ von M das *größte* (*letzte*) *Element* oder die *größte* (*Kardinal-*) *Zahl* oder das *Maximum von* M, bezeichnet mit: max M. ∎

Für Mengen $M \neq \emptyset$ von Kardinalzahlen und Kardinalzahlen $\mathfrak{b}$ mit $M \subseteq \boldsymbol{C}(\mathfrak{b})$ ist min M gleichzeitig das Minimum von M in $(\boldsymbol{C}(\mathfrak{b}), \leqq)$ und im Existenzfall max M gleichzeitig das Maximum von M in $(\boldsymbol{C}(\mathfrak{b}), \leqq)$; für endliches M existiert nach Satz 6, § 3 stets max M. Für Familien $(\mathfrak{a}_i)_{i \in I}$ von Kardinalzahlen bei $I \neq \emptyset$ sei noch

$$\min_{i \in I} \mathfrak{a}_i = \min \{\mathfrak{a}_i\}_{i \in I}$$

und im Existenzfall

$$\max_{i \in I} \mathfrak{a}_i = \max \{\mathfrak{a}_i\}_{i \in I}.$$

Definition 5. $\mathfrak{a}, \mathfrak{b}$ seien Kardinalzahlen mit $\mathfrak{a} \leqq \mathfrak{b}$:

$$[\mathfrak{a}, \mathfrak{b}] = \{\mathfrak{x} \mid \mathfrak{a} \leqq \mathfrak{x} \leqq \mathfrak{b}\},$$

$$]\mathfrak{a}, \mathfrak{b}[= \{\mathfrak{x} \mid \mathfrak{a} < \mathfrak{x} < \mathfrak{b}\},$$

$$[\mathfrak{a}, \mathfrak{b}[= \{\mathfrak{x} \mid \mathfrak{a} \leqq \mathfrak{x} < \mathfrak{b}\},$$

$$]\mathfrak{a}, \mathfrak{b}] = \{\mathfrak{x} \mid \mathfrak{a} < \mathfrak{x} \leqq \mathfrak{b}\}. \blacksquare$$

Für Kardinalzahlen $\mathfrak{a}, \mathfrak{b}, \mathfrak{c}$ mit $\mathfrak{a} \leqq \mathfrak{b} < \mathfrak{c}$ sind die definierten Intervalle mit den Endpunkten $\mathfrak{a}, \mathfrak{b}$ gleichzeitig die entsprechenden Intervalle innerhalb $(\boldsymbol{C}(\mathfrak{c}), \leqq)$.

4. Nachfolger, Suprema. Nach Satz 12 existiert für jede mengentheoretisch formulierte Eigenschaft $\mathbf{H}(\mathfrak{x})$ von Kardinalzahlen $\mathfrak{x}$ die kleinste Kardinalzahl $\mathfrak{x}$ mit $\mathbf{H}(\mathfrak{x})$, sofern es überhaupt ein $\mathfrak{x}_0$ mit $\mathbf{H}(\mathfrak{x}_0)$ gibt. Denn gilt $\mathbf{H}(\mathfrak{x}_0)$, und ist $\mathfrak{a}$ eine Kardinalzahl mit $\mathfrak{x}_0 < \mathfrak{a}$ und

$$M = \{\mathfrak{x} \in \boldsymbol{C}(\mathfrak{a}) \mid \mathbf{H}(\mathfrak{x})\},$$

so ist $M \neq \emptyset$ und besitzt das kleinste Element $\mathfrak{m} = \min M$, welches dann die gewünschte kleinste Kardinalzahl $\mathfrak{x}$ mit $\mathbf{H}(\mathfrak{x})$ ist; d. h. es gilt $\mathbf{H}(\mathfrak{m})$, und für jede Kardinalzahl $\mathfrak{x}$ mit $\mathbf{H}(\mathfrak{x})$ ist $\mathfrak{m} \leqq \mathfrak{x}$. Speziell existiert die kleinste Kardinalzahl, und die natürliche Zahl 0 ist diese kleinste Zahl; denn es ist $0 = \operatorname{card} \emptyset$, und für jede Kardinalzahl $\mathfrak{a}$ mit dem Repräsentanten A gilt $\emptyset \precsim A$, also $0 \leqq \mathfrak{a}$.

Nach Satz 12 existiert für jede Kardinalzahl $\mathfrak{a}$ eine größere Zahl $\mathfrak{x} > \mathfrak{a}$ und existiert für jede Menge M von Kardinalzahlen eine obere Schranke $\mathfrak{x}$ mit $\mathfrak{y} \leqq \mathfrak{x}$ für alle

$\mathfrak{y} \in M$. Dann existiert auch jeweils das kleinste derartige $\mathfrak{x}$, und wir definieren:

Definition 6. $\mathfrak{a}$ sei eine Kardinalzahl und M eine Menge von Kardinalzahlen: Die kleinste Kardinalzahl $\mathfrak{x}$ mit $\mathfrak{a} < \mathfrak{x}$ heißt der *Nachfolger* von $\mathfrak{a}$, bezeichnet mit: $\mathfrak{a}'$. Die kleinste Kardinalzahl $\mathfrak{x}$ mit $\forall \mathfrak{y}(\mathfrak{y} \in M \to \mathfrak{y} \leqq \mathfrak{x})$ heißt die *obere Grenze* oder das *Supremum* von M, bezeichnet mit: $\sup M$. ∎

Für Kardinalzahlen $\mathfrak{a}, \mathfrak{b}$ mit $\mathfrak{a} < \mathfrak{b}$ und

$$\exists \mathfrak{x}(\mathfrak{a} < \mathfrak{x} < \mathfrak{b})$$

ist $\mathfrak{a}'$ gleichzeitig der Nachfolger von $\mathfrak{a}$ in $(\boldsymbol{C}(\mathfrak{b}), \leqq)$. Für Mengen M von Kardinalzahlen und Kardinalzahlen $\mathfrak{b}$ mit

$$\exists \mathfrak{x}(\mathfrak{x} < \mathfrak{b} \wedge \forall \mathfrak{y}(\mathfrak{y} \in M \to \mathfrak{y} \leqq \mathfrak{x}))$$

ist $\sup M$ gleichzeitig das Supremum von M in $(\boldsymbol{C}(\mathfrak{b}), \leqq)$. Für Familien $(\mathfrak{a}_i)_{i \in I}$ von Kardinalzahlen $\mathfrak{a}_i$ sei noch

$$\sup_{i \in I} \mathfrak{a}_i = \sup \{\mathfrak{a}_i\}_{i \in I}.$$

Definition 7. $\mathfrak{a}$ sei eine Kardinalzahl: Existiert eine Kardinalzahl $\mathfrak{x}$ mit $\mathfrak{x}' = \mathfrak{a}$, so heißt diese dann eindeutig bestimmte Kardinalzahl $\mathfrak{x}$ der *Vorgänger* von $\mathfrak{a}$. $\mathfrak{a}$ ist eine *isolierte* (*Kardinal-*)*Zahl*, falls $\mathfrak{a} = 0$ ist oder $\mathfrak{a}$ einen Vorgänger besitzt. $\mathfrak{a}$ ist eine (*kardinale*) *Limeszahl*, falls $\mathfrak{a}$ keine isolierte Zahl ist, falls also $\mathfrak{a} \neq 0$ ist und $\mathfrak{a}$ keinen Vorgänger besitzt. ∎

Für Kardinalzahlen $\mathfrak{a}, \mathfrak{b}$ mit $\mathfrak{a} < \mathfrak{b}$ fallen die in Definition 7 für $\mathfrak{a}$ eingeführten Begriffe mit den entsprechenden Begriffen „Vorgänger, isoliertes Element, Limeselement" innerhalb $(\boldsymbol{C}(\mathfrak{b}), \leqq)$ zusammen.

Auf Grund der Existenz der Abschnitte $\boldsymbol{C}(\mathfrak{a})$ dürfen mengentheoretisch formulierte Behauptungen $\mathbf{B}(\mathfrak{x})$ über Kardinalzahlen $\mathfrak{x}$ mit den Beweisverfahren der transfiniten ordnungstheoretischen, vollständigen und gemischten Induktion bewiesen werden (vgl. die Bemerkung am Ende von § 5, Abschn. 2).

5. Endliche, unendliche Kardinalzahlen. Gleichmächtige Mengen sind stets gemeinsam endlich oder gemeinsam unendlich, womit die Repräsentanten einer Kardinalzahl ebenfalls alle endlich oder alle unendlich sind.

Definition 8. Eine Kardinalzahl $\mathfrak{a}$ heißt *endlich* oder *finit*, wenn alle Repräsentanten von $\mathfrak{a}$ endlich sind, und *unendlich* oder *transfinit*, wenn alle Repräsentanten von $\mathfrak{a}$ unendlich sind. ▮

Für Kardinalzahlen $\mathfrak{a}$ gilt also:

$$\begin{aligned} \mathfrak{a} \textit{ endlich} &\leftrightarrow \forall X(\mathfrak{a} = \text{card } X \to X \textit{ endlich}) \\ &\leftrightarrow \exists X(\mathfrak{a} = \text{card } X \wedge X \textit{ endlich}), \\ \mathfrak{a} \textit{ unendlich} &\leftrightarrow \forall X(\mathfrak{a} = \text{card } X \to X \textit{ unendlich}) \\ &\leftrightarrow \exists X(\mathfrak{a} = \text{card } X \wedge X \textit{ unendlich}), \\ \mathfrak{a} \textit{ endlich} &\leftrightarrow \neg\, \mathfrak{a} \textit{ unendlich}. \end{aligned}$$

Definition 9. Es sei $\boldsymbol{\mathfrak{a}} = \text{card } \boldsymbol{N}$. ▮

Satz 14.

$$\boldsymbol{N} = \{\mathfrak{x} \mid \mathfrak{x} \textit{ endliche Kardinalzahl}\} = \boldsymbol{C}(\boldsymbol{\mathfrak{a}}).$$

Beweis. Aus den Definitionen 1 und 8 folgt sofort, daß $\boldsymbol{N}$ die Menge der endlichen Kardinalzahlen ist. Es ist noch für jede Kardinalzahl $\mathfrak{x}$ zu zeigen:

$$\mathfrak{x} \in \boldsymbol{N} \leftrightarrow \mathfrak{x} < \boldsymbol{\mathfrak{a}},$$

d. h. bei $\mathfrak{x} = \text{card } X$:

$$X \textit{ endlich} \leftrightarrow X \prec \boldsymbol{N}.$$

Dies ist aber gerade Satz 4d), Bd. II, § 9. ▮

Wegen $\boldsymbol{N} = \boldsymbol{C}(\boldsymbol{\mathfrak{a}})$ ist $(\boldsymbol{N}, \leqq) = (\boldsymbol{C}(\boldsymbol{\mathfrak{a}}), \leqq)$, wo $\leqq$ sowohl die alte $\leqq$-Beziehung innerhalb $\boldsymbol{N}$ ist als auch die auf $\boldsymbol{C}(\boldsymbol{\mathfrak{a}})$ relativierte $\leqq$-Beziehung für beliebige Kardinalzahlen. Damit fallen alle bisher für Kardinalzahlen eingeführten Begriffe für den Fall, daß es sich um endliche Kardinalzahlen handelt, mit den alten Begriffen innerhalb

$\boldsymbol{N}$ zusammen; denn sie fallen mit den entsprechenden Begriffen innerhalb des wohlgeordneten Abschnittes $(\boldsymbol{C}(\mathfrak{a}), \leqq)$ zusammen. So gilt etwa $\boldsymbol{C}(n) = \boldsymbol{N}(n)$ für natürliche Zahlen n, und der Nachfolger n' ist gleichzeitig der Nachfolger im Sinne von Definition 6 wie auch im Sinne der Nachfolgerfunktion des Peano-Systems der natürlichen Zahlen. Da die wohlgeordnete Menge $(\boldsymbol{N}, \leqq)$ der natürlichen Zahlen keine Limeselemente besitzt, aber $\mathfrak{a}$ eine Limeszahl ist, weil $\boldsymbol{C}(\mathfrak{a}) = \boldsymbol{N}$ ist und $\max \boldsymbol{N}$ nicht existiert, erhält man insgesamt für Kardinalzahlen $\mathfrak{x}$:

$$\mathfrak{x}\ \textit{endlich} \leftrightarrow \mathfrak{x} < \mathfrak{a} \leftrightarrow \neg \exists \mathfrak{l}(\mathfrak{l}\ \textit{Limeszahl} \wedge \mathfrak{l} \leqq \mathfrak{x}),$$
$$\mathfrak{x}\ \textit{unendlich} \leftrightarrow \mathfrak{a} \leqq \mathfrak{x} \leftrightarrow \exists \mathfrak{l}(\mathfrak{l}\ \textit{Limeszahl} \wedge \mathfrak{l} \leqq \mathfrak{x}).$$

Mittels $\mathfrak{a}$ hat man für Mengen M bei $\mathfrak{m} = \operatorname{card} M$ (vgl. Definition 14, Bd. II, § 7):

$$M\ \textit{endlich} \leftrightarrow \mathfrak{m} < \mathfrak{a},$$
$$M\ \textit{unendlich} \leftrightarrow \mathfrak{a} \leqq \mathfrak{m},$$
$$M\ \textit{abzählbar} \leftrightarrow \mathfrak{m} \leqq \mathfrak{a},$$
$$M\ \textit{abzählbar unendlich} \leftrightarrow \mathfrak{m} = \mathfrak{a},$$
$$M\ \textit{überabzählbar} \leftrightarrow \mathfrak{a} < \mathfrak{m}.$$

Jede Limeszahl ist transfinit. $\mathfrak{a}$, die *Mächtigkeit des abzählbar Unendlichen*, ist die kleinste transfinite Kardinalzahl und die kleinste Limeszahl. Die Reihe der Kardinalzahlen beginnt also mit:

$$0, 1, 2, \ldots, \mathfrak{a}, \mathfrak{a}', \mathfrak{a}'', \ldots\ldots.$$

Zu jeder Kardinalzahl $\mathfrak{m}$ gibt es dabei eine Limeszahl $\mathfrak{l} > \mathfrak{m}$. Denn ist $\mathfrak{m} = \operatorname{card} M$ und $M \in \mathfrak{B}$ für einen Allbereich $\mathfrak{B}$, so definiere man durch vollständige Induktion die Funktion P von $\boldsymbol{N}$ in die Menge aller Mengen $X \in \mathfrak{B}$ mit

$$P(0) = M, \qquad P(n + 1) = \mathfrak{P}P(n);$$

dann ist $(\mathfrak{a}_n)_{n<\infty}$ bei $\mathfrak{a}_n = \text{card}\, P(n)$ eine echt wachsende Folge von Kardinalzahlen mit $\mathfrak{a}_0 = \mathfrak{m}$, so daß schließlich $\mathfrak{l} = \sup\limits_{n<\infty} \mathfrak{a}_n$ eine gewünschte Limeszahl ist.

Eine weitere Möglichkeit der Charakterisierung der endlichen und unendlichen Kardinalzahlen bietet der

Satz 15. *Für Kardinalzahlen* $\mathfrak{a}$, *Mengen* A *mit* $\mathfrak{a} = \text{card}\, A$ *und Objekte* $a \notin A$ *gilt:*

$$\mathfrak{a} \textit{ endlich} \leftrightarrow \text{card}\,(A \cup \{a\}) = \mathfrak{a}',$$

$$\mathfrak{a} \textit{ unendlich} \leftrightarrow \text{card}\,(A \cup \{a\}) = \mathfrak{a}.$$

Beweis. Unter den Voraussetzungen des Satzes ist nach Satz 5b), Bd. II, § 7 und Bd. II, § 7, Abschn. 7 card $(A \cup \{a\}) = \mathfrak{a}'$ für endliches $\mathfrak{a}$ und ist nach Satz 11e), Bd. II, § 9 card $(A \cup \{a\}) = \text{card}\, A = \mathfrak{a}$ für unendliches $\mathfrak{a}$. ∎

6. Zusammenfassung der Begriffe. Für Mengen A, die kleinste Allmenge K mit $X \sim A$ für ein $X \in K$ und Objekte $\mathfrak{a}$ gilt:

$$\text{card}\, A = \begin{cases} \text{card}\, A \in \boldsymbol{N} \textit{ für endliches } A \\ (\boldsymbol{N}, \{X \in K \mid X \sim A\}) \textit{ für unendliches } A, \end{cases}$$

$$\mathfrak{a} \textit{ Kardinalzahl} \leftrightarrow \exists X\, \mathfrak{a} = \text{card}\, X.$$

Für Mengen A, B und Kardinalzahlen $\mathfrak{a}$, $\mathfrak{b}$ gilt:

$$A \precsim B \leftrightarrow \exists X (A \sim X \subseteq B),$$

$$A \prec B \leftrightarrow A \precsim B \wedge A \nsim B,$$

$$\mathfrak{a} \leqq \mathfrak{b} \leftrightarrow \forall X\, \forall Y (\mathfrak{a} = \text{card}\, X \wedge \mathfrak{b} = \text{card}\, Y \to X \precsim Y),$$

$$\mathfrak{a} < \mathfrak{b} \leftrightarrow \forall X\, \forall Y (\mathfrak{a} = \text{card}\, X \wedge \mathfrak{b} = \text{card}\, Y \to X \prec Y),$$

$$\boldsymbol{C}(\mathfrak{a}) = \{\mathfrak{x} \mid \mathfrak{x} < \mathfrak{a}\},$$

$$\mathfrak{a}' = \textit{kleinste Kardinalzahl } \mathfrak{x} \textit{ mit } \mathfrak{a} < \mathfrak{x}.$$

Für Kardinalzahlen $\mathfrak{a}, \mathfrak{b}$ mit $\mathfrak{a} \leqq \mathfrak{b}$ und Mengen M von Kardinalzahlen gilt:

$$[\mathfrak{a}, \mathfrak{b}] = \{\mathfrak{x} \mid \mathfrak{a} \leqq \mathfrak{x} \leqq \mathfrak{b}\},$$
$$]\mathfrak{a}, \mathfrak{b}[= \{\mathfrak{x} \mid \mathfrak{a} < \mathfrak{x} < \mathfrak{b}\},$$
$$[\mathfrak{a}, \mathfrak{b}[= \{\mathfrak{x} \mid \mathfrak{a} \leqq \mathfrak{x} < \mathfrak{b}\},$$
$$]\mathfrak{a}, \mathfrak{b}] = \{\mathfrak{x} \mid \mathfrak{a} < \mathfrak{x} \leqq \mathfrak{b}\},$$
$$M \neq \emptyset \to \min M = \iota\mathfrak{m}(\mathfrak{m} \in M \wedge \forall \mathfrak{x}(\mathfrak{x} \in M \to \mathfrak{m} \leqq \mathfrak{x})),$$
$$\exists \mathfrak{m}(\mathfrak{m} \in M \wedge \forall \mathfrak{x}(\mathfrak{x} \in M \to \mathfrak{x} \leqq \mathfrak{m})) \to$$
$$\max M = \iota\mathfrak{m}(\mathfrak{m} \in M \wedge \forall \mathfrak{x}(\mathfrak{x} \in M \to \mathfrak{x} \leqq \mathfrak{m})),$$
$$\sup M = \textit{kleinste Kardinalzahl } \mathfrak{x} \textit{ mit } \forall \mathfrak{y}(\mathfrak{y} \in M \to \mathfrak{y} \leqq \mathfrak{x}).$$

Für Kardinalzahlfamilien $(\mathfrak{a}_i)_{i \in I}$ gilt:

$$I \neq \emptyset \to \min_{i \in I} \mathfrak{a}_i = \min \{\mathfrak{a}_i\}_{i \in I},$$
$$\exists i(i \in I \wedge \forall j(j \in I \to \mathfrak{a}_j \leqq \mathfrak{a}_i)) \to$$
$$\max_{i \in I} \mathfrak{a}_i = \max \{\mathfrak{a}_i\}_{i \in I},$$
$$\sup_{i \in I} \mathfrak{a}_i = \sup \{\mathfrak{a}_i\}_{i \in I}.$$

Für Kardinalzahlen $\mathfrak{a}, \mathfrak{b}$ gilt:

$\mathfrak{a}$ *Vorgänger von* $\mathfrak{b} \leftrightarrow \mathfrak{a}' = \mathfrak{b}$,
$\mathfrak{a}$ *isolierte* (*Kardinal-*)*Zahl* $\leftrightarrow \mathfrak{a} = 0 \vee \exists \mathfrak{x}\, \mathfrak{x}' = \mathfrak{a}$,
$\mathfrak{a}$ (*kardinale*) *Limeszahl* $\leftrightarrow \neg\, \mathfrak{a}$ *isolierte Zahl*,
$\mathfrak{a}$ *endlich* (*finit*) $\leftrightarrow \forall X(\mathfrak{a} = \operatorname{card} X \to X$ *endlich*),
$\mathfrak{a}$ *unendlich* (*transfinit*) $\leftrightarrow \forall X(\mathfrak{a} = \operatorname{card} X \to X$ *unendlich*),
$\mathbf{a} = \operatorname{card} \boldsymbol{N}$.

§ 8. Arithmetik der Kardinalzahlen

1. Summe. Für natürliche Zahlen n, m mit den disjunkten Repräsentanten A, B gilt nach Satz 16b), Bd. II, § 7:

$$n + m = \operatorname{card}(A \cup B).$$

Auch für beliebige disjunkte Mengen A, B ist card $(A \cup B)$ anschaulich als Summe von card A und card B anzusprechen, und so wollen wir definieren. Für Kardinalzahlen $\mathfrak{a}, \mathfrak{b}$ gibt es dabei stets Repräsentanten A, B mit $A \cap B = \emptyset$; denn ist

$$\mathfrak{a} = \text{card}\, A', \qquad \mathfrak{b} = \text{card}\, B',$$

so sei mittels *Indizierung* mit 0 bzw. 1:

$$A = \{0\} \times A', \qquad B = \{1\} \times B',$$

und man hat

$$A \sim A', \qquad B \sim B', \qquad A \cap B = \emptyset.$$

Ist weiterhin

$$\mathfrak{a} = \text{card}\, A = \text{card}\, A', \qquad \mathfrak{b} = \text{card}\, B = \text{card}\, B'$$

für gewisse Mengen A, A', B, B' bei

$$A \cap B = A' \cap B' = \emptyset,$$

so ist nach Satz 15a), Bd. II, § 7:

$$\text{card}\,(A \cup B) = \text{card}\,(A' \cup B').$$

Damit sind wir zu folgender von den Repräsentanten unabhängigen Summendefinition berechtigt:

Definition 1. Für Kardinalzahlen $\mathfrak{a}, \mathfrak{b}$ und Mengen A, B mit $\mathfrak{a} = \text{card}\, A$, $\mathfrak{b} = \text{card}\, B$ und $A \cap B = \emptyset$ heißt die Kardinalzahl card $(A \cup B)$ die *Summe* von $\mathfrak{a}, \mathfrak{b}$, bezeichnet mit: $\mathfrak{a} + \mathfrak{b}$. Im Falle $\mathfrak{c} = \mathfrak{a} + \mathfrak{b}$ heißt $\mathfrak{a}$ ein *Augend* oder ein *erster Summand* von $\mathfrak{c}$ und $\mathfrak{b}$ ein *Addend* oder ein *zweiter Summand* von $\mathfrak{c}$. ∎

Für natürliche Zahlen n, m fällt $n + m$ im Sinne von Definition 1 nach der einleitenden Bemerkung mit der alten Summe natürlicher Zahlen zusammen. In jeder gegenüber Summenbildung abgeschlossenen Menge M von Kardinalzahlen, d. h.

$$\forall \mathfrak{x}\, \forall \mathfrak{y} (\mathfrak{x}, \mathfrak{y} \in M \rightarrow \mathfrak{x} + \mathfrak{y} \in M),$$

wird durch $+$ eine Operation in M erzeugt, die *Addition* in M. Solche abgeschlossenen Mengen M sind etwa $\boldsymbol{N}$ und für jeden Allbereich $\mathfrak{B}$ mit $\boldsymbol{N} \in \mathfrak{B}$ die Menge

$$M = \{\mathfrak{x} \in \mathfrak{B} \mid \mathfrak{x} \textit{ Kardinalzahl}\}.$$

Die letzte Behauptung folgt nach Satz 3, § 7 und Satz 8b), c), Bd. II, § 10 so: Für Kardinalzahlen $\mathfrak{x}, \mathfrak{y} \in \mathfrak{B}$ existieren Repräsentanten $X', Y' \in \mathfrak{B}$; dann sind

$$X = \{0\} \times X', \qquad Y = \{1\} \times Y'$$

disjunkte Repräsentanten $X, Y \in \mathfrak{B}$; es ist $X \cup Y \in \mathfrak{B}$, also $\mathfrak{x} + \mathfrak{y} = \operatorname{card}(X \cup Y) \in \mathfrak{B}$.

Satz 1. *Für Kardinalzahlen* $\mathfrak{a}, \mathfrak{b}$ *und Mengen* A, B *mit* $\mathfrak{a} = \operatorname{card} A, \mathfrak{b} = \operatorname{card} B$ *gilt*:

a) $$\operatorname{card}(A \cup B) \leqq \mathfrak{a} + \mathfrak{b},$$
$$A \cap B = \emptyset \rightarrow \operatorname{card}(A \cup B) = \mathfrak{a} + \mathfrak{b},$$

b) $\mathfrak{a} \leqq \mathfrak{b} \leftrightarrow \exists \mathfrak{x}(\mathfrak{a} + \mathfrak{x} = \mathfrak{b})$,

c) $\mathfrak{a} + 0 = \mathfrak{a} = 0 + \mathfrak{a}$,
$\mathfrak{a} < \boldsymbol{\mathfrak{a}} \leftrightarrow \mathfrak{a} + 1 = \mathfrak{a}'$,

d) $\mathfrak{b} \leqq \boldsymbol{\mathfrak{a}} \leqq \mathfrak{a} \rightarrow \mathfrak{a} + \mathfrak{b} = \mathfrak{a}$,

e) $\mathfrak{a}, \mathfrak{b} < \boldsymbol{\mathfrak{a}} \rightarrow \mathfrak{a} + \mathfrak{b}' = (\mathfrak{a} + \mathfrak{b})'$,
$\mathfrak{b} < \boldsymbol{\mathfrak{a}} \leqq \mathfrak{a} \rightarrow \mathfrak{a} + \mathfrak{b}' < (\mathfrak{a} + \mathfrak{b})'$.

Beweis. a) Nach Satz 15b), Bd. II, § 7 ist $A \cup B \lesssim A' \cup B'$ für disjunkte Repräsentanten A', B' von $\mathfrak{a}, \mathfrak{b}$, woraus nach Definition 1 $\operatorname{card}(A \cup B) \leqq \mathfrak{a} + \mathfrak{b}$ folgt. Die zweite Behauptung von a) folgt sofort aus Definition 1.

b) Ist $\mathfrak{a} \leqq \mathfrak{b}$, so ist $A \lesssim B$, also $A \sim Y \subseteq B$ für eine Menge Y und damit $Y \cup X = B$, $Y \cap X = \emptyset$ für $X = B \setminus Y$, also $\mathfrak{a} + \mathfrak{x} = \mathfrak{b}$ für $\mathfrak{x} = \operatorname{card} X$. Existiert umgekehrt ein $\mathfrak{x}$ mit $\mathfrak{a} + \mathfrak{x} = \mathfrak{b}$, so gibt es disjunkte Repräsentanten Y, X von $\mathfrak{a}, \mathfrak{x}$ mit $Y \cup X \sim B$, womit $Y \sim Z \subseteq B$ für eine Menge Z ist, also $Y \lesssim B$, $\mathfrak{a} \leqq \mathfrak{b}$.

c) Es ist $A \cup \emptyset = A = \emptyset \cup A$, also $\mathfrak{a} + 0 = \mathfrak{a} = 0 + \mathfrak{a}$. Für ein Objekt $a \notin A$ ist

$$\mathfrak{a} + 1 = \operatorname{card}(A \cup \{a\}),$$

womit nach Satz 15, § 7 $\mathfrak{a}$ endlich ist genau dann, wenn $\mathfrak{a} + 1 = \mathfrak{a}'$ gilt.

d) Ist $\mathfrak{b} \leqq \boldsymbol{\mathfrak{a}} \leqq \mathfrak{a}$, so gilt bei disjunkten Repräsentanten A, B nach Satz 11e), Bd. II, § 9 $A \cup B \sim A$, also $\mathfrak{a} + \mathfrak{b} = \mathfrak{a}$.

e) Für endliche $\mathfrak{a}, \mathfrak{b}$ besteht nach Definition 8, Bd. II, § 7 die Rekursionsgleichung $\mathfrak{a} + \mathfrak{b}' = (\mathfrak{a} + \mathfrak{b})'$. Ist $\mathfrak{a}$ unendlich und $\mathfrak{b}$ endlich, so gilt nach d)

$$\mathfrak{a} + \mathfrak{b}' = \mathfrak{a} = \mathfrak{a} + \mathfrak{b} < (\mathfrak{a} + \mathfrak{b})'. \blacksquare$$

Nach Satz 1c), e) bestehen die Rekursionsgleichungen

$$a + 0 = a, \qquad a + n' = (a + n)'$$

für natürliche Zahlen a, n, und man erhält $a + n \in \boldsymbol{N}$ durch vollständige Induktion über n. Damit ist erneut die Abgeschlossenheit von $\boldsymbol{N}$ gegenüber Summenbildung gezeigt und nach Satz 14, Bd. II, § 7 das Zusammenfallen von $a + n$ innerhalb $\boldsymbol{N}$ mit der alten Summe natürlicher Zahlen.
Nach Satz 1e) ist eine induktive Definition der kardinalen Addition, bei der u. a. für Nachfolger stets die Rekursionsgleichung

$$\mathfrak{a} + \mathfrak{b}' = (\mathfrak{a} + \mathfrak{b})'$$

besteht, unmöglich.

Man definiert für Kardinalzahlen $\mathfrak{a}, \mathfrak{b}, \mathfrak{c}, \mathfrak{d}, \ldots$ sukzessiv die *mehrstelligen Summen*:

$$\mathfrak{a} + \mathfrak{b} + \mathfrak{c} = (\mathfrak{a} + \mathfrak{b}) + \mathfrak{c},$$
$$\mathfrak{a} + \mathfrak{b} + \mathfrak{c} + \mathfrak{d} = (\mathfrak{a} + \mathfrak{b} + \mathfrak{c}) + \mathfrak{d}, \ldots .$$

2. Allgemeine Summe. Die Summendefinition läßt sich naheliegend auf beliebige Kardinalzahlfamilien $(\mathfrak{a}_i)_{i\in I}$ übertragen. Zunächst existiert eine disjunkte Familie $(A_i)_{i\in I}$ von Repräsentanten A_i der $\mathfrak{a}_i$. Hierfür sei $(A'_i)_{i\in I}$ eine Repräsentantenfamilie der $\mathfrak{a}_i$ (für endliches $\mathfrak{a}_i$ sei $A'_i = \boldsymbol{N}(\mathfrak{a}_i)$, für unendliches $\mathfrak{a}_i$ sei $A'_i = f_i$ bei $f \in \bigtimes_{i\in I'} \mathfrak{X}_i$ für die Menge I' aller $i \in I$ mit unendlichem $\mathfrak{a}_i$ und bei $\mathfrak{a}_i = (\boldsymbol{N}, \mathfrak{X}_i)$ für $i \in I'$), und mittels *Indizierung* mit i setze man $A_i = \{i\} \times A'_i$; dann gilt für $i, j \in I$:

$$\mathfrak{a}_i = \operatorname{card} A_i, \qquad i \neq j \rightarrow A_i \cap A_j = \emptyset .$$

Sind weiterhin $(A_i)_{i\in I}$ und $(A'_i)_{i\in I}$ disjunkte Repräsentantenfamilien von $(\mathfrak{a}_i)_{i\in I}$, so gilt nach Satz 15d), Bd. II, § 7:

$$\bigcup_{i\in I} A_i \sim \bigcup_{i\in I} A'_i .$$

Damit sind wir zu folgender Definition berechtigt:

Definition 2. Ist $(\mathfrak{a}_i)_{i\in I}$ eine Kardinalzahlfamilie und $(A_i)_{i\in I}$ eine zugehörige disjunkte Repräsentantenfamilie mit also

$$\mathfrak{a}_i = \operatorname{card} A_i, \qquad i \neq j \rightarrow A_i \cap A_j = \emptyset$$

für alle $i, j \in I$, so heißt die Kardinalzahl $\operatorname{card} \bigcup_{i\in I} A_i$ die (*allgemeine*) *Summe* von $(\mathfrak{a}_i)_{i\in I}$, bezeichnet mit: $\sum_{i\in I} \mathfrak{a}_i$. Die $\mathfrak{a}_i$ (für $i \in I$) heißen die *Summanden* von $\sum_{i\in I} \mathfrak{a}_i$. ∎

Satz 2. *Für Kardinalzahlfamilien* $(\mathfrak{a}_i)_{i\in I}$, *zugehörige Repräsentantenfamilien* $(A_i)_{i\in I}$ *und Objekte* j *gilt:*

a) $$\operatorname{card} \bigcup_{i\in I} A_i \leqq \sum_{i\in I} \mathfrak{a}_i ,$$

$$(A_i)_{i\in I} \text{ disjunkt} \rightarrow \operatorname{card} \bigcup_{i\in I} A_i = \sum_{i\in I} \mathfrak{a}_i ,$$

b) $I = \emptyset \to \sum_{i\in I} \mathfrak{a}_i = 0$,

$$I = \{j\} \to \sum_{i\in I} \mathfrak{a}_i = \mathfrak{a}_j\,,$$

c) $j \in I \to \sum_{i\in I} \mathfrak{a}_i = \sum_{i\in I\setminus\{j\}} \mathfrak{a}_i + \mathfrak{a}_j$.

Beweis. a) Nach Satz 15e), Bd. II, § 7 ist $\bigcup_{i\in I} A_i \preceq \bigcup_{i\in I} A_i'$ für eine disjunkte Repräsentantenfamilie $(A_i')_{i\in I}$ von $(\mathfrak{a}_i)_{i\in I}$, woraus nach Definition 2 card $\bigcup_{i\in I} A_i \leqq \sum_{i\in I} \mathfrak{a}_i$ folgt. Die zweite Behauptung von a) folgt sofort aus Definition 2.

b) ist trivial wegen $\bigcup_{i\in\emptyset} A_i = \emptyset$ und $\bigcup_{i\in\{j\}} A_i = A_j$.

c) Bei $j \in I$ ist

$$\bigcup_{i\in I} A_i = \bigcup_{i\in I\setminus\{j\}} A_i \cup A_j\,,$$

woraus im Falle der paarweisen Disjunktheit der A_i unmittelbar die Behauptung folgt. ∎

Nach Satz 2b), c) ist Definition 1 ein Spezialfall von Definition 2; denn für Kardinalzahlen $\mathfrak{a}, \mathfrak{b}$ und die Familie $(\mathfrak{x}_i)_{i\in\{1,2\}}$ bei $\mathfrak{x}_1 = \mathfrak{a}$, $\mathfrak{x}_2 = \mathfrak{b}$ ist sofort

$$\sum_{i\in\{1,2\}} \mathfrak{x}_i = \sum_{i\in\{1\}} \mathfrak{x}_i + \mathfrak{x}_2 = \mathfrak{x}_1 + \mathfrak{x}_2 = \mathfrak{a} + \mathfrak{b}\,.$$

Man erhält für Kardinalzahlfamilien $(\mathfrak{a}_i)_{i\in I}$ über den angegebenen Indexbereichen I sukzessiv:

$$\sum_{i\in\{1\}} \mathfrak{a}_i = \mathfrak{a}_1\,, \qquad \sum_{i\in\{1,2\}} \mathfrak{a}_i = \mathfrak{a}_1 + \mathfrak{a}_2\,,$$

$$\sum_{i\in\{1,2,3\}} \mathfrak{a}_i = \mathfrak{a}_1 + \mathfrak{a}_2 + \mathfrak{a}_3\,,$$

$$\sum_{i\in\{1,2,3,4\}} \mathfrak{a}_i = \mathfrak{a}_1 + \mathfrak{a}_2 + \mathfrak{a}_3 + \mathfrak{a}_4\,, \;\ldots\,.$$

Nach Satz 2b), c) bestehen speziell für endliche Familien $(a_i)_{1 \leqq i \leqq n}$ natürlicher Zahlen die Rekursionsgleichungen:

$$n = 1 \to \sum_{i \in [1,n]} a_i = a_1,$$

$$n \geqq 2 \to \sum_{i \in [1,n]} a_i = \sum_{i \in [1,n-1]} a_i + a_n,$$

womit $\sum_{i \in [1,n]} \mathfrak{a}_i$ nach Satz 6, Bd. II, § 10 mit der alten endlichen Summe $\sum_{i=1}^{n} a_i$ natürlicher Zahlen übereinstimmt.

3. Produkt. Für natürliche Zahlen n, m mit den Repräsentanten A, B gilt (vgl. Bd. II, § 7, Abschn. 7):

$$n \cdot m = \operatorname{card}(A \times B).$$

Auch für beliebige Mengen A, B ist $\operatorname{card}(A \times B)$ anschaulich als Produkt von card A und card B anzusprechen, und so wollen wir definieren. Für Kardinalzahlen $\mathfrak{a}$, $\mathfrak{b}$ und Mengen A, A', B, B' mit

$$\mathfrak{a} = \operatorname{card} A = \operatorname{card} A', \qquad \mathfrak{b} = \operatorname{card} B = \operatorname{card} B'$$

ist dabei nach Satz 15c), Bd. II, § 7:

$$\operatorname{card}(A \times B) = \operatorname{card}(A' \times B').$$

Definition 3. Für Kardinalzahlen $\mathfrak{a}, \mathfrak{b}$ und Mengen A, B mit $\mathfrak{a} = \operatorname{card} A$ und $\mathfrak{b} = \operatorname{card} B$ heißt die Kardinalzahl $\operatorname{card}(A \times B)$ das *Produkt* von $\mathfrak{a}$, $\mathfrak{b}$, bezeichnet mit: $\mathfrak{a} \cdot \mathfrak{b}$. Im Falle $\mathfrak{c} = \mathfrak{a} \cdot \mathfrak{b}$ heißt $\mathfrak{a}$ ein *Multiplikand* oder ein *erster Faktor* von $\mathfrak{c}$ und $\mathfrak{b}$ ein *Multiplikator* oder ein *zweiter Faktor* von $\mathfrak{c}$. ∎

$+$ trenne stärker als $\cdot$, also etwa

$$\mathfrak{a} + \mathfrak{b} \cdot \mathfrak{c} = \mathfrak{a} + (\mathfrak{b} \cdot \mathfrak{c}),$$

und für $\mathfrak{a} \cdot \mathfrak{b}$ schreibt man oft einfach $\mathfrak{a}\mathfrak{b}$.

Für natürliche Zahlen n, m fällt $n \cdot m$ im Sinne von Definition 3 nach der einleitenden Bemerkung mit dem alten

Produkt natürlicher Zahlen zusammen. In jeder gegenüber Produktbildung abgeschlossenen Menge M von Kardinalzahlen, d. h.

$$\forall \mathfrak{x} \, \forall \mathfrak{y} (\mathfrak{x}, \mathfrak{y} \in M \to \mathfrak{x} \cdot \mathfrak{y} \in M),$$

wird durch $\cdot$ eine Operation in M erzeugt, die *Multiplikation* in M. Solche abgeschlossenen Mengen M sind etwa $\boldsymbol{N}$ und für jeden Allbereich $\mathfrak{B}$ mit $\boldsymbol{N} \in \mathfrak{B}$ die Menge

$$M = \{\mathfrak{x} \in \mathfrak{B} \mid \mathfrak{x} \textit{ Kardinalzahl}\}.$$

Die letzte Behauptung folgt nach Satz 3, § 7 und Satz 8c), Bd. II, § 10 so: Für Kardinalzahlen $\mathfrak{x}, \mathfrak{y} \in \mathfrak{B}$ existieren Repräsentanten $X, Y \in \mathfrak{B}$; dann ist $X \times Y \in \mathfrak{B}$, also $\mathfrak{x} \cdot \mathfrak{y} = \text{card}\,(X \times Y) \in \mathfrak{B}$.

Satz 3. *Für Kardinalzahlen* $\mathfrak{a}, \mathfrak{b}$ *und Mengen* A, B *mit* $\mathfrak{v} = \text{card}\, A$, $\mathfrak{b} = \text{card}\, B$ *gilt*:

a)
$$\begin{aligned} \mathfrak{a} \cdot \mathfrak{b} &= \text{card}\,(A \times B), \\ A \neq B \to \mathfrak{a} \cdot \mathfrak{b} &= \text{card} \boldsymbol{\times} \{A, B\}, \\ A \cap B = \emptyset \to \mathfrak{a} \cdot \mathfrak{b} &= \text{card} \boldsymbol{\times} \{A, B\} \\ &= \text{card}\, \{X \mid X \textit{ Auswahlmenge von } \{A, B\}\}, \end{aligned}$$

b) $\mathfrak{a} \cdot 0 = 0 = 0 \cdot \mathfrak{a}, \qquad \mathfrak{a} \cdot 1 = \mathfrak{a} = 1 \cdot \mathfrak{a},$

c) $\mathfrak{b} < \boldsymbol{\mathfrak{a}} \to \mathfrak{a} \cdot \mathfrak{b}' = \mathfrak{a} \cdot \mathfrak{b} + \mathfrak{a},$
$\boldsymbol{\mathfrak{a}} \leqq \mathfrak{b} \to 1 \cdot \mathfrak{b}' > 1 \cdot \mathfrak{b} + 1.$

Beweis. a) Die erste Behauptung folgt sofort aus Definition 3. Ist $A \neq B$ oder $A \cap B = \emptyset$, so ist

$$A \times B \sim \boldsymbol{\times} \{A, B\}$$

und im Falle der Disjunktheit auch

$$A \times B \sim \{X \mid X \textit{ Auswahlmenge von } \{A, B\}\},$$

woraus die weiteren Behauptungen folgen.

b) Es ist $A \times \emptyset = \emptyset = \emptyset \times A$, also $\mathfrak{a} \cdot 0 = 0 = 0 \cdot \mathfrak{a}$. Es ist $A \times \{1\} \sim A \sim \{1\} \times A$, also $\mathfrak{a} \cdot 1 = \mathfrak{a} = 1 \cdot \mathfrak{a}$.

c) Ist $\mathfrak{b}$ endlich und x ein Objekt mit $x \notin B$, so ist nach Satz 15, § 7:

$$\begin{aligned}\mathfrak{a} \cdot \mathfrak{b}' &= \operatorname{card}(A \times (B \cup \{x\})) \\ &= \operatorname{card}((A \times B) \cup (A \times \{x\})) = \mathfrak{a} \cdot \mathfrak{b} + \mathfrak{a}.\end{aligned}$$

Ist $\mathfrak{b}$ unendlich, so folgt mit b) und Satz 1d):

$$1 \cdot \mathfrak{b}' = \mathfrak{b}' > \mathfrak{b} = \mathfrak{b} + 1 = 1 \cdot \mathfrak{b} + 1. \blacksquare$$

Nach Satz 3b), c) bestehen die Rekursionsgleichungen

$$a \cdot 0 = 0, \qquad a \cdot (n + 1) = a \cdot n + a$$

für natürliche Zahlen a, n, und man erhält $a \cdot n \in \boldsymbol{N}$ durch vollständige Induktion über n. Damit ist erneut die Abgeschlossenheit von $\boldsymbol{N}$ gegenüber Produktbildung gezeigt und (vgl. Bd. II, § 7, Abschn. 7) das Zusammenfallen von $a \cdot n$ innerhalb $\boldsymbol{N}$ mit dem alten Produkt natürlicher Zahlen.
Nach Satz 3c) ist eine induktive Definition der kardinalen Multiplikation, bei der u. a. für Nachfolger stets die Rekursionsgleichung

$$\mathfrak{a} \cdot \mathfrak{b}' = \mathfrak{a} \cdot \mathfrak{b} + \mathfrak{a}$$

besteht, unmöglich.

Man definiert für Kardinalzahlen $\mathfrak{a}, \mathfrak{b}, \mathfrak{c}, \mathfrak{d}, \ldots$ sukzessiv die *mehrstelligen Produkte*:

$$\mathfrak{a} \cdot \mathfrak{b} \cdot \mathfrak{c} = (\mathfrak{a} \cdot \mathfrak{b}) \cdot \mathfrak{c}, \qquad \mathfrak{a} \cdot \mathfrak{b} \cdot \mathfrak{c} \cdot \mathfrak{d} = (\mathfrak{a} \cdot \mathfrak{b} \cdot \mathfrak{c}) \cdot \mathfrak{d}, \ldots$$

(wobei man $\cdot$ auch wieder weglassen kann).

4. Allgemeines Produkt. Die Produktdefinition läßt sich naheliegend auf beliebige Kardinalzahlfamilien $(\mathfrak{a}_i)_{i \in I}$ übertragen. Für jede solche Familie gibt es eine zugehörige Familie $(A_i)_{i \in I}$ von Repräsentanten A_i der $\mathfrak{a}_i$ (vgl. Abschn. 2), und sind $(A_i)_{i \in I}$, $(A_i')_{i \in I}$ zugehörige Repräsentantenfamilien, so gilt nach Satz 15f), Bd. II, § 7:

$$\bigtimes_{i \in I} A_i \sim \bigtimes_{i \in I} A_i'.$$

Definition 4. Ist $(\mathfrak{a}_i)_{i \in I}$ eine Kardinalzahlfamilie und $(A_i)_{i \in I}$ eine zugehörige Repräsentantenfamilie mit also

$$\mathfrak{a}_i = \text{card}\, A_i$$

für alle $i \in I$, so heißt die Kardinalzahl card $\bigtimes_{i \in I} A_i$ das (*allgemeine*) *Produkt* von $(\mathfrak{a}_i)_{i \in I}$, bezeichnet mit: $\prod_{i \in I} \mathfrak{a}_i$. Die $\mathfrak{a}_i$ (für $i \in I$) heißen die *Faktoren* von $\prod_{i \in I} \mathfrak{a}_i$. ∎

Satz 4. *Für Kardinalzahlfamilien* $(\mathfrak{a}_i)_{i \in I}$, *zugehörige Repräsentantenfamilien* $(A_i)_{i \in I}$ *und Objekte* j *gilt:*

a)
$$\prod_{i \in I} \mathfrak{a}_i = \text{card} \bigtimes_{i \in I} A_i\,,$$

$$(A_i)_{i \in I} \textit{ eineindeutig} \rightarrow \prod_{i \in I} \mathfrak{a}_i = \text{card} \bigtimes \{A_i\}_{i \in I}\,,$$

$$(A_i)_{i \in I} \textit{ disjunkt} \rightarrow \prod_{i \in I} \mathfrak{a}_i = \text{card} \bigtimes \{A_i\}_{i \in I} = \text{card}\, \{X \mid X \textit{ Auswahlmenge von } \{A_i\}_{i \in I}\}\,,$$

b)
$$I = \emptyset \rightarrow \prod_{i \in I} \mathfrak{a}_i = 1\,,$$

$$I = \{j\} \rightarrow \prod_{i \in I} \mathfrak{a}_i = \mathfrak{a}_j\,,$$

c)
$$j \in I \rightarrow \prod_{i \in I} \mathfrak{a}_i = \prod_{i \in I \setminus \{j\}} \mathfrak{a}_i \cdot \mathfrak{a}_j\,.$$

Beweis. a) Die erste Behauptung folgt sofort aus Definition 4. Ist $(A_i)_{i \in I}$ eineindeutig oder disjunkt, so ist

$$\bigtimes_{i \in I} A_i \sim \bigtimes \{A_i\}_{i \in I}$$

und im Falle der Disjunktheit auch

$$\bigtimes_{i \in I} A_i \sim \{X \mid X \textit{ Auswahlmenge von } \{A_i\}_{i \in I}\}\,,$$

woraus die weiteren Behauptungen folgen.

b) ist trivial wegen $\bigtimes_{i \in \emptyset} A_i = \{\emptyset\}$ (vgl. Satz 9a), Bd. II, § 5) und $\bigtimes_{i \in \{j\}} A_i \sim A_j$.

c) Für $j \in I$ ist

$$\bigtimes_{i \in I} A_i \sim \bigtimes_{i \in I \setminus \{j\}} A_i \times A_j,$$

woraus die Behauptung folgt. ▮

Nach Satz 4b), c) ist Definition 3 ein Spezialfall von Definition 4; denn für Kardinalzahlen $\mathfrak{a}, \mathfrak{b}$ und die Familie $(\mathfrak{x}_i)_{i \in \{1,2\}}$ bei $\mathfrak{x}_1 = \mathfrak{a}$, $\mathfrak{x}_2 = \mathfrak{b}$ ist sofort

$$\prod_{i \in \{1,2\}} \mathfrak{x}_i = \prod_{i \in \{1\}} \mathfrak{x}_i \cdot \mathfrak{x}_2 = \mathfrak{x}_1 \cdot \mathfrak{x}_2 = \mathfrak{a} \cdot \mathfrak{b}.$$

Man erhält für Kardinalzahlfamilien $(\mathfrak{a}_i)_{i \in I}$ über den angegebenen Indexbereichen I sukzessiv:

$$\prod_{i \in \{1\}} \mathfrak{a}_i = \mathfrak{a}_1, \qquad \prod_{i \in \{1,2\}} \mathfrak{a}_i = \mathfrak{a}_1 \cdot \mathfrak{a}_2,$$

$$\prod_{i \in \{1,2,3\}} \mathfrak{a}_i = \mathfrak{a}_1 \cdot \mathfrak{a}_2 \cdot \mathfrak{a}_3, \qquad \prod_{i \in \{1,2,3,4\}} \mathfrak{a}_i = \mathfrak{a}_1 \cdot \mathfrak{a}_2 \cdot \mathfrak{a}_3 \cdot \mathfrak{a}_4, \ldots .$$

Nach Satz 4b), c) bestehen speziell für endliche Familien $(a_i)_{1 \leqq i \leqq n}$ natürlicher Zahlen die Rekursionsgleichungen:

$$n = 1 \to \prod_{i \in [1,n]} a_i = a_1,$$

$$n \geqq 2 \to \prod_{i \in [1,n]} a_i = \prod_{i \in [1,n-1]} a_i \cdot a_n,$$

womit $\prod_{i \in [1,n]} a_i$ nach Satz 6, Bd. II, § 10 mit dem alten endlichen Produkt $\prod_{i=1}^{n} a_i$ natürlicher Zahlen übereinstimmt.

5. Potenz. Für natürliche Zahlen n, m mit den Repräsentanten A, B gilt (vgl. Bd. II, § 7, Abschn. 7):

$$n^m = \text{card}\,(A^B).$$

Dies wollen wir auf beliebige Kardinalzahlen $\mathfrak{a}, \mathfrak{b}$ ausdehnen. Für

$$\mathfrak{a} = \text{card}\,A = \text{card}\,A', \qquad \mathfrak{b} = \text{card}\,B = \text{card}\,B'$$

gilt dabei nach Satz 15c), Bd. II, § 7:

$$\text{card}\,(A^B) = \text{card}\,(A'^{B'}).$$

Definition 5. Für Kardinalzahlen $\mathfrak{a}, \mathfrak{b}$ und Mengen A, B mit $\mathfrak{a} = \text{card}\,A$ und $\mathfrak{b} = \text{card}\,B$ heißt die Kardinalzahl card (A^B) die *Potenz* von $\mathfrak{a}, \mathfrak{b}$ bezeichnet mit: $\mathfrak{a}^{\mathfrak{b}}$. Im Falle $\mathfrak{c} = \mathfrak{a}^{\mathfrak{b}}$ heißt $\mathfrak{a}$ eine *Basis* (*Grundzahl*) von $\mathfrak{c}$ und $\mathfrak{b}$ ein *Exponent* (*Hochzahl*) von $\mathfrak{c}$. ∎

$+$ und $\cdot$ trennen stärker als die Hochschreibweise, also etwa

$$\mathfrak{a} + \mathfrak{b} \cdot \mathfrak{c}^{\mathfrak{b}} = \mathfrak{a} + (\mathfrak{b} \cdot (\mathfrak{c}^{\mathfrak{b}})).$$

$\mathfrak{a}^2$ heißt auch das *Quadrat* von $\mathfrak{a}$.

Für natürliche Zahlen n, m fällt n^m im Sinne von Definition 5 nach der einleitenden Bemerkung mit der alten Potenz natürlicher Zahlen zusammen. In jeder gegenüber Potenzbildung abgeschlossenen Menge M von Kardinalzahlen, d. h.

$$\forall \mathfrak{x}\, \forall \mathfrak{y} (\mathfrak{x}, \mathfrak{y} \in M \rightarrow \mathfrak{x}^{\mathfrak{y}} \in M),$$

wird durch die Potenzbildung eine Operation in M erzeugt, die *Potenzierung* in M. Solche abgeschlossenen Mengen M sind etwa $\boldsymbol{N}$ und für jeden Allbereich $\mathfrak{B}$ mit $\boldsymbol{N} \in \mathfrak{B}$ die Menge

$$M = \{\mathfrak{x} \in \mathfrak{B} \mid \mathfrak{x} \textit{ Kardinalzahl}\}.$$

Die letzte Behauptung folgt nach Satz 3, § 7 und Satz 8c), Bd. II, § 10 so: Für Kardinalzahlen $\mathfrak{x}, \mathfrak{y} \in \mathfrak{B}$ existieren Repräsentanten $X, Y \in \mathfrak{B}$; dann ist $X^Y \in \mathfrak{B}$, also $\mathfrak{x}^{\mathfrak{y}} = \text{card}\,(X^Y) \in \mathfrak{B}$.

Addition, Multiplikation und Potenzierung von Kardinalzahlen (im Sinne mengentheoretischer Operationen in entsprechend abgeschlossenen Mengen M von Kardinalzahlen oder im Sinne der nicht mehr als mathematische Objekte existierenden Operationen im Bereich aller Kardinalzahlen) heißen gemeinsam die *elementaren arithmetischen Operationen* für Kardinalzahlen.

Wir führen die *Mächtigkeit des Kontinuums* ein:

Definition 6. Es sei $\mathfrak{c} = \operatorname{card} \boldsymbol{R}$. ∎

Satz 5. *Für Kardinalzahlen* $\mathfrak{a}, \mathfrak{b}$ *und Mengen* A, B *mit* $\mathfrak{a} = \operatorname{card} A, \mathfrak{b} = \operatorname{card} B$ *gilt*:

a) $\operatorname{card}(A^B) = \mathfrak{a}^{\mathfrak{b}}$,

b) $\mathfrak{a}^0 = 1, \qquad \mathfrak{b} \geqq 1 \to 0^{\mathfrak{b}} = 0,$
$\mathfrak{a}^1 = \mathfrak{a}, \qquad 1^{\mathfrak{b}} = 1,$

c) $\mathfrak{b} < \boldsymbol{\mathfrak{a}} \to \mathfrak{a}^{(\mathfrak{b}')} = \mathfrak{a}^{\mathfrak{b}} \cdot \mathfrak{a}$,

d) $\mathfrak{a} < \operatorname{card} \mathfrak{P} A = 2^{\mathfrak{a}}, \qquad \mathfrak{a}' \leqq 2^{\mathfrak{a}},$
$\boldsymbol{\mathfrak{a}}' \leqq 2^{\boldsymbol{\mathfrak{a}}} = \mathfrak{c},$

e) $\boldsymbol{\mathfrak{a}}' = \mathfrak{c} \to 2^{(\boldsymbol{\mathfrak{a}}')} > 2^{\boldsymbol{\mathfrak{a}}} \cdot 2$.

Beweis. a) folgt aus Definition 5.

b) Es ist $A^{\emptyset} = \{\emptyset\}$ und $\emptyset^B = \emptyset$ für $B \neq \emptyset$ (vgl. Satz 9f), g), Bd. II, § 5). Es ist $A^{\{1\}} \sim A$ und $\{1\}^B = \{(1)_{i \in B}\}$.

c) Ist $\mathfrak{b}$ endlich und x ein Objekt mit $x \notin B$, so ist über Satz 15e), Bd. II, § 5 und nach b):

$$\mathfrak{a}^{(\mathfrak{b}')} = \operatorname{card}(A^{B \cup \{x\}}) = \operatorname{card}(A^B \times A^{\{x\}}) = \mathfrak{a}^{\mathfrak{b}} \cdot \mathfrak{a}.$$

d) Nach dem Satz von Cantor (Satz 12, Bd. II, § 9) und Satz 1, Bd. II, § 5 ist stets

$$A < \mathfrak{P} A \sim \{1, 2\}^A,$$

woraus $\mathfrak{a} < \operatorname{card} \mathfrak{P} A = 2^{\mathfrak{a}}$ folgt, also auch $\mathfrak{a}' \leqq 2^{\mathfrak{a}}$. Nach Satz 13b), c), Bd. II, § 9 ist $\boldsymbol{R} \sim \mathfrak{P} \boldsymbol{N}$, also $\mathfrak{c} = 2^{\boldsymbol{\mathfrak{a}}}$.

e) Ist $\boldsymbol{\mathfrak{a}}' = \mathfrak{c}$, so ist

$$2^{(\boldsymbol{\mathfrak{a}}')} \geqq \boldsymbol{\mathfrak{a}}'' > \boldsymbol{\mathfrak{a}}' = \mathfrak{c} = \mathfrak{c} \cdot 2 = 2^{\boldsymbol{\mathfrak{a}}} \cdot 2,$$

wobei $\mathfrak{c} = \mathfrak{c} \cdot 2$ aus Satz 15, Bd. II, § 9 folgt. ∎

Nach Satz 5b), c) bestehen die Rekursionsgleichungen

$$a^0 = 1, \qquad a^{n+1} = a^n \cdot a$$

für natürliche Zahlen a, n, und man erhält $a^n \in \boldsymbol{N}$ durch vollständige Induktion über n. Damit ist erneut die Abgeschlossenheit von $\boldsymbol{N}$ gegenüber Potenzbildung gezeigt und (vgl. Bd. II, § 7, Abschn. 7) das Zusammenfallen von a^n innerhalb $\boldsymbol{N}$ mit der alten Potenz natürlicher Zahlen. Im Falle $\boldsymbol{\mathfrak{a}}' = \boldsymbol{\mathfrak{c}}$ hätte man nach Satz 5e) wieder die Unmöglichkeit einer induktiven Definition der kardinalen Potenzierung, bei der u. a. für Nachfolger stets die Rekursionsgleichung

$$\mathfrak{a}^{(\mathfrak{b}')} = \mathfrak{a}^{\mathfrak{b}} \cdot \mathfrak{a}$$

besteht. Das in Bd. II, § 9 (hinter Satz 13) formulierte *Kontinuumproblem*, ob $\boldsymbol{\mathfrak{a}}' = \boldsymbol{\mathfrak{c}}$ oder $\boldsymbol{\mathfrak{a}}' < \boldsymbol{\mathfrak{c}}$ gilt, ergibt sich jetzt mit Satz 15d) als die Frage, ob

$$\boldsymbol{\mathfrak{a}}' = 2^{\boldsymbol{\mathfrak{a}}} \quad \text{oder} \quad \boldsymbol{\mathfrak{a}}' < 2^{\boldsymbol{\mathfrak{a}}}$$

ist; die *Kontinuumhypothese* ist die Vermutung:

$$\boldsymbol{\mathfrak{c}} = \boldsymbol{\mathfrak{a}}', \quad \text{d. h.} \quad 2^{\boldsymbol{\mathfrak{a}}} = \boldsymbol{\mathfrak{a}}'.$$

Das *verallgemeinerte Kontinuumproblem* ist die Frage, ob für beliebige unendliche Kardinalzahlen $\mathfrak{a}$

$$\mathfrak{a}' = 2^{\mathfrak{a}} \quad \text{oder} \quad \mathfrak{a}' < 2^{\mathfrak{a}}$$

ist. Alle Versuche, Zwischenzahlen $\mathfrak{x}$ mit $\mathfrak{a}' < \mathfrak{x} < 2^{\mathfrak{a}}$ nachzuweisen, sind wie beim ursprünglichen Kontinuumproblem fehlgeschlagen, und man vermutet daher umfassender für beliebige unendliche Kardinalzahlen $\mathfrak{a}$ die *verallgemeinerte Kontinuumhypothese* oder die *Alephhypothese* (die unendlichen Kardinalzahlen werden auch Alephs genannt; vgl. § 10, Abschn. 2):

$$2^{\mathfrak{a}} = \mathfrak{a}'.$$

Auf Grund der Alephhypothese wäre also die Mächtigkeit der Potenzmenge einer jeden unendlichen Menge gerade die auf die Mächtigkeit dieser Menge unmittelbar folgende Mächtigkeit. Die Alephhypothese hat sich bisher nicht als allgemein anerkanntes Axiom durchgesetzt, und wir verwenden sie deshalb stets nur in der Form einer vorgeschalteten Prämisse. (Nach den von GÖDEL und COHEN erzielten Ergebnissen in der Grundlagenforschung — im Sinne der Mathematischen Logik — zur Allgemeinen Mengenlehre ist das verallgemeinerte wie das gewöhnliche Kontinuumproblem sogar ein Problem, welches sich im Rahmen herkömmlicher mengentheoretischer Axiomensysteme nicht lösen läßt.)

6. Elementare Rechengesetze.

Satz 6. *Für Kardinalzahlen* $\mathfrak{a}$, $\mathfrak{b}$ *und Mengen* I *gilt*:

$$\mathfrak{a} = \operatorname{card} I \to \mathfrak{a} = \sum_{i \in I} 1,$$

$$\mathfrak{b} = \operatorname{card} I \to \mathfrak{a} \cdot \mathfrak{b} = \sum_{i \in I} \mathfrak{a} \wedge \mathfrak{a}^{\mathfrak{b}} = \prod_{i \in I} \mathfrak{a}.$$

Beweis. Ist $\mathfrak{a} = \operatorname{card} I$, so ist auch

$$\mathfrak{a} = \operatorname{card} \bigcup_{i \in I} \{i\} = \sum_{i \in I} 1.$$

Ist $\mathfrak{a} = \operatorname{card} A$ und $\mathfrak{b} = \operatorname{card} I$, so ist

$$\mathfrak{a} \cdot \mathfrak{b} = \operatorname{card} (A \times I) = \operatorname{card} \bigcup_{i \in I} (A \times \{i\}) = \sum_{i \in I} \mathfrak{a}$$

und

$$\mathfrak{a}^{\mathfrak{b}} = \operatorname{card} (A^I) = \operatorname{card} \bigtimes_{i \in I} A = \prod_{i \in I} \mathfrak{a}. \blacksquare$$

Satz 6 liefert die Iterationsaussagen: $\mathfrak{a}$ entsteht durch $\mathfrak{a}$-malige Addition von 1, $\mathfrak{a} \cdot \mathfrak{b}$ durch $\mathfrak{b}$-malige Addition von $\mathfrak{a}$ und $\mathfrak{a}^{\mathfrak{b}}$ durch $\mathfrak{b}$-malige Multiplikation von $\mathfrak{a}$.
Aus Satz 6 folgt speziell für Kardinalzahlen $\mathfrak{a}$ und natürliche Zahlen $n \geqq 1$:

$$\mathfrak{a} \cdot n = \sum_{1 \leqq i \leqq n} \mathfrak{a} = \sum_{i=1}^{n} \mathfrak{a} = \underbrace{\mathfrak{a} + \ldots + \mathfrak{a}}_{n\text{-mal}},$$

$$\mathfrak{a}^n = \prod_{1 \leqq i \leqq n} \mathfrak{a} = \prod_{i=1}^{n} \mathfrak{a} = \underbrace{\mathfrak{a} \cdot \ldots \cdot \mathfrak{a}}_{n\text{-mal}}$$

(wobei natürlich $\sum_{i \in I} \mathfrak{a}$ und $\prod_{i \in I} \mathfrak{a}$ für $I = [1, n]$ die Bedeutung der angeschriebenen Summen und Produkte ist),

$$\mathfrak{a} \cdot 2 = \mathfrak{a} + \mathfrak{a}, \qquad \mathfrak{a} \cdot 3 = \mathfrak{a} + \mathfrak{a} + \mathfrak{a}, \ldots,$$
$$\mathfrak{a}^2 = \mathfrak{a} \cdot \mathfrak{a}, \qquad \mathfrak{a}^3 = \mathfrak{a} \cdot \mathfrak{a} \cdot \mathfrak{a}, \ldots;$$

ebenso ist (bei $I = \boldsymbol{N}$):

$$\mathfrak{a} \cdot \boldsymbol{\mathfrak{a}} = \sum_{i<\infty} \mathfrak{a} = \sum_{i=0}^{\infty} \mathfrak{a} = \mathfrak{a} + \mathfrak{a} + \mathfrak{a} + \ldots,$$
$$\mathfrak{a}^{\boldsymbol{\mathfrak{a}}} = \prod_{i<\infty} \mathfrak{a} = \prod_{i=0}^{\infty} \mathfrak{a} = \mathfrak{a} \cdot \mathfrak{a} \cdot \mathfrak{a} \cdot \ldots.$$

Satz 7. a) *Für Kardinalzahlen* $\mathfrak{a}, \mathfrak{b}$ *gilt:*

$$\mathfrak{a} + \mathfrak{b} = 0 \leftrightarrow \mathfrak{a} = 0 \wedge \mathfrak{b} = 0,$$
$$\mathfrak{a} \cdot \mathfrak{b} = 0 \leftrightarrow \mathfrak{a} = 0 \vee \mathfrak{b} = 0,$$
$$\mathfrak{a} \cdot \mathfrak{b} = 1 \leftrightarrow \mathfrak{a} = 1 \wedge \mathfrak{b} = 1,$$
$$\mathfrak{a}, \mathfrak{b} \leqq \mathfrak{a} + \mathfrak{b},$$
$$\mathfrak{a} \cdot \mathfrak{b} \neq 0 \rightarrow \mathfrak{a}, \mathfrak{b} \leqq \mathfrak{a} \cdot \mathfrak{b}.$$

b) *Für Kardinalzahlfamilien* $(\mathfrak{a}_i)_{i \in I}$ *und Objekte* j *gilt:*

$$\sum_{i \in I} \mathfrak{a}_i = 0 \leftrightarrow \forall i (i \in I \rightarrow \mathfrak{a}_i = 0),$$
$$\prod_{i \in I} \mathfrak{a}_i = 0 \leftrightarrow \exists i (i \in I \wedge \mathfrak{a}_i = 0),$$
$$\prod_{i \in I} \mathfrak{a}_i = 1 \leftrightarrow \forall i (i \in I \rightarrow \mathfrak{a}_i = 1),$$
$$j \in I \rightarrow \mathfrak{a}_j \leqq \sum_{i \in I} \mathfrak{a}_i,$$
$$j \in I \wedge \prod_{i \in I} \mathfrak{a}_i \neq 0 \rightarrow \mathfrak{a}_j \leqq \prod_{i \in I} \mathfrak{a}_i.$$

c) *Für Kardinalzahlfamilien* $(\mathfrak{a}_i)_{i \in I}$ *und Mengen* $J \subseteq I$ *mit* $\mathfrak{a}_i = 0$ *für alle* $i \in I \setminus J$ *bzw. mit* $\mathfrak{a}_i = 1$ *für alle* $i \in I \setminus J$ *gilt:*

$$\sum_{i \in I} \mathfrak{a}_i = \sum_{i \in J} \mathfrak{a}_i \quad \text{bzw.} \quad \prod_{i \in I} \mathfrak{a}_i = \prod_{i \in J} \mathfrak{a}_i.$$

Beweis. a) folgt aus b). b) und c) zeigt man leicht repräsentantenweise.

Satz 8. *Für Kardinalzahlen* $\mathfrak{a}, \mathfrak{b}, \mathfrak{c}$ *gilt*:

a) $\mathfrak{a} + \mathfrak{b} = \mathfrak{b} + \mathfrak{a}$, $\mathfrak{a} \cdot \mathfrak{b} = \mathfrak{b} \cdot \mathfrak{a}$ (*Kommutativität*),

b) $(\mathfrak{a} + \mathfrak{b}) + \mathfrak{c} = \mathfrak{a} + (\mathfrak{b} + \mathfrak{c})$, $(\mathfrak{a} \cdot \mathfrak{b}) \cdot \mathfrak{c} = \mathfrak{a} \cdot (\mathfrak{b} \cdot \mathfrak{c})$ (*Assoziativität*),

c) $\mathfrak{a} \cdot (\mathfrak{b} + \mathfrak{c}) = \mathfrak{a} \cdot \mathfrak{b} + \mathfrak{a} \cdot \mathfrak{c}$ (*Distributivität*),

d) $\mathfrak{b} \leqq \mathfrak{c} \rightarrow \mathfrak{a} + \mathfrak{b} \leqq \mathfrak{a} + \mathfrak{c} \wedge \mathfrak{a} \cdot \mathfrak{b} \leqq \mathfrak{a} \cdot \mathfrak{c}$ (*Monotonie*),

e) $\mathfrak{a}^{\mathfrak{b}} \cdot \mathfrak{a}^{\mathfrak{c}} = \mathfrak{a}^{\mathfrak{b}+\mathfrak{c}}$, $\mathfrak{a}^{\mathfrak{c}} \cdot \mathfrak{b}^{\mathfrak{c}} = (\mathfrak{a} \cdot \mathfrak{b})^{\mathfrak{c}}$, $(\mathfrak{a}^{\mathfrak{b}})^{\mathfrak{c}} = \mathfrak{a}^{\mathfrak{b} \cdot \mathfrak{c}}$,

f) $(\mathfrak{a} \neq 0 \vee \mathfrak{b} \neq 0) \wedge \mathfrak{b} \leqq \mathfrak{c} \rightarrow \mathfrak{a}^{\mathfrak{b}} \leqq \mathfrak{a}^{\mathfrak{c}}$, $\mathfrak{a} \leqq \mathfrak{b} \rightarrow \mathfrak{a}^{\mathfrak{c}} \leqq \mathfrak{b}^{\mathfrak{c}}$ (*Monotonie*).

Beweis. a)—d) und f) folgen unmittelbar repräsentantenweise. e) folgt aus Satz 15d), e), f), Bd. II, § 5. ∎

Man kann in Satz 8d), f) nicht $\leqq$ durch $<$ ersetzen; denn wir werden (in Abschn. 7) für transfinite Kardinalzahlen $\mathfrak{a}$ und natürliche Zahlen $n \neq 0$ erhalten:

$$\mathfrak{a} + n = \mathfrak{a} \cdot n = \mathfrak{a}^n = \mathfrak{a}, \qquad 2^{\mathfrak{a}} = \mathfrak{a}^{\mathfrak{a}}.$$

Mit Satz 8 gilt auch für Kardinalzahlen:

$$(\mathfrak{a} + \mathfrak{b}) \cdot \mathfrak{c} = \mathfrak{a} \cdot \mathfrak{c} + \mathfrak{b} \cdot \mathfrak{c},$$
$$\mathfrak{a} \leqq \mathfrak{b} \rightarrow \mathfrak{a} + \mathfrak{c} \leqq \mathfrak{b} + \mathfrak{c} \wedge \mathfrak{a} \cdot \mathfrak{c} \leqq \mathfrak{b} \cdot \mathfrak{c},$$
$$\mathfrak{a}_1 \leqq \mathfrak{b}_1 \wedge \mathfrak{a}_2 \leqq \mathfrak{b}_2 \rightarrow \mathfrak{a}_1 + \mathfrak{a}_2 \leqq \mathfrak{b}_1 + \mathfrak{b}_2 \wedge \mathfrak{a}_1 \cdot \mathfrak{a}_2 \leqq \mathfrak{b}_1 \cdot \mathfrak{b}_2,$$
$$\mathfrak{a}_1 \leqq \mathfrak{a}_2 \neq 0 \wedge \mathfrak{b}_1 \leqq \mathfrak{b}_2 \rightarrow \mathfrak{a}_1^{\mathfrak{b}_1} \leqq \mathfrak{a}_2^{\mathfrak{b}_2};$$
$$\mathfrak{a} \geqq 2 \rightarrow \mathfrak{a}^{\mathfrak{b}} > \mathfrak{b}, \qquad \mathfrak{b} \geqq 1 \rightarrow \mathfrak{a}^{\mathfrak{b}} \geqq \mathfrak{a},$$
$$\mathfrak{a} \neq 0 \rightarrow \mathfrak{a}^{\mathfrak{b}} \neq 0.$$

Die drei letzten Behauptungen folgen so: Ist $\mathfrak{a} \geqq 2$, so ist $\mathfrak{b} < 2^{\mathfrak{b}} \leqq \mathfrak{a}^{\mathfrak{b}}$; ist $\mathfrak{b} \geqq 1$, so ist $\mathfrak{a} = \mathfrak{a}^1 \leqq \mathfrak{a}^{\mathfrak{b}}$; ist $\mathfrak{a} \neq 0$, so ist $1 = 1^{\mathfrak{b}} \leqq \mathfrak{a}^{\mathfrak{b}}$.

Im Bereich der Kardinalzahlen erhält man keine Subtraktion oder Division (mit Rest) wie für natürliche Zahlen, da (s. o.) für transfinite Kardinalzahlen $\mathfrak{a}$ und natürliche Zahlen $n \neq 0$ gilt:

$$\mathfrak{a} + n = \mathfrak{a}, \qquad \mathfrak{a} \cdot n = \mathfrak{a}.$$

Die Gleichungen $\mathfrak{a} + \mathfrak{x} = \mathfrak{b}$ und $\mathfrak{a} \cdot \mathfrak{x} = \mathfrak{b}$ bei $\mathfrak{a} \leqq \mathfrak{b}$ besitzen also gegebenenfalls unendlich viele Lösungen $\mathfrak{x}$, was der Definition einer eindeutig bestimmten Differenz $\mathfrak{b} - \mathfrak{a}$ oder eines eindeutig bestimmten Quotienten $\mathfrak{b} : \mathfrak{a}$ im Wege steht.

Satz 9. *Für Kardinalzahlfamilien* $(\mathfrak{a}_i)_{i \in I}$, $(\mathfrak{b}_i)_{i \in I}$ *und Mengen* J *gilt*:

a) $\forall i (i \in I \to \mathfrak{a}_i \leqq \mathfrak{b}_i) \to \sum_{i \in I} \mathfrak{a}_i \leqq \sum_{i \in I} \mathfrak{b}_i \wedge \prod_{i \in I} \mathfrak{a}_i \leqq \prod_{i \in I} \mathfrak{b}_i$

(*Allgemeine Monotonie*),

b) $J \subseteq I \to \sum_{i \in J} \mathfrak{a}_i \leqq \sum_{i \in I} \mathfrak{a}_i$

$J \subseteq I \wedge \prod_{i \in I \setminus J} \mathfrak{a}_i \neq 0 \to \prod_{i \in J} \mathfrak{a}_i \leqq \prod_{i \in I} \mathfrak{a}_i$

(*Monotonie in bezug auf den Indexbereich*).

Beweis. a) Sind $(A_i)_{i \in I}$, $(B_i)_{i \in I}$ disjunkte Mengenfamilien mit

$$\mathfrak{a}_i = \operatorname{card} A_i, \qquad \mathfrak{b}_i = \operatorname{card} B_i$$

für alle $i \in I$, so gibt es wegen stets $\mathfrak{a}_i \leqq \mathfrak{b}_i$ eine Mengenfamilie $(X_i)_{i \in I}$ mit stets $A_i \sim X_i \subseteq B_i$ (X sei ein Element des Produktes $\bigtimes_{i \in I} \mathfrak{X}_i$, wo $\mathfrak{X}_i$ die Menge aller Y mit $A_i \sim Y \subseteq B_i$ ist). Wegen

$$\bigcup_{i \in I} X_i \subseteq \bigcup_{i \in I} B_i, \qquad \bigtimes_{i \in I} X_i \subseteq \bigtimes_{i \in I} B_i$$

gilt dann:

$$\sum_{i\in I} \mathfrak{a}_i = \operatorname{card} \bigcup_{i\in I} A_i = \operatorname{card} \bigcup_{i\in I} X_i \leqq \operatorname{card} \bigcup_{i\in I} B_i = \sum_{i\in I} \mathfrak{b}_i ,$$

$$\prod_{i\in I} \mathfrak{a}_i = \operatorname{card} \bigtimes_{i\in I} A_i = \operatorname{card} \bigtimes_{i\in I} X_i \leqq \operatorname{card} \bigtimes_{i\in I} B_i = \prod_{i\in I} \mathfrak{b}_i .$$

b) Ist $(A_i)_{i\in I}$ eine disjunkte Repräsentantenfamilie von $(\mathfrak{a}_i)_{i\in I}$ und $J \subseteq I$, so gilt

$$\sum_{i\in J} \mathfrak{a}_i = \operatorname{card} \bigcup_{i\in J} A_i \leqq \operatorname{card} \bigcup_{i\in I} A_i = \sum_{i\in I} \mathfrak{a}_i$$

wegen

$$\bigcup_{i\in J} A_i \subseteq \bigcup_{i\in I} A_i .$$

Die zweite Behauptung von b) ist im Falle $\prod_{i\in J} \mathfrak{a}_i = 0$ trivial. Ist $\prod_{i\in I\setminus J} \mathfrak{a}_i \neq 0$ und $\prod_{i\in J} \mathfrak{a}_i \neq 0$, so existiert ein $f \in \bigtimes_{i\in I} A_i$, und es sei

$$P = \left\{ p \in \bigtimes_{i\in I} A_i \;\middle|\; \forall i (i \in I \setminus J \to p_i = f_i) \right\}.$$

Dann ist

$$\bigtimes_{i\in J} A_i \sim P \subseteq \bigtimes_{i\in I} A_i$$

und damit

$$\prod_{i\in J} \mathfrak{a}_i = \operatorname{card} \bigtimes_{i\in J} A_i = \operatorname{card} P \leqq \operatorname{card} \bigtimes_{i\in I} A_i = \prod_{i\in I} \mathfrak{a}_i . \blacksquare$$

Satz 10. *Für Kardinalzahlfamilien* $(\mathfrak{a}_i)_{i\in I}$ *und Kardinalzahlen* $\mathfrak{b}$ *gilt*:

$$\forall i (i \in I \to \mathfrak{a}_i \leqq \mathfrak{b}) \to \sum_{i\in I} \mathfrak{a}_i \leqq \mathfrak{b} \cdot \operatorname{card} I \wedge \prod_{i\in I} \mathfrak{a}_i \leqq \mathfrak{b}^{\operatorname{card} I},$$

$$\forall i (i \in I \to \mathfrak{b} \leqq \mathfrak{a}_i) \to \mathfrak{b} \cdot \operatorname{card} I \leqq \sum_{i\in I} \mathfrak{a}_i \wedge \mathfrak{b}^{\operatorname{card} I} \leqq \prod_{i\in I} \mathfrak{a}_i .$$

Beweis. Die Behauptungen folgen unmittelbar aus den Sätzen 6 und 9a). $\blacksquare$

Aus Satz 10 folgt speziell für $\mathfrak{b} = 1$ bzw. $\mathfrak{b} = 2$:

$$\forall i(i \in I \rightarrow \mathfrak{a}_i \geqq 1) \rightarrow \operatorname{card} I \leqq \sum_{i \in I} \mathfrak{a}_i,$$

$$\forall i(i \in I \rightarrow \mathfrak{a}_i \geqq 2) \rightarrow \operatorname{card} I < 2^{\operatorname{card} I} \leqq \prod_{i \in I} \mathfrak{a}_i.$$

Satz 11. *Für Kardinalzahlfamilien* $(\mathfrak{a}_i)_{i \in I}$ *und eineindeutige Abbildungen* p *von* K *auf* I *gilt*:

$$\sum_{i \in I} \mathfrak{a}_i = \sum_{k \in K} \mathfrak{a}_{p(k)}, \qquad \prod_{i \in I} \mathfrak{a}_i = \prod_{k \in K} \mathfrak{a}_{p(k)}.$$

Beweis. Ist $(A_i)_{i \in I}$ eine disjunkte Repräsentantenfamilie von $(\mathfrak{a}_i)_{i \in I}$, so gilt nach Satz 2, Bd. II, § 5:

$$\bigcup_{i \in I} A_i = \bigcup_{k \in K} A_{p(k)},$$

wobei auch die $A'_k = A_{p(k)}$ auf Grund der Eineindeutigkeit von p wieder paarweise disjunkt sind, und gilt nach Satz 10, Bd. II, § 5:

$$\mathop{\times}_{i \in I} A_i \sim \mathop{\times}_{k \in K} A_{p(k)}. \blacksquare$$

Aus Satz 11 folgt speziell die *allgemeine Kommutativität* von $\sum, \prod$; d. h. für Kardinalzahlfamilien $(\mathfrak{a}_i)_{i \in I}$ und Permutationen p von I gilt:

$$\sum_{i \in I} \mathfrak{a}_i = \sum_{i \in I} \mathfrak{a}_{p(i)}, \qquad \prod_{i \in I} \mathfrak{a}_i = \prod_{i \in I} \mathfrak{a}_{p(i)}.$$

Satz 12. *Für Relationen* K, *Kardinalzahlfamilien* $(\mathfrak{a}_{ij})_{(i,j) \in K}$ *und* $I = \operatorname{Vb} K$, $J = \operatorname{Nb} K$ *gilt*:

$$\sum_{i \in I} \Bigl(\sum_{(i,j) \in K} \mathfrak{a}_{ij}\Bigr) = \sum_{(i,j) \in K} \mathfrak{a}_{ij} = \sum_{j \in J} \Bigl(\sum_{(i,j) \in K} \mathfrak{a}_{ij}\Bigr)$$

$$\prod_{i \in I} \Bigl(\prod_{(i,j) \in K} \mathfrak{a}_{ij}\Bigr) = \prod_{(i,j) \in K} \mathfrak{a}_{ij} = \prod_{j \in J} \Bigl(\prod_{(i,j) \in K} \mathfrak{a}_{ij}\Bigr)$$

(*Allgemeine Assoziativität*).

Beweis. Ist $(A_{ij})_{(i,j)\in K}$ eine disjunkte Repräsentantenfamilie von $(\mathfrak{a}_{ij})_{(i,j)\in K}$, so sind bei

$$B_{ij} = A_{ij} \times \{i\}, \qquad C_{ij} = A_{ij} \times \{j\}$$

auch $(B_{ij})_{(i,j)\in K}$ und $(C_{ij})_{(i,j)\in K}$ disjunkte Repräsentantenfamilien, und es ist zusätzlich jede der beiden Mengenfamilien

$$\Big(\bigcup_{(i,j)\in K} B_{ij}\Big)_{i\in I}, \qquad \Big(\bigcup_{(i,j)\in K} C_{ij}\Big)_{j\in J}$$

disjunkt. Damit folgen die Behauptungen aus den Sätzen 3 und 11 von Bd. II, § 5. ∎

Aus Satz 12 folgt unmittelbar für Kardinalzahlfamilien $(\mathfrak{a}_i)_{i\in I}$ und disjunkte Mengenfamilien $(I_k)_{k\in K}$ mit $\bigcup_{k\in K} I_k = I$ die geläufigste Form der *allgemeinen Assoziativität*:

$$\sum_{i\in I} \mathfrak{a}_i = \sum_{k\in K} \Big(\sum_{i\in I_k} \mathfrak{a}_i\Big), \qquad \prod_{i\in I} \mathfrak{a}_i = \prod_{k\in K} \Big(\prod_{i\in I_k} \mathfrak{a}_i\Big).$$

(Nach Satz 7c) kann man $I_k \neq \emptyset$ für alle $k \in K$ voraussetzen. Für $K = \emptyset$ ist $I = \emptyset$, und die Behauptungen sind trivial. Ist $K \neq \emptyset$, so sei

$$K' = \{(i, k) \mid k \in K \wedge i \in I_k\}$$

und $\mathfrak{a}'_{ik} = \mathfrak{a}_i$ für $(i, k) \in K'$. Es ist $K = \mathrm{Nb}\, K'$, und nach Satz 11 ist

$$\sum_{i\in I} \mathfrak{a}_i = \sum_{(i,k)\in K'} \mathfrak{a}_i = \sum_{(i,k)\in K'} \mathfrak{a}'_{ik},$$

$$\prod_{i\in I} \mathfrak{a}_i = \prod_{(i,k)\in K'} \mathfrak{a}_i = \prod_{(i,k)\in K'} \mathfrak{a}'_{ik}.$$

Damit folgen die Behauptungen direkt aus den rechten Gleichungen von Satz 12.)

Satz 13. *Für Relationen K, Kardinalzahlfamilien $(\mathfrak{a}_{ij})_{(i,j)\in K}$, $I = \mathrm{Vb}\, K$ und $P = \bigtimes_{i\in I} K\langle\langle i \rangle\rangle$ gilt:*

$$\prod_{i\in I} \Big(\sum_{(i,j)\in K} \mathfrak{a}_{ij}\Big) = \sum_{f\in P} \Big(\prod_{i\in I} \mathfrak{a}_{i,f(i)}\Big)$$

(*Allgemeine Distributivität*).

Beweis. Ist $(A_{ij})_{(i,j)\in K}$ eine disjunkte Repräsentantenfamilie von $(\mathfrak{a}_{ij})_{(i,j)\in K}$, so gilt nach Satz 14, Bd. II, § 5:

$$\bigtimes_{i\in I}\Bigl(\bigcup_{(i,j)\in K} A_{ij}\Bigr) = \bigcup_{f\in P}\Bigl(\bigtimes_{i\in I} A_{i,f(i)}\Bigr),$$

wobei auch die rechten Produkte in Abhängigkeit von f paarweise disjunkt sind. ∎

Aus Satz 13 folgt unmittelbar für Kardinalzahlfamilien $(\mathfrak{a}_i)_{i\in I}$, Mengenfamilien $(I_k)_{k\in K}$ mit $\bigcup_{k\in K} I_k \subseteq I$ und $P = \bigtimes_{k\in K} I_k$ die geläufigste Form der *allgemeinen Distributivität*:

$$\prod_{k\in K}\Bigl(\sum_{i\in I_k}\mathfrak{a}_i\Bigr) = \sum_{f\in P}\Bigl(\prod_{k\in K}\mathfrak{a}_{f(k)}\Bigr).$$

(Man kann $I_k \neq \emptyset$ für alle $k \in I$ voraussetzen; denn ist ein $I_k = \emptyset$, so auch $P = \emptyset$, und beide Seiten sind trivial 0. Man setze

$$K' = \{(k, i) \mid k \in K \wedge i \in I_k\}$$

und $\mathfrak{a}'_{ki} = \mathfrak{a}_i$ für $(k, i) \in K'$. Dann ist $K = \mathrm{Vb}\, K'$ und $K'\langle\langle k\rangle\rangle = I_k$ für jedes $k \in K$, womit die Behauptung direkt aus Satz 13 folgt.) Als Spezialfälle ergeben sich für Kardinalzahlfamilien $(\mathfrak{a}_i)_{i\in I}$, $(\mathfrak{b}_j)_{j\in J}$ und Kardinalzahlen $\mathfrak{c}$ (was man auch einfach direkt ausrechnet):

$$\Bigl(\sum_{i\in I}\mathfrak{a}_i\Bigr)\cdot\Bigl(\sum_{j\in J}\mathfrak{b}_j\Bigr) = \sum_{(i,j)\in I\times J}(\mathfrak{a}_i\cdot\mathfrak{b}_j),$$

$$\mathfrak{c}\cdot\sum_{i\in I}\mathfrak{a}_i = \sum_{i\in I}(\mathfrak{c}\cdot\mathfrak{a}_i).$$

Satz 14. *Für Kardinalzahlfamilien* $(\mathfrak{a}_i)_{i\in I}$ *und Kardinalzahlen* $\mathfrak{b}$ *gilt:*

$$\mathfrak{b}^{\sum_{i\in I}\mathfrak{a}_i} = \prod_{i\in I}\mathfrak{b}^{\mathfrak{a}_i}, \quad \Bigl(\prod_{i\in I}\mathfrak{a}_i\Bigr)^{\mathfrak{b}} = \prod_{i\in I}\mathfrak{a}_i^{\mathfrak{b}}.$$

Beweis. Satz 16d), c), Bd. II, § 5. ∎

7. Satz von HESSENBERG. Der folgende Satz ist charakteristisch für das Rechnen mit unendlichen Mächtigkeiten und hat auf die Arithmetik der Kardinalzahlen entscheidenden Einfluß.

Satz 15 (Satz von Hessenberg). *Für unendliche Kardinalzahlen* $\mathfrak{a}$ *gilt:*

$$\mathfrak{a}^2 = \mathfrak{a}.$$

Beweis. Der Beweis wird nach „N. Bourbaki, Théorie des ensembles, Kapitel III" mit dem Zornschen Lemma geführt. Der Beweisgedanke ist folgender: Ist $\mathfrak{a} = \operatorname{card} A$, so gibt es eine abzählbar unendliche Teilmenge $N \subseteq A$. Es ist $N \underset{f}{\sim} N \times N$ für eine Abbildung f. Man betrachte das System $\mathfrak{M}$ aller Paare (X, φ) mit $N \subseteq X \subseteq A$ und $X \underset{\varphi}{\sim} X \times X$ und ordne es durch die Fortsetzungsrelation

$$(X, \varphi) \leqq (X', \varphi') \leftrightarrow X \subseteq X' \wedge \varphi = \varphi' \mid X.$$

Vielleicht ist dann $(\mathfrak{M}, \leqq)$ rechtsinduktiv und gilt $B \sim A$ für die maximalen Elemente (B, g), woraus $A \sim A \times A$ folgen würde. Nun zur exakten Durchführung dieser Beweisidee.

Sei also $\mathfrak{a}$ eine unendliche Kardinalzahl und A ein fest herausgegriffener Repräsentant von $\mathfrak{a}$ mit also $\mathfrak{a} = \operatorname{card} A$. Es ist A unendlich, also $\boldsymbol{N} \preceq A$, womit es eine abzählbar unendliche Teilmenge N von A gibt. Über Satz 8, Bd. II, § 9 ist

$$N \sim \boldsymbol{N} \sim \boldsymbol{N} \times \boldsymbol{N} \sim N \times N,$$

und es gibt eine eineindeutige Abbildung f von N auf $N \times N$. Sei

$$\mathfrak{M} = \{(X, \varphi) \mid N \subseteq X \subseteq A \wedge X \underset{\varphi}{\sim} X \times X\}$$

und $\leqq$ die Relation in $\mathfrak{M}$ mit für beliebige (X, φ), $(X', \varphi') \in \mathfrak{M}$:

$$(X, \varphi) \leqq (X', \varphi') \leftrightarrow X \subseteq X' \wedge \varphi = \varphi' \mid X.$$

Es ist dann $\mathfrak{M} \neq \emptyset$ wegen $(N, f) \in \mathfrak{M}$, und es gilt stets

$$(X, \varphi) \leqq (X', \varphi') \leftrightarrow \varphi = \varphi' \mid X \leftrightarrow \varphi = \varphi' \mid \mathrm{D}(\varphi) \leftrightarrow \varphi \subseteq \varphi',$$

womit $\leqq$ eine Ordnung in $\mathfrak{M}$ ist. Ist $\mathfrak{K}$ eine nichtleere Kette von $\mathfrak{M}$ und

$$\sigma = \bigcup \{\varphi \mid (\mathrm{D}(\varphi), \varphi) \in \mathfrak{K}\},$$

so ist σ eine eineindeutige Abbildung von

$$S = \bigcup \{\mathrm{D}(\varphi) \mid (\mathrm{D}(\varphi), \varphi) \in \mathfrak{K}\}$$

auf $S \times S$ bei $N \subseteq S \subseteq A$ und somit $(S, \sigma) \in \mathfrak{M}$ und (S, σ) eine obere Schranke von $\mathfrak{K}$. Also ist $(\mathfrak{M}, \leqq)$ rechtsinduktiv, und nach dem ZORNschen Lemma (Satz 6a), § 6) existiert ein maximales Element (B, g) von $(\mathfrak{M}, \leqq)$. Es ist $N \subseteq B \subseteq A$ und g eine eineindeutige Abbildung von B auf $B \times B$. Für $\mathfrak{b} = \operatorname{card} B$ ist $\mathfrak{b} = \mathfrak{b}^2$ wegen $B \sim B \times B$. Die Behauptung $\mathfrak{a}^2 = \mathfrak{a}$ wird also abschließend bewiesen durch folgenden

Hilfssatz.

$$\mathfrak{b} = \mathfrak{a}.$$

Beweis. Zunächst gilt nach Satz 8d):

$$\mathfrak{b} \leqq 2\mathfrak{b} \leqq 3\mathfrak{b} \leqq \mathfrak{b}^2 = \mathfrak{b},$$

also

$$2\mathfrak{b} = 3\mathfrak{b} = \mathfrak{b}^2 = \mathfrak{b};$$

denn trivial ist $1 \leqq 2 \leqq 3$ und auch $3 \leqq \mathfrak{b}$, da $\mathfrak{b}$ unendlich ist wegen $N \subseteq B$. Wegen $B \subseteq A$ ist $\mathfrak{b} \leqq \mathfrak{a}$. Wäre also $\mathfrak{b} \neq \mathfrak{a}$, so wäre $\mathfrak{b} < \mathfrak{a}$. Dann hätte man

$$\operatorname{card} B = \mathfrak{b} \leqq \operatorname{card} (A \setminus B),$$

da andernfalls

$$\begin{aligned} \mathfrak{b} < \mathfrak{a} = \operatorname{card} A &= \operatorname{card} ((A \setminus B) \cup B) \\ &= \operatorname{card} (A \setminus B) + \operatorname{card} B \leqq 2\mathfrak{b} = \mathfrak{b} \end{aligned}$$

wäre. Aus $B \lesssim A \setminus B$ folgt die Existenz einer Menge $X \subseteq A \setminus B$ mit $B \sim X$. Es ist $B \cap X = \emptyset$, und für $C = B \cup X$ gilt $B \subset C \subseteq A$ (mit B ist auch X nichtleer). Als nächstes zeigen wir die Existenz einer eineindeutigen

Abbildung h von C auf $C \times C$, welche die Fortsetzung von g ist. Es gilt

$$C \times C = (B \times B) \cup (B \times X) \cup (X \times B) \cup (X \times X),$$

wobei die Produkte der rechten Seite paarweise disjunkt sind. Wegen $B \sim X$ ist $\mathfrak{b} = \operatorname{card} B = \operatorname{card} X$, also

$$\mathfrak{b} = \mathfrak{b}^2 = \operatorname{card}(B \times X) = \operatorname{card}(X \times B) = \operatorname{card}(X \times X),$$

also

$$\operatorname{card}((B \times X) \cup (X \times B) \cup (X \times X)) = 3\mathfrak{b} = \mathfrak{b} = \operatorname{card} X,$$

womit es eine eineindeutige Abbildung g^* von X auf $(B \times X) \cup (X \times B) \cup (X \times X)$ gibt. Die Abbildung $h = g \cup g^*$ ist dann eine eineindeutige Abbildung von C auf $C \times C$ mit $g = h \mid B$. Damit gilt insgesamt $(C, h) \in \mathfrak{M}$ und $(B, g) \leqq (C, h)$. Wegen $B \subset C$ ist sogar $g \subset h$, also $(B, g) < (C, h)$ im Widerspruch zur Maximalität von (B, g). Die Annahme $\mathfrak{b} \neq \mathfrak{a}$ ist somit falsch. ∎

Satz 16. *Für unendliche Kardinalzahlen* $\mathfrak{a}, \mathfrak{b}$, *natürliche Zahlen* n *und Kardinalzahlen* $\mathfrak{x}, \mathfrak{y}, \mathfrak{x}_1, \mathfrak{x}_2, \mathfrak{y}_1, \mathfrak{y}_2$ *gilt*:

a) $\mathfrak{x} \leqq \mathfrak{a} \rightarrow \mathfrak{x} + \mathfrak{a} = \mathfrak{a}$,
$1 \leqq \mathfrak{x} \leqq \mathfrak{a} \rightarrow \mathfrak{x} \cdot \mathfrak{a} = \mathfrak{a}$,

b) $2 \leqq \mathfrak{x} \leqq \mathfrak{a}' \rightarrow \mathfrak{x}^{\mathfrak{a}} = 2^{\mathfrak{a}}$,

c) $\mathfrak{a} + \mathfrak{b} = \mathfrak{a} \cdot \mathfrak{b} = \max\{\mathfrak{a}, \mathfrak{b}\}$,
$\mathfrak{a} + n = \mathfrak{a}, \qquad n \geqq 1 \rightarrow \mathfrak{a} \cdot n = \mathfrak{a}^n = \mathfrak{a}$,

d) $\{\mathfrak{x}, \mathfrak{y}\} \not\subseteq \boldsymbol{N} \rightarrow \mathfrak{x} + \mathfrak{y} = \max\{\mathfrak{x}, \mathfrak{y}\}$,
$0 \notin \{\mathfrak{x}, \mathfrak{y}\} \not\subseteq \boldsymbol{N} \rightarrow \mathfrak{x} \cdot \mathfrak{y} = \max\{\mathfrak{x}, \mathfrak{y}\}$,

e) $\mathfrak{x}_1 < \mathfrak{y}_1 \wedge \mathfrak{x}_2 < \mathfrak{y}_2 \rightarrow \mathfrak{x}_1 + \mathfrak{x}_2 < \mathfrak{y}_1 + \mathfrak{y}_2$
$\wedge \quad \mathfrak{x}_1 \cdot \mathfrak{x}_2 < \mathfrak{y}_1 \cdot \mathfrak{y}_2$,

f) $\mathfrak{a} = \mathfrak{x} + \mathfrak{y} \vee \mathfrak{a} = \mathfrak{x} \cdot \mathfrak{y} \rightarrow \mathfrak{a} = \mathfrak{x} \vee \mathfrak{a} = \mathfrak{y}$,
$\mathfrak{a} < \mathfrak{x} + \mathfrak{y} \vee \mathfrak{a} < \mathfrak{x} \cdot \mathfrak{y} \rightarrow \mathfrak{a} < \mathfrak{x} \vee \mathfrak{a} < \mathfrak{y}$,
$\mathfrak{a} \leqq \mathfrak{x} + \mathfrak{y} \vee \mathfrak{a} \leqq \mathfrak{x} \cdot \mathfrak{y} \rightarrow \mathfrak{a} \leqq \mathfrak{x} \vee \mathfrak{a} \leqq \mathfrak{y}$,

g) $\mathfrak{x}, \mathfrak{y} \geqq 2 \rightarrow \mathfrak{x} + \mathfrak{y} \leqq \mathfrak{x} \cdot \mathfrak{y}, \qquad \mathfrak{x} \neq 1 \rightarrow \mathfrak{x} \cdot \mathfrak{y} \leqq \mathfrak{x}^{\mathfrak{y}}$.

Beweis. a) Unter den Voraussetzungen des Satzes gilt auf Grund der Monotonieeigenschaften und mit Satz 15: Ist $\mathfrak{x} \leqq \mathfrak{a}$, so ist

$$\mathfrak{a} \leqq \mathfrak{x} + \mathfrak{a} \leqq \mathfrak{a} + \mathfrak{a} = 2\mathfrak{a} \leqq \mathfrak{a} \cdot \mathfrak{a} = \mathfrak{a}^2 = \mathfrak{a},$$

also $\mathfrak{a} = \mathfrak{x} + \mathfrak{a}$, und im Falle $1 \leqq \mathfrak{x} \leqq \mathfrak{a}$ folgt ebenso $\mathfrak{a} = \mathfrak{x} \cdot \mathfrak{a}$ aus

$$\mathfrak{a} \leqq \mathfrak{x} \cdot \mathfrak{a} \leqq \mathfrak{a}^2 = \mathfrak{a}.$$

b) Nach Satz 5d) ist $\mathfrak{a}' \leqq 2^{\mathfrak{a}}$, also gilt für $2 \leqq \mathfrak{x} \leqq \mathfrak{a}'$:

$$2^{\mathfrak{a}} \leqq \mathfrak{x}^{\mathfrak{a}} \leqq (\mathfrak{a}')^{\mathfrak{a}} \leqq (2^{\mathfrak{a}})^{\mathfrak{a}} = 2^{(\mathfrak{a}^2)} = 2^{\mathfrak{a}}.$$

c) Die erste Zeile folgt wegen stets $\mathfrak{a} \leqq \mathfrak{b}$ oder $\mathfrak{b} \leqq \mathfrak{a}$ aus a). Ebenso folgt $\mathfrak{a} + n = \mathfrak{a}$ und $\mathfrak{a} \cdot n = \mathfrak{a}$ (bei $n \geqq 1$) wegen $n \leqq \mathfrak{a}$ aus a). Durch vollständige Induktion über $n \geqq 1$ folgt $\mathfrak{a}^n = \mathfrak{a}$ direkt aus Satz 15.

d) folgt aus c).

e) Die Behauptung gilt zunächst für natürliche Zahlen $\mathfrak{x}_1$, $\mathfrak{x}_2$, $\mathfrak{y}_1$, $\mathfrak{y}_2$, indem man — wie aus der Arithmetik der natürlichen Zahlen bekannt — durch vollständige Induktion über m zeigt (bei $m, n, p \in \boldsymbol{N}$):

$$n < p \to m + n < m + p,$$

$$m \neq 0 \wedge n < p \to m \cdot n < m \cdot p.$$

Mit Gültigkeit der Behauptung für natürliche Zahlen folgt die allgemeine Behauptung nach d) durch die Fallunterscheidung: (1) $\mathfrak{x}_1$, $\mathfrak{x}_2$, $\mathfrak{y}_1$, $\mathfrak{y}_2$ sind endlich; (2) $\mathfrak{x}_1$, $\mathfrak{x}_2$ sind nicht beide endlich; (3) $\mathfrak{x}_1$, $\mathfrak{x}_2$ sind endlich, und $\mathfrak{y}_1$, $\mathfrak{y}_2$ sind nicht beide endlich.

f) Ist $\mathfrak{a} = \mathfrak{x} + \mathfrak{y}$ oder $\mathfrak{a} = \mathfrak{x} \cdot \mathfrak{y}$, so ist $\{\mathfrak{x}, \mathfrak{y}\} \nsubseteq \boldsymbol{N}$ und im zweiten Fall auch $\mathfrak{x}, \mathfrak{y} \neq 0$. Dann gilt nach d) $\mathfrak{x} + \mathfrak{y} = \max\{\mathfrak{x}, \mathfrak{y}\}$ oder $\mathfrak{x} \cdot \mathfrak{y} = \max\{\mathfrak{x}, \mathfrak{y}\}$, woraus in beiden Fällen $\mathfrak{a} = \mathfrak{x}$ oder $\mathfrak{a} = \mathfrak{y}$ folgt. Analog für $<$, $\leqq$ statt $=$.

g) Die Behauptungen gelten zunächst für natürliche Zahlen $\mathfrak{x}, \mathfrak{y}$ und folgen dann für beliebige Kardinalzahlen $\mathfrak{x}, \mathfrak{y}$ über d) und

$$\mathfrak{x}, \mathfrak{y} \geqq 2 \rightarrow \mathfrak{x}, \mathfrak{y} \leqq \mathfrak{x}^{\mathfrak{y}}. \blacksquare$$

Satz 16a) ergibt die *Absorptionseigenschaft* der Addition und Multiplikation; d. h. es gibt Kardinalzahlen $\mathfrak{x}, \mathfrak{y}$ mit $\mathfrak{x} \neq 0$ und $\mathfrak{x} + \mathfrak{y} = \mathfrak{y}$, und es gibt Kardinalzahlen $\mathfrak{x}, \mathfrak{y}$ mit $\mathfrak{x} \geqq 2, \mathfrak{y} \neq 0$ und $\mathfrak{x} \cdot \mathfrak{y} = \mathfrak{y}$. $\mathfrak{x}$ wird jeweils von $\mathfrak{y}$ absorbiert. Aus Satz 16c) folgt eine *Absorptionseigenschaft* der Potenzierung; d. h. es gibt Kardinalzahlen $\mathfrak{x}, \mathfrak{y} \geqq 2$ mit $\mathfrak{x}^{\mathfrak{y}} = \mathfrak{x}$. (Dagegen gilt für $\mathfrak{x}, \mathfrak{y}$ mit $\mathfrak{x} \geqq 2$ stets $\mathfrak{x}^{\mathfrak{y}} > \mathfrak{y}$.) Die Absorptionseigenschaften der elementaren Operationen sind ein wesentliches Unterscheidungsmerkmal zwischen transfiniter und finiter Arithmetik; denn innerhalb $\boldsymbol{N}$ gibt es keine derartigen Absorptionen.
Aus Satz 16b) folgt speziell:

$$2 \leqq \mathfrak{x} \leqq \mathfrak{a}' \rightarrow \mathfrak{x}^{\mathfrak{a}} = 2^{\mathfrak{a}} = \mathfrak{c}.$$

Satz 16e) ergibt für Kardinalzahlfamilien $(\mathfrak{x}_i)_{i \in I}, (\mathfrak{y}_i)_{i \in I}$ über endlichem Indexbereich $I \neq \Phi$ durch Induktion über I:

$$\forall i (i \in I \rightarrow \mathfrak{x}_i < \mathfrak{y}_i) \rightarrow \sum_{i \in I} \mathfrak{x}_i < \sum_{i \in I} \mathfrak{y}_i \wedge \prod_{i \in I} \mathfrak{x}_i < \prod_{i \in I} \mathfrak{y}_i.$$

Für unendliche Indexbereiche I gilt dies nach Satz 17d), e) nicht allgemein. Aus Satz 16f) folgt für Kardinalzahlfamilien $(\mathfrak{x}_i)_{i \in I}$ über endlichem Indexbereich I und für unendliche Kardinalzahlen $\mathfrak{a}$ durch Induktion über I:

$$\mathfrak{a} = \sum_{i \in I} \mathfrak{x}_i \vee \mathfrak{a} = \prod_{i \in I} \mathfrak{x}_i \rightarrow \exists i (i \in I \wedge \mathfrak{a} = \mathfrak{x}_i),$$

$$\mathfrak{a} < \sum_{i \in I} \mathfrak{x}_i \vee \mathfrak{a} < \prod_{i \in I} \mathfrak{x}_i \rightarrow \exists i (i \in I \wedge \mathfrak{a} < \mathfrak{x}_i),$$

$$\mathfrak{a} \leqq \sum_{i \in I} \mathfrak{x}_i \vee \mathfrak{a} \leqq \prod_{i \in I} \mathfrak{x}_i \rightarrow \exists i (i \in I \wedge \mathfrak{a} \leqq \mathfrak{x}_i).$$

Für unendliches I gilt dies nach Satz 17d), e) nicht allgemein.

Satz 17. *Für Kardinalzahlfamilien* $(\mathfrak{a}_i)_{i\in I}$, *Kardinalzahlen* $\mathfrak{b}$ *und* $\mathfrak{c} = \operatorname{card} I$ *gilt*:

a) *I endlich* $\wedge \{\mathfrak{a}_i\}_{i\in I} \not\subseteq \boldsymbol{N} \to \sum_{i\in I} \mathfrak{a}_i = \max_{i\in I} \mathfrak{a}_i$,

I *endlich* $\wedge\, 0 \notin \{\mathfrak{a}_i\}_{i\in I} \not\subseteq \boldsymbol{N} \to \prod_{i\in I} \mathfrak{a}_i = \max_{i\in I} \mathfrak{a}_i$.

b) *Ist* $\mathfrak{b}$ *unendlich*, $\mathfrak{c} \leqq \mathfrak{b}$ *und* $\mathfrak{a}_i \leqq \mathfrak{b}$ *für alle* $i \in I$, so *gilt* $\sum_{i\in I} \mathfrak{a}_i \leqq \mathfrak{b}$; *ist zusätzlich* $\sup_{i\in I} \mathfrak{a}_i = \mathfrak{b}$ (*speziell im Falle* $\mathfrak{a}_i = \mathfrak{b}$ *für ein* $i \in I$), *so gilt* $\sum_{i\in I} \mathfrak{a}_i = \mathfrak{b}$.

c) *Ist* $\mathfrak{b}$ *unendlich*, $\mathfrak{c} \leqq \mathfrak{b}$ *und* $\mathfrak{a}_i \leqq 2^{\mathfrak{b}}$ *für alle* $i \in I$, *so gilt* $\prod_{i\in I} \mathfrak{a}_i \leqq 2^{\mathfrak{b}}$; *ist zusätzlich* $\sup_{i\in I} \mathfrak{a}_i = 2^{\mathfrak{b}}$ (*speziell im Falle* $\mathfrak{a}_i = 2^{\mathfrak{b}}$ *für ein* $i \in I$) *und* $\mathfrak{a}_i \geqq 1$ *für alle* $i \in I$, *so gilt* $\prod_{i\in I} \mathfrak{a}_i = 2^{\mathfrak{b}}$.

d) *Ist* $\mathfrak{c}$ *unendlich und* $1 \leqq \mathfrak{a}_i \leqq \mathfrak{c}$ *für alle* $i \in I$, *so gilt* $\sum_{i\in I} \mathfrak{a}_i = \mathfrak{c}$.

e) *Ist* $\mathfrak{c}$ *unendlich und* $2 \leqq \mathfrak{a}_i \leqq 2^{\mathfrak{c}}$ *für alle* $i \in I$, *so gilt* $\prod_{i\in I} \mathfrak{a}_i = 2^{\mathfrak{c}}$.

f) *Ist* $\mathfrak{b} = \sup_{i\in I} \mathfrak{a}_i$, $\mathfrak{b}$ *unendlich und* $\mathfrak{a}_i \geqq 1$ *für alle* $i \in I$ (*speziell im Falle* $0 \notin \{\mathfrak{a}_i\}_{i\in I} \not\subseteq \boldsymbol{N}$), *so gilt* $\sum_{i\in I} \mathfrak{a}_i = \max\{\mathfrak{b}, \mathfrak{c}\}$.

g) *Ist* $2^{\mathfrak{b}} = \sup_{i\in I} \mathfrak{a}_i$, $\mathfrak{b}$ *unendlich und* $\mathfrak{a}_i \geqq 2$ *für alle* $i \in I$ (*speziell im Falle* $0, 1 \notin \{\mathfrak{a}_i\}_{i\in I} \not\subseteq \boldsymbol{N}$), *so gilt* $\prod_{i\in I} \mathfrak{a}_i = 2^{\max\{\mathfrak{b},\mathfrak{c}\}}$.

Beweis. a) Ist I endlich und mindestens ein $\mathfrak{a}_i$ unendlich, so ist $I \neq \emptyset$ und $\mathfrak{m} = \max_{i\in I} \mathfrak{a}_i$ unendlich, also nach Satz 16c)

$$\mathfrak{m} \leqq \sum_{i\in I} \mathfrak{a}_i \leqq \sum_{i\in I} \mathfrak{m} = \mathfrak{m} \cdot \mathfrak{c} = \mathfrak{m}.$$

Sind zusätzlich alle $\mathfrak{a}_i \geqq 1$, so ist auch

$$\mathfrak{m} \leqq \prod_{i\in I} \mathfrak{a}_i \leqq \prod_{i\in I} \mathfrak{m} = \mathfrak{m}^{\mathfrak{c}} = \mathfrak{m}.$$

b) Unter den angegebenen Voraussetzungen ist zunächst

$$\sum_{i\in I} \mathfrak{a}_i \leqq \sum_{i\in I} \mathfrak{b} = \mathfrak{b} \cdot \mathfrak{c} \leqq \mathfrak{b}^2 = \mathfrak{b}.$$

Ist noch $\mathfrak{b} = \sup_{i \in I} \mathfrak{a}_i$, so ist wegen $\mathfrak{a}_j \leqq \sum_{i \in I} \mathfrak{a}_i$ für jedes $j \in I$ auch $\mathfrak{b} \leqq \sum_{i \in I} \mathfrak{a}_i$.

c) Zunächst ist

$$\prod_{i \in I} \mathfrak{a}_i \leqq \prod_{i \in I} 2^{\mathfrak{b}} = (2^{\mathfrak{b}})^{\mathfrak{c}} \leqq (2^{\mathfrak{b}})^{\mathfrak{b}} = 2^{(\mathfrak{b}^2)} = 2^{\mathfrak{b}}.$$

Ist noch $2^{\mathfrak{b}} = \sup_{i \in I} \mathfrak{a}_i$ und sind alle $\mathfrak{a}_i \geqq 1$, so ist wegen $\mathfrak{a}_j \leqq \prod_{i \in I} \mathfrak{a}_i$ für jedes $j \in I$ auch $2^{\mathfrak{b}} \leqq \prod_{i \in I} \mathfrak{a}_i$.

d) Unter den angegebenen Voraussetzungen ist nach b)

$$\mathfrak{c} = \sum_{i \in I} 1 \leqq \sum_{i \in I} \mathfrak{a}_i \leqq \mathfrak{c}.$$

e) Nach c) ist

$$2^{\mathfrak{c}} = \prod_{i \in I} 2 \leqq \prod_{i \in I} \mathfrak{a}_i \leqq 2^{\mathfrak{c}}.$$

f) folgt über die Fallunterscheidung $\mathfrak{c} \leqq \mathfrak{b}$, $\mathfrak{b} \leqq \mathfrak{c}$ aus b), d) und ebenso g) aus c), e). ∎

Aus Satz 17b) folgt für (nicht notwendig disjunkte) Mengenfamilien $(A_i)_{i \in I}$ und unendliche Mengen B mit $I \lesssim B$ und $A_i \lesssim B$ für alle $i \in I$:

$$\operatorname{card} \bigcup_{i \in I} A_i \leqq \sum_{i \in I} \operatorname{card} A_i \leqq \operatorname{card} B,$$

also $\bigcup_{i \in I} A_i \lesssim B$; ist noch $A_i \sim B$ für ein $i \in I$, so gilt auch $B \lesssim \bigcup_{i \in I} A_i$, also $\bigcup_{i \in I} A_i \sim B$.

Satz 17d), e) ergibt für die Folge der natürlichen Zahlen:

$$\sum_{n < \infty} n = 0 + \sum_{1 \leqq n < \infty} n = \mathfrak{a},$$

$$\prod_{1 \leqq n < \infty} n = 1 \cdot \prod_{2 \leqq n < \infty} n = 2^{\mathfrak{a}} = \mathfrak{c}.$$

Aus den in diesem Abschnitt bewiesenen Sätzen folgen als Spezialfälle unmittelbar etwa die Sätze 14 und 15 aus Bd. II, § 9 (wenn man noch $\mathfrak{c} = 2^{\mathfrak{a}}$ berücksichtigt).

8. Satz von König. Nützliche Ungleichungen für allgemeine Summen und Produkte von Kardinalzahlen liefert der

Satz 18 (Satz von KÖNIG). *Für Kardinalzahlfamilien* $(\mathfrak{a}_i)_{i\in I}$, $(\mathfrak{b}_i)_{i\in I}$ *gilt*:

a) $\forall i(i \in I \to \mathfrak{a}_i < \mathfrak{b}_i) \to \sum_{i\in I} \mathfrak{a}_i < \prod_{i\in I} \mathfrak{b}_i$,

b) $\forall i(i \in I \to \mathfrak{a}_i \leqq \mathfrak{b}_i \geqq 2) \to \sum_{i\in I} \mathfrak{a}_i \leqq \prod_{i\in I} \mathfrak{b}_i$.

Beweis. Der Beweis verwendet nicht die Sätze aus Abschn. 7. Der Schwerpunkt ist der Nachweis, daß in a) Summe und Produkt voneinander verschieden sind.

a) Es seien unter der Voraussetzung, daß $\mathfrak{a}_i < \mathfrak{b}_i$ für alle $i \in I$ gilt, $(A_i)_{i\in I}$ und $(B_i)_{i\in I}$ disjunkte Repräsentantenfamilien von $(\mathfrak{a}_i)_{i\in I}$ und $(\mathfrak{b}_i)_{i\in I}$ mit $A_i \subset B_i$ für alle $i \in I$. Dann ist zu zeigen:

$$\bigcup_{i\in I} A_i < \bigtimes_{i\in I} B_i .$$

Wir zeigen zunächst $\bigcup_{i\in I} A_i \preceq \bigtimes_{i\in I} B_i$. Sei $R_i = B_i \setminus A_i$ über I; es ist $\bigtimes_{i\in I} R_i \neq \emptyset$. Sei $r \in \bigtimes_{i\in I} R_i$ und

$$P = \left\{ f \in \bigtimes_{i\in I} B_i \,\middle|\, \exists j (j \in I \wedge f_j \in A_j \wedge \forall i (i \in I \setminus \{j\} \to f_i = r_i)) \right\}.$$

Dann ist

$$\bigcup_{i\in I} A_i \sim P \subseteq \bigtimes_{i\in I} B_i , \qquad \bigcup_{i\in I} A_i \preceq \bigtimes_{i\in I} B_i .$$

Wir zeigen nun mit der Idee des CANTORschen *Diagonalverfahrens* (vgl. den Beweis zu Satz 10c), Bd. II, § 9) $\bigcup_{i\in I} A_i \nsim \bigtimes_{i\in I} B_i$. Wir nehmen an, es gibt eine (eineindeutige) Funktion F von $\bigcup_{i\in I} A_i$ auf $\bigtimes_{i\in I} B_i$, und definieren für jedes $i \in I$ die „Diagonalmenge“

$$D_i = \{F(x)\,(i) \mid x \in A_i\} .$$

D_i ist bei festem i und variablem $x \in A_i$ der Wertebereich der über A_i definierten Funktion $F(x)\,(i)$, womit nach

Satz 9, Bd. II, § 7 $D_i \precsim A_i$ gilt. Aus $\mathfrak{a}_i < \mathfrak{b}_i$ folgt $A_i \prec B_i$, also $D_i \prec B_i$; wegen $D_i \subseteq B_i$ ist schließlich $D_i \subset B_i$ für alle $i \in I$. Sei $S_i = B_i \setminus D_i$ über I; es ist $\bigtimes_{i \in I} S_i \neq \emptyset$. Für ein $s \in \bigtimes_{i \in I} S_i$ ist auch

$$s \in \bigtimes_{i \in I} B_i = \bigcup_{i \in I} F\langle A_i \rangle,$$

und es gibt ein $i \in I$ und ein $x \in A_i$ mit $s = F(x)$. Dann ist

$$s_i = F(x)\,(i) \in D_i$$

im Widerspruch zu $s_i \in S_i = B_i \setminus D_i$. Die vorausgesetzte Funktion F kann also nicht existieren.

b) Unter der Voraussetzung, daß $\mathfrak{a}_i \leqq \mathfrak{b}_i$ für alle $i \in I$ gilt, ist zunächst $\sum_{i \in I} \mathfrak{a}_i \leqq \sum_{i \in I} \mathfrak{b}_i$, so daß noch $\sum_{i \in I} \mathfrak{b}_i \leqq \prod_{i \in I} \mathfrak{b}_i$ zu zeigen ist, falls alle $\mathfrak{b}_i \geqq 2$ sind. Für card $I \leqq 2$ gilt dies über Satz 16g) trivial. Es sei also nun $\mathfrak{b}_i \geqq 2$ für alle $i \in I$, card $I > 2$ und $(B_i)_{i \in I}$ eine disjunkte Repräsentantenfamilie von $(\mathfrak{b}_i)_{i \in I}$. Zu zeigen ist:

$$\bigcup_{i \in I} B_i \precsim \bigtimes_{i \in I} B_i.$$

In jeder Menge B_i gibt es mindestens zwei Elemente. Damit existieren Funktionen $r, s \in \bigtimes_{i \in I} B_i$ mit stets $r_i \neq s_i$. Es sei

$$Q = \left\{ f \in \bigtimes_{i \in I} B_i \;\middle|\; \exists j \left(j \in I \wedge \forall i \left(i \in I \setminus \{j\} \rightarrow f_i = \begin{cases} r_i, & \text{falls } r_j \neq f_j \\ s_i, & \text{falls } r_j = f_j \end{cases} \right)\right)\right\}.$$

Dann ist

$$\bigcup_{i \in I} B_i \sim Q \subseteq \bigtimes_{i \in I} B_i, \qquad \bigcup_{i \in I} B_i \precsim \bigtimes_{i \in I} B_i. \ \blacksquare$$

Aus Satz 18a) folgt nochmals die Ungleichung $\mathfrak{a} < 2^{\mathfrak{a}}$; denn für $\mathfrak{a} = \text{card}\, I$ gilt:

$$\mathfrak{a} = \sum_{i \in I} 1 < \prod_{i \in I} 2 = 2^{\mathfrak{a}}.$$

Aus Satz 18 b) folgt für Kardinalzahlfamilien $(\mathfrak{a}_i)_{i\in I}$, $(\mathfrak{b}_i)_{i\in I}$ mit stets $\mathfrak{a}_i \leqq \mathfrak{b}_i \geqq 1$, $\mathbf{a} \leqq \prod_{i\in I} \mathfrak{b}_i$ und mit $\mathfrak{b}_i = 1$ für höchstens abzählbar viele i ebenfalls

$$\sum_{i\in I} \mathfrak{a}_i \leqq \prod_{i\in I} \mathfrak{b}_i .$$

Denn ist $I_1 = \{i \in I \mid \mathfrak{b}_i \neq 1\}$ und $I_2 = I \setminus I_1$, so gilt:

$$\sum_{i\in I_1} \mathfrak{a}_i \leqq \prod_{i\in I_1} \mathfrak{b}_i = \prod_{i\in I} \mathfrak{b}_i ,$$

$$\sum_{i\in I_2} \mathfrak{a}_i \leqq \sum_{i\in I_2} \mathfrak{b}_i = \operatorname{card} I_2 \leqq \mathbf{a} ,$$

also über die Assoziativität von $\sum$:

$$\sum_{i\in I} \mathfrak{a}_i = \sum_{i\in I_1} \mathfrak{a}_i + \sum_{i\in I_2} \mathfrak{a}_i \leqq \prod_{i\in I} \mathfrak{b}_i + \mathbf{a} = \prod_{i\in I} \mathfrak{b}_i .$$

In Anwendung von Satz 18 erhält man in folgendem Satz auf Jourdain zurückgehende Aussagen.

Satz 19. $(\mathfrak{a}_i)_{i\in I}$ *sei eine Kardinalzahlfamilie und* $\mathfrak{c} = \operatorname{card} I$:

a) *Sind alle* $\mathfrak{a}_i \geqq 1$, *paarweise verschieden (d. h.* $\mathfrak{a}_i \neq \mathfrak{a}_j$ *für* $i \neq j$) *und gibt es zu jedem* $\mathfrak{a}_i$ *ein größeres* $\mathfrak{a}_j > \mathfrak{a}_i$, *so gilt:*

$$\sum_{i\in I} \mathfrak{a}_i < \prod_{i\in I} \mathfrak{a}_i , \qquad \sum_{i\in I} \mathfrak{a}_i < \Big(\sum_{i\in I} \mathfrak{a}_i\Big)^{\mathfrak{c}} .$$

b) *Sind alle* $\mathfrak{a}_i \geqq 2$, *so gilt:*

$$\sum_{i\in I} \mathfrak{a}_i \leqq \prod_{i\in I} \mathfrak{a}_i ,$$

$$\mathfrak{c} \geqq \mathbf{a} \vee \sum_{i\in I} \mathfrak{a}_i \geqq \mathbf{a} \rightarrow \Big(\sum_{i\in I} \mathfrak{a}_i\Big)^{\mathfrak{c}} = \Big(\prod_{i\in I} \mathfrak{a}_i\Big)^{\mathfrak{c}} .$$

Beweis. a) Sei unter den Voraussetzungen f die Funktion von I in I, für welche $\mathfrak{a}_{f(i)}$ die kleinste Kardinalzahl $\mathfrak{x} \in \{\mathfrak{a}_j\}_{j\in I}$ ist mit $\mathfrak{x} > \mathfrak{a}_i$. Dann ist f eineindeutig, stets

$\mathfrak{a}_i < \mathfrak{a}_{f(i)}$ und damit über die Sätze 18a), 11 und 9b):

$$\sum_{i\in I} \mathfrak{a}_i < \prod_{i\in I} \mathfrak{a}_{f(i)} = \prod_{i\in f\langle I\rangle} \mathfrak{a}_i \leqq \prod_{i\in I} \mathfrak{a}_i .$$

Trivial gilt wegen $\mathfrak{a}_i \leqq \sum_{j\in I} \mathfrak{a}_j$:

$$\prod_{i\in I} \mathfrak{a}_i \leqq \prod_{i\in I} \Bigl(\sum_{j\in I} \mathfrak{a}_j\Bigr) = \Bigl(\sum_{i\in I} \mathfrak{a}_i\Bigr)^{\mathfrak{c}}.$$

b) Die erste Behauptung ist ein Spezialfall von Satz 18b). Weiter gilt unter der zusätzlichen Voraussetzung, daß $\mathfrak{c}$ oder $\sum_{i\in I} \mathfrak{a}_i$ unendlich ist:

$$\Bigl(\sum_{i\in I} \mathfrak{a}_i\Bigr)^{\mathfrak{c}} \leqq \Bigl(\prod_{i\in I} \mathfrak{a}_i\Bigr)^{\mathfrak{c}} \leqq \Bigl(\prod_{i\in I} \Bigl(\sum_{j\in I} \mathfrak{a}_j\Bigr)\Bigr)^{\mathfrak{c}}$$
$$= \Bigl(\Bigl(\sum_{i\in I} \mathfrak{a}_i\Bigr)^{\mathfrak{c}}\Bigr)^{\mathfrak{c}} = \Bigl(\sum_{i\in I} \mathfrak{a}_i\Bigr)^{(\mathfrak{c}^2)} = \Bigl(\sum_{i\in I} \mathfrak{a}_i\Bigr)^{\mathfrak{c}}. \blacksquare$$

Als Beispiel gilt nach Satz 19a) für echt wachsende Folgen $(\mathfrak{a}_i)_{i<\infty}$ von Kardinalzahlen bei $\mathfrak{a}_0 \neq 0$:

$$\sum_{i<\infty} \mathfrak{a}_i < \prod_{i<\infty} \mathfrak{a}_i , \quad \sum_{i<\infty} \mathfrak{a}_i < \Bigl(\sum_{i<\infty} \mathfrak{a}_i\Bigr)^{\mathfrak{a}}.$$

Für nur wachsende Folgen gilt dies nicht allgemein, wie das Beispiel $\mathfrak{a}_i = 2^{\mathfrak{a}}$ zeigt:

$$\sum_{i<\infty} \mathfrak{a}_i = 2^{\mathfrak{a}} \cdot \mathfrak{a} = 2^{\mathfrak{a}} = (2^{\mathfrak{a}})^{\mathfrak{a}} = \prod_{i<\infty} \mathfrak{a}_i ,$$
$$\sum_{i<\infty} \mathfrak{a}_i = 2^{\mathfrak{a}} = (2^{\mathfrak{a}})^{\mathfrak{a}} = \Bigl(\sum_{i<\infty} \mathfrak{a}_i\Bigr)^{\mathfrak{a}}.$$

9. Anwendungen. In Anwendung der elementaren Rechengesetze für Kardinalzahlen und des Satzes von HESSENBERG mit seinen Folgerungen sollen jetzt einige Mächtigkeitsaussagen über unendliche Mengen gemacht werden.

Definition 7. Es sei $\mathfrak{f} = \mathrm{card}\,(\boldsymbol{R}^{\boldsymbol{R}})$. ∎

$\mathfrak{a}$, $\mathfrak{c}$ und $\mathfrak{f}$ heißen die drei *elementaren Mächtigkeiten*. $\mathfrak{f}$ ist die Anzahl der Menge aller reellen Funktionen (d. h. hier aller Funktionen von $\boldsymbol{R}$ in $\boldsymbol{R}$).

Satz 20. *Für die drei elementaren Mächtigkeiten* $\mathfrak{a}$, $\mathfrak{c}$, $\mathfrak{f}$ *und natürliche Zahlen n gilt:*

a) $\mathfrak{a} < 2^{\mathfrak{a}} = \mathfrak{c} < 2^{\mathfrak{c}} = \mathfrak{f}$;

b) $\mathfrak{a} + n = \mathfrak{a}, \quad \mathfrak{c} + n = \mathfrak{c}, \quad \mathfrak{f} + n = \mathfrak{f},$

unter der Voraussetzung $n \geqq 1$ *ist*

$$\mathfrak{a} \cdot n = \mathfrak{a}, \quad \mathfrak{c} \cdot n = \mathfrak{c}, \quad \mathfrak{f} \cdot n = \mathfrak{f},$$

$$\mathfrak{a}^n = \mathfrak{a}, \quad \mathfrak{c}^n = \mathfrak{c}, \quad \mathfrak{f}^n = \mathfrak{f},$$

unter der Voraussetzung $n \geqq 2$ *ist*

$$n^{\mathfrak{a}} = \mathfrak{c}, \quad n^{\mathfrak{c}} = \mathfrak{f}, \quad n^{\mathfrak{f}} = 2^{\mathfrak{f}};$$

c) $\mathfrak{a} + \mathfrak{a} = \mathfrak{a} \cdot \mathfrak{a} = \mathfrak{a}, \quad \mathfrak{c} + \mathfrak{c} = \mathfrak{c} \cdot \mathfrak{c} = \mathfrak{c},$

$$\mathfrak{a} + \mathfrak{c} = \mathfrak{a} \cdot \mathfrak{c} = \mathfrak{c}, \quad \mathfrak{c} + \mathfrak{f} = \mathfrak{c} \cdot \mathfrak{f} = \mathfrak{f},$$

$$\mathfrak{a} + \mathfrak{f} = \mathfrak{a} \cdot \mathfrak{f} = \mathfrak{f}, \quad \mathfrak{f} + \mathfrak{f} = \mathfrak{f} \cdot \mathfrak{f} = \mathfrak{f},$$

$$\mathfrak{a}^{\mathfrak{a}} = \mathfrak{c}, \quad \mathfrak{c}^{\mathfrak{a}} = \mathfrak{c}, \quad \mathfrak{f}^{\mathfrak{a}} = \mathfrak{f},$$

$$\mathfrak{a}^{\mathfrak{c}} = \mathfrak{f}, \quad \mathfrak{c}^{\mathfrak{c}} = \mathfrak{f}, \quad \mathfrak{f}^{\mathfrak{c}} = \mathfrak{f},$$

$$\mathfrak{a}^{\mathfrak{f}} = 2^{\mathfrak{f}}, \quad \mathfrak{c}^{\mathfrak{f}} = 2^{\mathfrak{f}}, \quad \mathfrak{f}^{\mathfrak{f}} = 2^{\mathfrak{f}}.$$

Beweis. Nach Satz 16b) ist $\mathfrak{f} = \mathfrak{c}^{\mathfrak{c}} = 2^{\mathfrak{c}}$. Dann ist a) bekannt, und b), c) folgen unter Berücksichtigung von $\mathfrak{c} = 2^{\mathfrak{a}}$, $\mathfrak{f} = 2^{\mathfrak{c}}$ aus Satz 16b), c). ∎

Die Gleichheit $\mathfrak{c}^{\mathfrak{c}} = n^{\mathfrak{c}}$ für natürliche Zahlen $n \geqq 2$ bedeutet etwa für das natürlichzahlige Intervall $[1, n]$:

$$\boldsymbol{R}^{\boldsymbol{R}} \sim [1, n]^{\boldsymbol{R}};$$

d. h. es gibt genau so viele reelle Funktionen wie es reelle Funktionen gibt, welche nur Werte $1, \ldots, n$ annehmen. Ebenso bedeuten die Gleichheiten $\mathfrak{c}^{\mathfrak{a}} = \mathfrak{a}^{\mathfrak{a}} = n^{\mathfrak{a}} = \mathfrak{c}$ für natürliches $n \geqq 2$:

$$\boldsymbol{R}^{\boldsymbol{N}} \sim \boldsymbol{N}^{\boldsymbol{N}} \sim [1, n]^{\boldsymbol{N}} \sim \boldsymbol{R};$$

d. h. es gibt genau so viele Folgen reeller Zahlen wie Folgen natürlicher Zahlen, wie Folgen natürlicher Zahlen $1, \ldots, n$, wie reelle Zahlen. Für natürliches $n \geqq 1$ gilt $\mathfrak{a}^n = \mathfrak{a}$, $\mathfrak{c}^n = \mathfrak{c}$ und damit

$$\mathfrak{a}^{(\mathfrak{a}^n)} = \mathfrak{a}^{\mathfrak{a}} = \mathfrak{c} = \mathfrak{c}^{\mathfrak{a}} = \mathfrak{c}^{(\mathfrak{a}^n)},$$
$$\mathfrak{c}^{(\mathfrak{c}^n)} = \mathfrak{c}^{\mathfrak{c}},$$

also (vgl. Satz 21a)):

$$\boldsymbol{N}^{(\boldsymbol{N}^n)} \sim \boldsymbol{N}^{\boldsymbol{N}} \sim \boldsymbol{R} \sim \boldsymbol{R}^{\boldsymbol{N}} \sim \boldsymbol{R}^{(\boldsymbol{N}^n)},$$
$$\boldsymbol{R}^{(\boldsymbol{R}^n)} \sim \boldsymbol{R}^{\boldsymbol{R}},$$

wobei die Elemente von $\boldsymbol{N}^{(\boldsymbol{N}^n)}$ und $\boldsymbol{R}^{(\boldsymbol{N}^n)}$ bzw. von $\boldsymbol{R}^{(\boldsymbol{R}^n)}$ n-fache Folgen bzw. n-stellige reelle Funktionen sind.

In Verallgemeinerung früherer Ergebnisse über abzählbar unendliche Mengen (vgl. Bd. II, § 9) auf beliebige unendliche Mengen gilt der

Satz 21. a) *Für Kardinalzahlfamilien* $(\mathfrak{a}_i)_{1 \leqq i \leqq n}$ *über dem natürlichzahligen Intervall* $[1, n]$ *(bei* $n \geqq 1$*) mit* $\mathfrak{a}_i = \operatorname{card} A_i$ *für* $1 \leqq i \leqq n$ *und Kardinalzahlen* $\mathfrak{b}$ *mit* $\mathfrak{b} = \operatorname{card} B$ *gilt:*

$$\prod_{i=1}^{n} \mathfrak{a}_i = \operatorname{card} \bigtimes_{i \in [1,n]} A_i = \operatorname{card} \bigtimes_{i=1}^{n} A_i,$$
$$\mathfrak{b}^n = \operatorname{card}(B^{\boldsymbol{N}(n)}) = \operatorname{card}(B^{[1,n]}) = \operatorname{card}(B^n).$$

b) *Für unendliche Mengen* A, *natürliche Zahlen* $n \geqq 1$ *und die Mengen*

$$E(n) = \{X \subseteq A \mid \operatorname{card} X = n\},$$
$$\mathfrak{E} = \{X \subseteq A \mid X \textit{ endlich}\}, \quad \mathfrak{U} = \{X \subseteq A \mid X \textit{ unendlich}\},$$
$$\mathfrak{F} = \bigcup_{i=0}^{\infty} A^{\boldsymbol{N}(i)}, \qquad \mathfrak{G} = \bigcup_{i=1}^{\infty} A^{[1,i]}, \qquad \mathfrak{H} = \bigcup_{i=1}^{\infty} A^i$$

gilt:

$$E(n) \sim A^{\boldsymbol{N}(n)} \sim A^{[1,n]} \sim A^n \sim A,$$
$$\mathfrak{E} \sim \mathfrak{F} \sim \mathfrak{G} \sim \mathfrak{H} \sim A, \qquad \mathfrak{U} \sim \mathfrak{P}A \sim A^A.$$

Beweis. a) Nach Bd. II, § 10, Abschn. 3 gilt:

$$\bigtimes_{i \in [1,n]} A_i \sim \bigtimes_{i=1}^{n} A_i ,$$

$$B^{N(n)} \sim B^{[1,n]} \sim B^n .$$

b) Unter den Voraussetzungen sei:

$$\mathfrak{a} = \operatorname{card} A , \qquad \mathfrak{e} = \operatorname{card} \mathfrak{E} , \qquad \mathfrak{u} = \operatorname{card} \mathfrak{U} .$$

Aus a), $\mathfrak{a}^n = \mathfrak{a}$ und

$$A \preceq E(n) \preceq A^{N(n)}$$

(vgl. Beispiel (4), Bd. II, § 9, Abschn. 4) folgt die erste Zeile der Behauptungen. Dann ist wegen

$$\mathfrak{E} = \{\emptyset\} \cup \bigcup_{i=1}^{\infty} E(i)$$

und

$$\mathfrak{a} \leqq \sum_{i=1}^{\infty} \mathfrak{a} \leqq 1 + \sum_{i=1}^{\infty} \mathfrak{a} = 1 + \mathfrak{a} \cdot \mathfrak{a} = \mathfrak{a}$$

auch $\mathfrak{E} \sim \mathfrak{F} \sim \mathfrak{G} \sim \mathfrak{H} \sim A$. Schließlich ist

$$\mathfrak{a} + \mathfrak{u} = \mathfrak{e} + \mathfrak{u} = \operatorname{card} \mathfrak{P} A = 2^{\mathfrak{a}} = \mathfrak{a}^{\mathfrak{a}} = \operatorname{card} (A^A) ,$$

also $\mathfrak{P} A \sim A^A$ und nach Satz 16f) $\operatorname{card} \mathfrak{P} A = \mathfrak{a}$ oder $\operatorname{card} \mathfrak{P} A = \mathfrak{u}$, wobei wegen $\mathfrak{a} < \operatorname{card} \mathfrak{P} A$ nur $\operatorname{card} \mathfrak{P} A = \mathfrak{u}$ sein kann, also $\mathfrak{P} A \sim \mathfrak{U}$. ∎

In Satz 21 b) besagen $\mathfrak{E} \sim A$ und $\mathfrak{U} \sim \mathfrak{P} A$, daß es für unendliche Mengen A genau so viele endliche Teilmengen von A gibt wie Elemente von A und genau so viele unendliche Teilmengen wie Teilmengen überhaupt. $A^n \sim A$ bzw. $A^{N(n)} \sim A$ besagt, daß es genau so viele n-Tupel bzw. endliche Folgen der Länge n von Elementen aus A gibt wie Elemente von A. Dasselbe gilt auch für die Menge $\mathfrak{F}$ aller endlichen Folgen bzw. $\mathfrak{H}$ aller i-Tupel aus A.

Definition 8. A sei eine Menge: Eine Mengenfamilie $(X_i)_{i\in I}$ heißt eine *allgemeine Zerlegung* (*allgemeine Partition*) oder *allgemeine Klasseneinteilung* von A, falls gilt:

$$\emptyset \notin \{X_i\}_{i\in I}, \qquad (X_i)_{i\in I} \text{ disjunkt},$$

$$\bigcup_{i\in I} X_i = A.$$

Die Mengen X_i einer allgemeinen Zerlegung $(X_i)_{i\in I}$ von A heißen die *Klassen von A bei der Zerlegung* $(X_i)_{i\in I}$ oder die *Komponenten* von $(X_i)_{i\in I}$. ∎

Für jede allgemeine Zerlegung $(X_i)_{i\in I}$ einer Menge A ist diese Menge A als $\bigcup_{i\in I} X_i$ eindeutig bestimmt. Im Zusammenhang mit Definition 7, Bd. I, § 5 gilt für Mengensysteme $\mathfrak{M}$ und Mengenfamilien $(X_i)_{i\in I}$ sofort:

$$\mathfrak{M} \text{ Zerlegung von } A \leftrightarrow (M)_{M\in\mathfrak{M}} \text{ allgemeine Zerlegung von } A,$$

$$(X_i)_{i\in I} \text{ allgemeine Zerlegung von } A \leftrightarrow$$
$$(X_i)_{i\in I} \text{ disjunkt} \wedge \{X_i\}_{i\in I} \text{ Zerlegung von } A.$$

Satz 22. a) *Für jede Menge A und jede Familie $(\mathfrak{x}_i)_{i\in I}$ von Kardinalzahlen $\mathfrak{x}_i \geqq 1$ mit $\sum_{i\in I} \mathfrak{x}_i = \text{card } A$ gibt es eine allgemeine Zerlegung $(X_i)_{i\in I}$ von A mit $\text{card } X_i = \mathfrak{x}_i$ für alle $i \in I$.*

b) *Für unendliche Mengen A und Familien $(\mathfrak{x}_i)_{i\in I}$ von Kardinalzahlen $\mathfrak{x}_i$ mit $1 \leqq \mathfrak{x}_i \leqq \text{card } A$ und $I \sim A$ gibt es eine allgemeine Zerlegung $(X_i)_{i\in I}$ von A mit $\text{card } X_i = \mathfrak{x}_i$ für alle $i \in I$.*

Beweis. a) Unter den Voraussetzungen sei $\mathfrak{x}_i = \text{card } Y_i$ für eine disjunkte Repräsentantenfamilie $(Y_i)_{i\in I}$. Dann gibt es eine eineindeutige Abbildung f von $\bigcup_{i\in I} Y_i$ auf A, und für $X_i = f\langle Y_i\rangle$ ist $(X_i)_{i\in I}$ eine gewünschte allgemeine Zerlegung von A.

b) Unter den Voraussetzungen ist bei $\mathfrak{a} = \operatorname{card} A$:

$$\mathfrak{a} = \sum_{i \in I} 1 \leqq \sum_{i \in I} \mathfrak{x}_i \leqq \sum_{i \in I} \mathfrak{a} = \mathfrak{a} \cdot \mathfrak{a} = \mathfrak{a},$$

womit die Behauptung aus a) folgt. ∎

Satz 23. *Für unendliche Mengen A, Kardinalzahlen $\mathfrak{a}, \mathfrak{b}$ mit $\mathfrak{b} \leqq \mathfrak{a} = \operatorname{card} A$ und die Mengen*

$$\mathfrak{P} = \{X \subseteq A \mid \operatorname{card} X = \mathfrak{b}\},$$

$$\mathfrak{Q} = \{X \subseteq A \mid \operatorname{card} X \leqq \mathfrak{b}\}$$

gilt:

$$\operatorname{card} \mathfrak{P} = \operatorname{card} \mathfrak{Q} = \mathfrak{a}^{\mathfrak{b}}.$$

Beweis. Wir zeigen zunächst $\operatorname{card} \mathfrak{P} = \mathfrak{a}^{\mathfrak{b}}$. Für $\mathfrak{b} = 0$ ist die Behauptung trivial wegen $\mathfrak{P} = \{\emptyset\}$ und $\mathfrak{a}^{\mathfrak{b}} = 1$. Sei also $\mathfrak{b} \geqq 1$, $B \subseteq A$ mit $\operatorname{card} B = \mathfrak{b}$ und (über das Auswahlaxiom und Satz 2, Bd. II, § 4) F eine Funktion von $\mathfrak{P}$ in A^B, welche jedem $X \in \mathfrak{P}$ eine eineindeutige Abbildung $F(X)$ von B auf X zuordnet. Es ist F eineindeutig, also $\mathfrak{P} \preceq A^B$, $\operatorname{card} \mathfrak{P} \leqq \mathfrak{a}^{\mathfrak{b}}$. Wegen $\mathfrak{a} \cdot \mathfrak{b} = \mathfrak{a}$ ist $\sum_{i \in B} \mathfrak{a} = \mathfrak{a}$, und nach Satz 22a) gibt es eine allgemeine Zerlegung $(Y_i)_{i \in B}$ von A mit $\operatorname{card} Y_i = \mathfrak{a}$ für alle $i \in B$. Für

$$\mathfrak{P}' = \{X \mid X \textit{ Auswahlmenge von } \{Y_i\}_{i \in B}\}$$

gilt $\mathfrak{P}' \subseteq \mathfrak{P}$ und damit über Satz 4a) auch:

$$\mathfrak{a}^{\mathfrak{b}} = \prod_{i \in B} \mathfrak{a} = \operatorname{card} \bigtimes_{i \in B} Y_i = \operatorname{card} \mathfrak{P}' \leqq \operatorname{card} \mathfrak{P}.$$

Also gilt insgesamt $\operatorname{card} \mathfrak{P} = \mathfrak{a}^{\mathfrak{b}}$. Daraus folgt weiter

$$\operatorname{card} \mathfrak{Q} = \sum_{\mathfrak{x} \leqq \mathfrak{b}} \mathfrak{a}^{\mathfrak{x}},$$

und unter Vorwegnahme der Tatsache, daß $\operatorname{card} \boldsymbol{C}(\mathfrak{x}) \leqq \mathfrak{x}$ für jede Kardinalzahl $\mathfrak{x}$ gilt (vgl. Satz 3, § 10), erhält man:

$$\mathfrak{a}^{\mathfrak{b}} \leqq \sum_{\mathfrak{x} \leqq \mathfrak{b}} \mathfrak{a}^{\mathfrak{x}} \leqq \sum_{\mathfrak{x} \leqq \mathfrak{b}} \mathfrak{a}^{\mathfrak{b}} = \mathfrak{a}^{\mathfrak{b}} \cdot \operatorname{card} \boldsymbol{C}(\mathfrak{b}') \leqq \mathfrak{a}^{\mathfrak{b}} \cdot \mathfrak{b}'$$

$$\leqq \mathfrak{a}^{\mathfrak{b}} \cdot 2^{\mathfrak{b}} \leqq \mathfrak{a}^{\mathfrak{b}} \cdot \mathfrak{a}^{\mathfrak{b}} = \mathfrak{a}^{\mathfrak{b}}. \quad ∎$$

Satz 23 liefert speziell für unendliche Mengen A und die Menge $\mathfrak{P}^*$ aller $X \subseteq A$ mit $X \sim A$:

$$\text{card}\,\mathfrak{P}^* = \mathfrak{a}^{\mathfrak{a}} = 2^{\mathfrak{a}}, \qquad \mathfrak{P}^* \sim \mathbf{P}A.$$

Ist in Satz 23 $\mathfrak{b}' = \mathfrak{a}$ (womit $\mathfrak{a}$, $\mathfrak{b}$ beide unendlich sind), so wird unter Voraussetzung der Alephhypothese:

$$\mathfrak{a}^{\mathfrak{b}} = (\mathfrak{b}')^{\mathfrak{b}} = 2^{\mathfrak{b}} = \mathfrak{b}' = \mathfrak{a}, \qquad \mathfrak{P} \sim \mathfrak{Q} \sim A.$$

Satz 24. *Für unendliche Mengen A und die Menge $\mathfrak{P}$ der Permutationen von A gilt:*

$$\mathfrak{P} \sim \mathbf{P}A.$$

Beweis. Es ist $\mathfrak{P} \leq \mathbf{P}A$ wegen $\mathfrak{P} \subseteq A^A \sim \mathbf{P}A$. Nach Satz 22b) gibt es eine allgemeine Zerlegung $(X_i)_{i \in A}$ von A mit card $X_i = \mathfrak{a}$. Für die Menge $\mathfrak{A}$ aller Auswahlen des Mengensystems $\{X_i\}_{i \in A}$ gilt dann:

$$2^{\text{card}\,A} = \mathfrak{a}^{\text{card}\,A} = \prod_{i \in A} \mathfrak{a} = \text{card} \bigtimes_{i \in A} X_i = \text{card}\,\mathfrak{A},$$

also $\mathbf{P}A \sim \mathfrak{A}$, womit für $\mathbf{P}A \leq \mathfrak{P}$ nur noch die Existenz einer eineindeutigen Abbildung F von $\mathfrak{A}$ in $\mathfrak{P}$ nachzuweisen ist. Zunächst gibt es für jede abzählbar unendliche Menge Z eine Permutation p von Z mit $p(x) \neq x$ für jedes $x \in Z$. Dazu sei f eine eineindeutige Abbildung von $\boldsymbol{N}$ auf Z und q die folgende Permutation von $\boldsymbol{N}$:

$$q(n) = \begin{cases} n+1, & \text{falls } n \text{ gerade} \\ n-1, & \text{falls } n \text{ ungerade.} \end{cases}$$

Es ist stets $q(n) \neq n$, und $p = f \circ q \circ f^{-1}$ ist eine Permutation von Z mit $p(x) \neq x$ für jedes $x \in Z$. Zu jeder Auswahl $Y \in \mathfrak{A}$ gibt es nun eine Permutation π von $A = \bigcup_{i \in A} X_i$ mit für jedes $x \in A$:

$$\pi(x) = x \leftrightarrow x \in Y.$$

Man ordne einfach jedem $i \in A$ eine Permutation p_i der abzählbar unendlichen Menge $Z_i = X_i \setminus Y$ zu mit

$p_i(x) \neq x$ für jedes $x \in Z_i$ und definiere über A die Funktion

$$\pi(x) = \begin{cases} x, & \text{falls } x \in Y \\ p_i(x), & \text{falls } x \in Z_i . \end{cases}$$

F sei schließlich eine Funktion von $\mathfrak{A}$ in $\mathfrak{P}$, welche jedem $Y \in \mathfrak{A}$ eine solche Permutation $\pi = F(Y)$ von A zuordnet, für welche $\pi(x) = x$ genau für die Elemente $x \in Y$ gilt. F ist sofort eineindeutig. ∎

Satz 25. *Für unendliche Mengen A, Mengen B, die Menge F der umkehrbaren Funktionen von A auf B, die Mengen G_1, G_2, G_3 der umkehrbaren Funktionen bzw. von A in B, aus A auf B, aus A in B und die Mengen H_1, H_2, H_3, H_4 der Funktionen bzw. von A auf B, von A in B, aus A auf B, aus A in B gilt:*

a) $A \sim B \to F \sim \mathfrak{P}A$,

b) $A \leq B \to G_1 \sim G_3 \sim B^A$,
$B \leq A \to G_2 \sim G_3 \sim A^B$,

c) $\{1, 2\} \leq B \leq A \to H_1 \sim H_2 \sim H_3 \sim H_4 \sim \mathfrak{P}A$,
$\{1\} \leq B \leq A \to H_3 \sim H_4 \sim \mathfrak{P}A$,
$A \leq B \to H_2 \sim H_4 \sim B^A$.

Beweis. a) Ist f eine eineindeutige Abbildung von A auf B und p eine Permutation von A, so ist auch $g(p) = f \circ p$ eine eineindeutige Abbildung von A auf B, und die Funktion g ist eine eineindeutige Abbildung von der Menge $\mathfrak{P}$ aller Permutationen von A auf die Menge F, also $\mathfrak{P} \sim F$. Nach Satz 24 ist schließlich $\mathfrak{P} \sim \mathfrak{P}A$.

b) Sei $A \leq B$. Jede umkehrbare Funktion von A in B ist eine eineindeutige Abbildung von A auf eine Teilmenge $X \subseteq B$. $\mathfrak{F}$ sei die Menge aller $X \subseteq B$ mit $A \sim X$, und für jedes $X \in \mathfrak{F}$ sei $F(X)$ die Menge der eineindeutigen Abbildungen von A auf X. Dann ist $(F(X))_{X \in \mathfrak{F}}$ eine disjunkte Mengenfamilie mit der Vereinigung G_1, mit $\mathfrak{F} \sim B^A$ nach Satz 23 und mit stets $F(X) \sim \mathfrak{P}A$ nach a). Also wird für $\mathfrak{a} = \operatorname{card} A$, $\mathfrak{b} = \operatorname{card} B$:

$$\operatorname{card} G_1 = \sum_{X \in \mathfrak{F}} \operatorname{card} F(X) = \sum_{X \in \mathfrak{F}} 2^{\mathfrak{a}} = 2^{\mathfrak{a}} \cdot \mathfrak{b}^{\mathfrak{a}} = \mathfrak{b}^{\mathfrak{a}}.$$

Wegen

$$G_1 \subseteq G_3 \subseteq \bigcup_{X \subseteq A} B^X$$

gilt damit auch:

$$\mathfrak{b}^{\mathfrak{a}} = \operatorname{card} G_1 \leqq \operatorname{card} G_3 \leqq \sum_{X \subseteq A} \mathfrak{b}^{\operatorname{card} X} \leqq \sum_{X \subseteq A} \mathfrak{b}^{\mathfrak{a}}$$
$$= \mathfrak{b}^{\mathfrak{a}} \cdot 2^{\mathfrak{a}} = \mathfrak{b}^{\mathfrak{a}}.$$

Sei nun $B \lesssim A$. Die Menge G_2 der eineindeutigen Abbildungen aus A auf B ist unter Vermittlung der inversen Abbildungen offenbar gleichmächtig mit der Menge G_2' der eineindeutigen Abbildungen von B in A; ebenso ist G_3 gleichmächtig mit der Menge G_3' der eineindeutigen Abbildungen aus B in A bei $G_2' \subseteq G_3'$. Nach Satz 23 gibt es $\mathfrak{a}^{\mathfrak{b}}$ Teilmengen $X \subseteq A$ mit $B \sim X$ und damit auch mindestens $\mathfrak{a}^{\mathfrak{b}}$ eineindeutige Abbildungen von B in A. Also wird insgesamt:

$$\mathfrak{a}^{\mathfrak{b}} \leqq \operatorname{card} G_2' \leqq \operatorname{card} G_3' \leqq \operatorname{card} \bigcup_{X \subseteq B} A^X \leqq \sum_{X \subseteq B} \mathfrak{a}^{\mathfrak{b}}$$
$$= \mathfrak{a}^{\mathfrak{b}} \cdot 2^{\mathfrak{b}} = \mathfrak{a}^{\mathfrak{b}}.$$

c) Sei $\mathfrak{a} = \operatorname{card} A$, $\mathfrak{b} = \operatorname{card} B$ und $2 \leqq \mathfrak{b} \leqq \mathfrak{a}$. Wegen $\mathfrak{b} + \mathfrak{a} = \mathfrak{a}$ gibt es nach Satz 22a) Mengen B', A' mit

$$B' \cup A' = A, \quad B' \cap A' = \emptyset, \quad B' \sim B, \quad A' \sim A.$$

Ist g eine feste Funktion von B' auf B, so ist $h = g \cup f$ für jede Funktion f von A' in B — also $f \in B^{A'}$ — eine Funktion von A auf B, womit es mindestens $\mathfrak{b}^{\mathfrak{a}} = 2^{\mathfrak{a}}$ Funktionen von A auf B gibt, also $2^{\mathfrak{a}} \leqq \operatorname{card} H_1$. Weiter ist H_1 Teilmenge jeder der Mengen H_2, H_3, H_4, und diese sind Teilmengen von H_4. Schließlich ist

$$\operatorname{card} H_4 = \operatorname{card} \bigcup_{X \subseteq A} B^X \leqq \sum_{X \subseteq A} \mathfrak{b}^{\mathfrak{a}} = \mathfrak{b}^{\mathfrak{a}} \cdot 2^{\mathfrak{a}} = 2^{\mathfrak{a}} \cdot 2^{\mathfrak{a}} = 2^{\mathfrak{a}}.$$

Damit gilt die erste Behauptung von c). Für $\mathfrak{b} = 1$ gibt es trivial $2^{\mathfrak{a}}$ Funktionen aus A auf B und $2^{\mathfrak{a}}$ Funktionen aus A in B. Nun zur dritten Behauptung von c). Sei $\mathfrak{a} \leqq \mathfrak{b}$. Es ist

$$G_1 \subseteq H_2 \subseteq H_4 = \bigcup_{X \subseteq A} B^X,$$

womit nach b) gilt:

$$\mathfrak{b}^{\mathfrak{a}} \leqq \operatorname{card} H_2 \leqq \operatorname{card} H_4 \leqq \sum_{X \subseteq A} \mathfrak{b}^{\mathfrak{a}} = \mathfrak{b}^{\mathfrak{a}} \cdot 2^{\mathfrak{a}} = \mathfrak{b}^{\mathfrak{a}}. \blacksquare$$

Satz 26. *Für unendliche Mengen A, I mit $A \sim I$, die Menge $\mathfrak{Z}_1$ der Zerlegungen von A und die Menge $\mathfrak{Z}_2$ der allgemeinen Zerlegungen von A mit Indexmengen $J \subseteq I$ gilt:*

$$\mathfrak{Z}_1 \sim \mathfrak{Z}_2 \sim \mathfrak{P}A.$$

Beweis. Wir zeigen zunächst $\mathfrak{Z}_1 \sim \mathfrak{P}A$. Die Menge $\mathfrak{Z}$ aller Zweiermengen $\{X, A \setminus X\}$ für $\emptyset \subset X \subset A$ ist ein disjunktes Mengensystem mit $\emptyset \notin \mathfrak{Z}$. Nach dem Auswahlaxiom gibt es eine Auswahl $\mathfrak{M}_1$ von $\mathfrak{Z}$. Dann ist

$$\mathfrak{Z} \sim \mathfrak{M}_1 \sim \mathfrak{M}_2 = \{A \setminus X \mid X \in \mathfrak{M}_1\}$$

und

$$\mathfrak{P}A \setminus \{\emptyset, A\} = \mathfrak{M}_1 \cup \mathfrak{M}_2,$$

also auf Grund der Unendlichkeit von $\mathfrak{P}A$ schließlich

$$\mathfrak{P}A \sim \mathfrak{P}A \setminus \{\emptyset, A\} \sim \mathfrak{M}_1 \sim \mathfrak{Z} \subseteq \mathfrak{Z}_1,$$

woraus $\mathfrak{P}A \leq \mathfrak{Z}_1$ folgt. Die Funktion F von $\mathfrak{Z}_1$ in $\mathfrak{P}(A \times A)$ mit

$$F(Z) = \bigcup_{X \in Z} (X \times X) \subseteq A \times A$$

für jedes $Z \in \mathfrak{Z}_1$ ist umkehrbar eindeutig; denn ist $F(Z) = F(Z')$ für gewisse $Z, Z' \in \mathfrak{Z}_1$ und etwa $X \in Z$, so ist $X \subseteq X'$ für ein $X' \in Z'$ (ist $x_0 \in X$ und $x_0 \in X' \in Z'$, so $(x_0, x) \in F(Z) = F(Z')$ für jedes $x \in X$, also $x \in X'$ für jedes $x \in X$) und $X \not\subset X'$ (wäre $x \in X, x' \in X' \setminus X$, so wäre $(x, x') \notin F(Z)$ und $(x, x') \in F(Z') = F(Z)$), also $X \in Z'$; damit gilt $Z \subseteq Z'$ und analog $Z' \subseteq Z$, also $Z = Z'$. Die Umkehrbarkeit von F liefert dann:

$$\mathfrak{Z}_1 \preceq \mathfrak{P}(A \times A) \sim \mathfrak{P}A.$$

Damit gilt $\mathfrak{Z}_1 \sim \mathfrak{P}A$.

Nun zu $\mathfrak{Z}_2 \sim \mathfrak{P}A$. Für jedes $Z \in \mathfrak{Z}_1$ ist $Z \preceq A \sim I$, und es sei

$$\mathfrak{F}(Z) = \{X \mid X \textit{ eineindeutige Abbildung aus } I \textit{ auf } Z\}.$$

Die Mengenfamilie $(\mathfrak{F}(Z))_{Z \in \mathfrak{Z}_1}$ ist disjunkt mit der Vereinigung $\mathfrak{Z}_2$. Für $\mathfrak{a} = \operatorname{card} A$ wird nach Satz 25b) $\operatorname{card} \mathfrak{F}(Z) = \mathfrak{a}^{\operatorname{card} Z}$, also gilt über a):

$$2^{\mathfrak{a}} = \sum_{Z \in \mathfrak{Z}_1} 1 \leqq \sum_{Z \in \mathfrak{Z}_1} \mathfrak{a}^{\operatorname{card} Z} \leqq \sum_{Z \in \mathfrak{Z}_1} \mathfrak{a}^{\mathfrak{a}} = \mathfrak{a}^{\mathfrak{a}} \cdot 2^{\mathfrak{a}} = 2^{\mathfrak{a}} \cdot 2^{\mathfrak{a}} = 2^{\mathfrak{a}}.$$

Damit erhält man schließlich:

$$\operatorname{card} \mathfrak{Z}_2 = \operatorname{card} \bigcup_{Z \in \mathfrak{Z}_1} \mathfrak{F}(Z) = \sum_{Z \in \mathfrak{Z}_1} \mathfrak{a}^{\operatorname{card} Z} = 2^{\mathfrak{a}}. \blacksquare$$

Satz 27. *Für unendliche Mengen A und die Menge $\mathfrak{W}$ der Wohlordnungen in A gilt:*

$$\mathfrak{W} \sim \mathfrak{P}A.$$

Beweis. Wegen $\mathfrak{W} \subseteq \mathfrak{P}(A \times A)$ und $A \times A \sim A$ ist $\mathfrak{W} \preceq \mathfrak{P}A$. Ist $\leqq$ nach dem Wohlordnungssatz eine feste Wohlordnung in A und $R(p)$ für jede Permutation p von A die Wohlordnung in A mit

$$xR(p)y \leftrightarrow p^{-1}(x) \leqq p^{-1}(y),$$

so ist p ein Isomorphismus von $(A, \leqq)$ auf $(A, R(p))$ und nach Satz 20b), § 4 der eindeutig bestimmte Isomorphismus zwischen diesen beiden wohlgeordneten Mengen. Für $R(p) = R(q)$ ist also $p = q$, womit R eine eineindeutige Abbildung von der Menge $\mathfrak{P}$ aller Permutationen von A in die Menge $\mathfrak{W}$ ist. Damit gilt $\mathfrak{P} \preceq \mathfrak{W}$ und über Satz 24 schließlich $\mathfrak{P}A \preceq \mathfrak{W}$. ∎

10. Zusammenfassung der Begriffe. Für Kardinalzahlen $\mathfrak{a}, \mathfrak{b}$ und Mengen A, B mit $\mathfrak{a} = \text{card}\, A$, $\mathfrak{b} = \text{card}\, B$ gilt:

$$A \cap B = \emptyset \to \mathfrak{a} + \mathfrak{b} = \text{card}\,(A \cup B),$$

$$\mathfrak{a} \cdot \mathfrak{b} = \text{card}\,(A \times B), \qquad \mathfrak{a}^{\mathfrak{b}} = \text{card}\,(A^B).$$

Für Kardinalzahlfamilien $(\mathfrak{a}_i)_{i \in I}$ und Mengenfamilien $(A_i)_{i \in I}$ mit $\mathfrak{a}_i = \text{card}\, A_i$ für jedes $i \in I$ gilt:

$$(A_i)_{i \in I} \textit{ disjunkt} \to \sum_{i \in I} \mathfrak{a}_i = \text{card} \bigcup_{i \in I} A_i,$$

$$\prod_{i \in I} \mathfrak{a}_i = \text{card} \mathop{\times}_{i \in I} A_i,$$

$$\mathfrak{c} = \text{card}\, \boldsymbol{R}, \qquad \mathfrak{f} = \text{card}\,(\boldsymbol{R}^{\boldsymbol{R}}).$$

Für Mengen A und Mengenfamilien $(X_i)_{i \in I}$ gilt:

$$(X_i)_{i \in I} \textit{ allgemeine Zerlegung von } A \leftrightarrow$$
$$\emptyset \notin \{X_i\}_{i \in I} \wedge (X_i)_{i \in I} \textit{ disjunkt} \wedge \bigcup_{i \in I} X_i = A.$$

§ 9. Ordinalzahlen und ihre Wohlordnung

1. Der Ordinalzahlbegriff. Die Ordinalzahl (Ordnungszahl, Durchnumerierungstyp, Abzähltyp, Anordnungstyp) einer wohlgeordneten (einer transfinit abgezählten) Menge $\mathfrak{A}$ soll anschaulich der Wohlordnungstyp von $\mathfrak{A}$ sein, wobei der Begriff der Wohlordnungstypgleichheit von wohlgeordneten Mengen $\mathfrak{A}$, $\mathfrak{B}$ als Isomorphie, nämlich $\mathfrak{A} \simeq \mathfrak{B}$, bereits vorhanden ist. Die Isomorphie von $\mathfrak{A}$ und $\mathfrak{B}$ bedeutet Existenz eines (nach Satz 20b), § 4 sogar eindeutig bestimmten) Isomorphismus f von $\mathfrak{A}$ auf $\mathfrak{B}$, und gegenüber f sind invariant das erste Element, der

Nachfolger und das Supremum. Ist also $\mathfrak{A} = (A, R)$, $\mathfrak{B} = (B, S)$ und

$$a_0, a_1, a_2, \ldots, a_\omega, a_{\omega,1}, \ldots\ldots$$

die (transfinite) Abzählung der Elemente von A bzgl. R, so ist

$$f(a_0), f(a_1), f(a_2), \ldots, f(a_\omega), f(a_{\omega,1}), \ldots\ldots$$

die Abzählung der Elemente von B bzgl. S. Man muß bei der Abzählung von B bzgl. S genau so lange zählen wie bei der Abzählung von A bzgl. R. Sind dagegen $\mathfrak{A}$ und $\mathfrak{B}$ nicht isomorph, so ist nach dem Hauptsatz der Wohlordnungstheorie (Satz 23, § 4) die eine der beiden wohlgeordneten Mengen, etwa $\mathfrak{A}$, einem Abschnitt der anderen isomorph, so daß man bei der Abzählung von B bzgl. S länger zählen muß als bei der Abzählung von A bzgl. R. $\mathfrak{A}$ und $\mathfrak{B}$ sind also isomorph genau dann, wenn man anschaulich bei der Abzählung von A bzgl. R genau so lange zählen muß wie bei der Abzählung von B bzgl. S. Damit ist der Ansatz des Ordinalzahlbegriffes als Wohlordnungstyp gerechtfertigt. Gesucht ist also ein in Abhängigkeit von der wohlgeordneten Menge $\mathfrak{A}$ definiertes mengentheoretisches Objekt $\mathbf{T}(\mathfrak{A})$, so daß für wohlgeordnete Mengen $\mathfrak{A}$, $\mathfrak{B}$ gilt:

$$\mathbf{T}(\mathfrak{A}) = \mathbf{T}(\mathfrak{B}) \leftrightarrow \mathfrak{A} \simeq \mathfrak{B}.$$

Wir verfahren wie bei der Definition der Kardinalzahlen, wobei uns Satz 5, § 4 gestattet, für endliche $\mathfrak{A} = (A, R)$ (d. h. A ist endlich) einfach die natürliche Zahl card A als $\mathbf{T}(\mathfrak{A})$ zu nehmen.

Satz 1. *Für jede wohlgeordnete Menge $\mathfrak{A}$ existiert die in bezug auf $\subseteq$ kleinste Allmenge K mit*

$$\exists \mathfrak{X}(\mathfrak{X} \textit{ wohlgeordnete Menge} \wedge \mathfrak{X} \in K \wedge \mathfrak{X} \simeq \mathfrak{A}).$$

Beweis. Jede wohlgeordnete Menge $\mathfrak{A}$ ist Element einer Allmenge B, womit das System $\mathfrak{B}$ aller Allmengen, welche Teilmengen von B sind und eine wohlgeordnete

Menge $\mathfrak{X}$ mit $\mathfrak{X} \simeq \mathfrak{A}$ als Element besitzen, nichtleer ist. $K = \min \mathfrak{B}$ ist dann die gewünschte kleinste Allmenge. ∎

Definition 1. Ist $\mathfrak{A} = (A, R)$ eine wohlgeordnete Menge und K die kleinste Allmenge mit $\mathfrak{X} \simeq \mathfrak{A}$ für eine wohlgeordnete Menge $\mathfrak{X} \in K$, so sei die *Ordinalzahl von* $\mathfrak{A}$ oder die *Ordnungszahl* (der *Wohlordnungstyp*) *von* $\mathfrak{A}$ im Falle einer endlichen Menge A die natürliche Zahl von A (Definition 5, Bd. II, § 7) und im Falle einer unendlichen Menge A das Paar

$$(\boldsymbol{N}, \{\mathfrak{X} \in K \mid \mathfrak{X} \textit{ wohlgeordnete Menge} \wedge \mathfrak{X} \simeq \mathfrak{A}\}),$$

in beiden Fällen bezeichnet mit: ord $\mathfrak{A}$ (gelesen: *Ordinalzahl* $\mathfrak{A}$). Ein Objekt α ist eine *Ordinalzahl*, wenn es eine wohlgeordnete Menge $\mathfrak{A}$ mit $\alpha = \operatorname{ord} \mathfrak{A}$ gibt. Eine wohlgeordnete Menge $\mathfrak{A}$ *repräsentiert* die Ordinalzahl α oder ist ein *Repräsentant* von α, falls $\operatorname{ord} \mathfrak{A} = \alpha$ gilt. ∎

An Stelle von ord $\mathfrak{A}$ findet man nach CANTOR auch die Bezeichnung $\overline{\mathfrak{A}}$; wir verwenden ord $\mathfrak{A}$. Die natürlichen Zahlen sind die Ordinalzahlen der endlichen und auch nur der endlichen wohlgeordneten Mengen, da für eine unendliche wohlgeordnete Menge $\mathfrak{A}$ stets $\boldsymbol{N} \in \operatorname{ord} \mathfrak{A}$ ist, also nicht $\operatorname{ord} \mathfrak{A} \in \boldsymbol{N}$ sein kann.

Satz 2. *Für wohlgeordnete Mengen* $\mathfrak{A}$, $\mathfrak{B}$ *und Ordinalzahlen* α, β *gilt:*

a) $\operatorname{ord} \mathfrak{A} = \operatorname{ord} \mathfrak{B} \leftrightarrow \mathfrak{A} \simeq \mathfrak{B}$,

b) $\alpha = \beta \leftrightarrow \forall \mathfrak{X} \forall \mathfrak{Y} (\alpha = \operatorname{ord} \mathfrak{X} \wedge \beta = \operatorname{ord} \mathfrak{Y} \to \mathfrak{X} \simeq \mathfrak{Y})$

$\leftrightarrow \exists \mathfrak{X} \exists \mathfrak{Y} (\alpha = \operatorname{ord} \mathfrak{X} \wedge \beta = \operatorname{ord} \mathfrak{Y} \wedge \mathfrak{X} \simeq \mathfrak{Y})$.

Beweis. a) Sind $\mathfrak{A} = (A, R)$, $\mathfrak{B} = (B, S)$ endliche wohlgeordnete Mengen, so gilt über Satz 5, § 4:

$$\operatorname{ord} \mathfrak{A} = \operatorname{ord} \mathfrak{B} \leftrightarrow \operatorname{card} A = \operatorname{card} B \leftrightarrow A \sim B \leftrightarrow \mathfrak{A} \simeq \mathfrak{B}.$$

Ist $\mathfrak{A}$ endlich und $\mathfrak{B}$ unendlich, so ist $\mathfrak{A} \not\simeq \mathfrak{B}$ (sonst wäre $A \sim B$) und

$$\operatorname{ord} \mathfrak{A} \in \boldsymbol{N} \in \operatorname{ord} \mathfrak{B},$$

also auch ord $\mathfrak{A} \neq$ ord $\mathfrak{B}$. Analog bei unendlichem $\mathfrak{A}$ und endlichem $\mathfrak{B}$. Sind $\mathfrak{A}$, $\mathfrak{B}$ unendliche wohlgeordnete Mengen mit den zugehörigen kleinsten Allmengen K, L, so ist

$$\text{ord}\,\mathfrak{A} = (\boldsymbol{N}, \{\mathfrak{X} \in K \mid \mathfrak{X} \textit{ wohlgeordnete Menge} \wedge \mathfrak{X} \simeq \mathfrak{A}\}),$$

$$\text{ord}\,\mathfrak{B} = (\boldsymbol{N}, \{\mathfrak{X} \in L \mid \mathfrak{X} \textit{ wohlgeordnete Menge} \wedge \mathfrak{X} \simeq \mathfrak{B}\}).$$

Aus ord $\mathfrak{A}$ = ord $\mathfrak{B}$ und der Nichtleerheit der zweiten Elemente dieser Paare folgt $\mathfrak{A} \simeq \mathfrak{B}$. Aus $\mathfrak{A} \simeq \mathfrak{B}$ folgt umgekehrt $K = L$ und damit ord $\mathfrak{A}$ = ord $\mathfrak{B}$.

b) folgt unmittelbar aus a). ∎

Nach Satz 2a) ist der Ordinalzahlbegriff für beliebige wohlgeordnete Mengen mit einem Abstraktionsprinzip (im weiteren Sinne; vgl. Bd. II, § 6, Abschn. 2) in bezug auf die Isomorphie $\simeq$ im Bereich aller wohlgeordneten Mengen eingeführt worden. Für den Umgang mit dem Ordinalzahlbegriff dient fast ausschließlich Satz 2 als Grundlage.

Satz 3. *Für Allbereiche* $\mathfrak{B}$, *Ordinalzahlen* α *und wohlgeordnete Mengen* $\mathfrak{A}$ *gilt:*

a) $\alpha \in \mathfrak{B} \rightarrow \exists \mathfrak{X}(\alpha = \text{ord}\,\mathfrak{X} \wedge \mathfrak{X} \in \mathfrak{B})$,

b) $\boldsymbol{N}, \mathfrak{A} \in \mathfrak{B} \rightarrow \text{ord}\,\mathfrak{A} \in \mathfrak{B}$.

Beweis. a) Für natürliche Zahlen α ist $\alpha = \text{ord}\,(\boldsymbol{N}(\alpha), \leqq)$ ($\leqq$ sei die übliche Anordnung in $\boldsymbol{N}(\alpha)$) bei endlichem $\boldsymbol{N}(\alpha) \subseteq \boldsymbol{N} \subseteq \mathfrak{B}$ und damit $\boldsymbol{N}(\alpha) \in \mathfrak{B}$, also auch $(\boldsymbol{N}(\alpha), \leqq) \in \mathfrak{B}$ (vgl. Satz 8, Bd. II, § 10). Ist $\alpha \in \mathfrak{B}$ und α keine natürliche Zahl, so folgt trivial aus Definition 1 die Existenz eines Repräsentanten $\mathfrak{X}$ mit $\mathfrak{X} \sqsubset \alpha$, also mit $\mathfrak{X} \in \mathfrak{B}$.

b) Sei $\boldsymbol{N}, \mathfrak{A} \in \mathfrak{B}$. Für endliches $\mathfrak{A}$ ist sofort ord $\mathfrak{A} \in \boldsymbol{N} \subseteq \mathfrak{B}$. Für unendliches $\mathfrak{A}$ ist

$$\text{ord}\,\mathfrak{A} = (\boldsymbol{N}, \{\mathfrak{X} \in K \mid \mathfrak{X} \textit{ wohlgeordnete Menge} \wedge \mathfrak{X} \simeq \mathfrak{A}\})$$

für die kleinste Allmenge K mit $\mathfrak{X} \simeq \mathfrak{A}$ für eine wohlgeordnete Menge $\mathfrak{X} \in K$. Es ist

$$\mathfrak{A} \in \mathfrak{P}\mathfrak{A} \in \mathfrak{B}.$$

Für die Allmenge L aller Objekte $x \sqsubset \mathfrak{P}\mathfrak{A}$ ist $\mathfrak{A} \in L \subset \mathfrak{B}$ und damit $K \subseteq L \subset \mathfrak{B}$, $K \in \mathfrak{B}$, ord $\mathfrak{A} \in \mathfrak{B}$. ∎

Man beachte für durch eine Relation geregelte Mengen (A, R) und Allbereiche $\mathfrak{B}$:

$$(A, R) \in \mathfrak{B} \leftrightarrow A \in \mathfrak{B};$$

denn ist $A \in \mathfrak{B}$, so wegen $R \subseteq A \times A \in \mathfrak{B}$ auch $R \in \mathfrak{B}$ und damit $(A, R) \in \mathfrak{B}$.

2. Anordnung. Gemäß der Bedeutung der Isomorphie wohlgeordneter Mengen (A, R) und (B, S) als gleichlanges Abzählen von A und von B in bezug auf R bzw. S (vgl. Abschn. 1) können wir definieren:

Definition 2. Für wohlgeordnete Mengen $\mathfrak{A}$, $\mathfrak{B}$ bei $\mathfrak{B} = (B, S)$ sei:

$$\mathfrak{A} \leq \mathfrak{B} \leftrightarrow \exists X(X \textit{ Segment von } \mathfrak{B} \wedge \mathfrak{A} \simeq (X, S \parallel X)),$$
$$\mathfrak{A} < \mathfrak{B} \leftrightarrow \mathfrak{A} \leq \mathfrak{B} \wedge \mathfrak{A} \neq \mathfrak{B},$$
$$\mathfrak{B} \geq \mathfrak{A} \leftrightarrow \mathfrak{A} \leq \mathfrak{B}, \qquad \mathfrak{B} > \mathfrak{A} \leftrightarrow \mathfrak{A} < \mathfrak{B}. \ ∎$$

Aus dem Zusammenhang der Betrachtungen wird stets ersichtlich sein, ob $\leq$, $<$, $\geq$, $>$ (natürlich wieder gelesen: *kleinergleich*, *kleiner*, *größergleich*, *größer*) auf wohlgeordnete Mengen (im Sinne von Definition 2) oder auf bloße Mengen (im Sinne von Definition 7, Bd. II, § 7) anzuwenden sind.

Das Segment X in Definition 2 ist nach Satz 21e), § 4 eindeutig bestimmt. $(A, R) \leq (B, S)$ bedeutet anschaulich, daß man bei der Abzählung der Elemente von A gemäß R höchstens so lange zählen muß wie bei der Abzählung der Elemente von B gemäß S (das Segment X ist ja ein Abschnitt oder gleich B); $(A, R) < (B, S)$ bedeutet kürzeres Abzählen von A bzgl. R als von B bzgl. S. Es gilt auch sofort der

Satz 4. *Für wohlgeordnete Mengen* $\mathfrak{A}$, $\mathfrak{B}$ *bei* $\mathfrak{B} = (B, S)$ *gilt*:

a) $\mathfrak{A} < \mathfrak{B} \rightarrow \exists X(X \textit{ Abschnitt von } \mathfrak{B} \wedge \mathfrak{A} \simeq (X, S \parallel X))$,
b) $\mathfrak{A} \leq \mathfrak{B} \leftrightarrow \exists X(X \subseteq B \wedge \mathfrak{A} \simeq (X, S \parallel X))$.

Beweis. a) Ist $\mathfrak{A} < \mathfrak{B}$, so folgt aus $\mathfrak{A} \leq \mathfrak{B}$ die Existenz eines Segmentes X von $\mathfrak{B}$ mit $\mathfrak{A} \simeq (X, S \parallel X)$. Wegen $\mathfrak{A} \not\simeq \mathfrak{B}$ muß $X \neq B$ sein, also ist X nach Satz 6, § 4 ein Abschnitt von $\mathfrak{B}$. Ist umgekehrt $\mathfrak{A}$ mit einem Abschnitt von $\mathfrak{B}$ isomorph, so ist $\mathfrak{A} \leq \mathfrak{B}$ und $\mathfrak{A} \not\simeq \mathfrak{B}$, da $\mathfrak{B}$ nach Satz 21 b), § 4 nicht mit einem seiner Abschnitte isomorph sein kann. Also ist $\mathfrak{A} < \mathfrak{B}$.

b) Nach Satz 25, § 4 ist jede Teilmenge einer wohlgeordneten Menge $\mathfrak{B}$ mit einem Segment von $\mathfrak{B}$ isomorph. ∎

Der Abschnitt X in Satz 4 ist wieder eindeutig bestimmt, und es gilt gleichwertig:

$$\mathfrak{A} < \mathfrak{B} \leftrightarrow \exists x(x \in B \wedge \mathfrak{A} \simeq (\mathrm{Ab}\, x, S \parallel \mathrm{Ab}\, x)),$$

wobei das Element x ebenfalls eindeutig bestimmt ist (vgl. Satz 21 d), § 4).

Satz 5. *Für wohlgeordnete Mengen* $\mathfrak{A} = (A, R)$, $\mathfrak{B} = (B, S)$, $\mathfrak{A}'$, $\mathfrak{B}'$ *und Funktionen* f *gilt:*

a) $\mathfrak{A} \leq \mathfrak{B} \leftrightarrow \mathfrak{A} < \mathfrak{B} \vee \mathfrak{A} \simeq \mathfrak{B}$,
$\mathfrak{A} < \mathfrak{B} \leftrightarrow \mathfrak{A} \leq \mathfrak{B} \wedge \mathfrak{A} \not\simeq \mathfrak{B}$,

b) $\mathfrak{A}' \simeq \mathfrak{A} \leq \mathfrak{B} \simeq \mathfrak{B}' \rightarrow \mathfrak{A}' \leq \mathfrak{B}'$,
$\mathfrak{A}' \simeq \mathfrak{A} < \mathfrak{B} \simeq \mathfrak{B}' \rightarrow \mathfrak{A}' < \mathfrak{B}'$,

c) $A \subseteq B \wedge R = S \parallel A \rightarrow \mathfrak{A} \leq \mathfrak{B}$,
$\mathrm{D}(f) = A \wedge \mathrm{W}(f) = B \wedge f$ *wachsend bzgl.* $\mathfrak{A}, \mathfrak{B} \rightarrow \mathfrak{B} \leq \mathfrak{A}$.

Beweis. a) folgt unmittelbar aus Definition 2.

b) Ist $\mathfrak{A} \leq \mathfrak{B}$, so gibt es ein Segment X von $\mathfrak{B}$ mit $\mathfrak{A} \simeq (X, S \parallel X)$. Ist noch $\mathfrak{A}' \simeq \mathfrak{A}$, $\mathfrak{B} \simeq \mathfrak{B}' = (B', S')$ und g ein Isomorphismus von $\mathfrak{B}$ auf $\mathfrak{B}'$, so ist

$$\mathfrak{A}' \simeq \mathfrak{A} \simeq (X, S \parallel X) \simeq (g\langle X\rangle, S' \parallel g\langle X\rangle),$$

wobei $g\langle X\rangle$ ein Segment von $\mathfrak{B}'$ ist. Also gilt $\mathfrak{A}' \lesssim \mathfrak{B}'$. Ist $\mathfrak{A} \prec \mathfrak{B}$, so ist im Falle $\mathfrak{A}' \simeq \mathfrak{A}$ und $\mathfrak{B} \simeq \mathfrak{B}'$ nach eben $\mathfrak{A}' \lesssim \mathfrak{B}'$. Es ist auch $\mathfrak{A}' \not\simeq \mathfrak{B}'$, da sonst $\mathfrak{A} \simeq \mathfrak{B}$ wäre. Also gilt $\mathfrak{A}' \prec \mathfrak{B}'$.

c) Die erste Behauptung folgt aus Satz 4b). Ist f eine (bzgl. R, S) wachsende Funktion von A auf B und g eine Auswahlfunktion der Abbildung f^{-1}, so ist g Isomorphismus von $\mathfrak{B}$ auf $(\mathrm{W}(g), R \parallel \mathrm{W}(g))$ und damit $\mathfrak{B} \lesssim \mathfrak{A}$. ∎

Die inhaltliche Bedeutung von $\lesssim$, $\prec$ für wohlgeordnete Mengen berechtigt uns zu folgender

Definition 3. α, β seien Ordinalzahlen: α ist *kleinergleich* β, in Zeichen: $\alpha \leqq \beta$, oder β ist *größergleich* α, in Zeichen: $\beta \geqq \alpha$, wenn

$$\forall \mathfrak{X}\, \forall \mathfrak{Y}(\alpha = \operatorname{ord} \mathfrak{X} \wedge \beta = \operatorname{ord} \mathfrak{Y} \rightarrow \mathfrak{X} \lesssim \mathfrak{Y})$$

gilt; α ist *kleiner* als β, in Zeichen: $\alpha < \beta$, oder β ist *größer* als α, in Zeichen: $\beta > \alpha$, wenn

$$\forall \mathfrak{X}\, \forall \mathfrak{Y}(\alpha = \operatorname{ord} \mathfrak{X} \wedge \beta = \operatorname{ord} \mathfrak{Y} \rightarrow \mathfrak{X} \prec \mathfrak{Y})$$

gilt. ∎

Man halte die Bedeutung der Zeichen $\leqq$, $<$, $\geqq$, $>$ für Ordinal- und für Kardinalzahlen auseinander. Diese Bemerkung gilt analog für alle weiteren Bezeichnungen mit sowohl ordinaler als auch kardinaler Bedeutung.

Die Entscheidung darüber, ob $\alpha \leqq \beta$ bzw. $\alpha < \beta$ gilt oder nicht, fällt bereits durch ein einzeln herausgegriffenes Repräsentantenpaar $(\mathfrak{X}, \mathfrak{Y})$, unabhängig von der speziellen Auswahl dieser Repräsentanten $\mathfrak{X}$, $\mathfrak{Y}$:

Satz 6. *Für wohlgeordnete Mengen* $\mathfrak{A}$, $\mathfrak{B}$ *und Ordinalzahlen* α, β *gilt*:

a) $\operatorname{ord} \mathfrak{A} \leqq \operatorname{ord} \mathfrak{B} \leftrightarrow \mathfrak{A} \lesssim \mathfrak{B}$,

$\operatorname{ord} \mathfrak{A} < \operatorname{ord} \mathfrak{B} \leftrightarrow \mathfrak{A} \prec \mathfrak{B}$,

b) $\alpha \leqq \beta \leftrightarrow \forall \mathfrak{X} \forall \mathfrak{Y}(\alpha = \text{ord}\, \mathfrak{X} \wedge \beta = \text{ord}\, \mathfrak{Y} \rightarrow \mathfrak{X} \leq \mathfrak{Y})$

$\leftrightarrow \exists \mathfrak{X} \exists \mathfrak{Y}(\alpha = \text{ord}\, \mathfrak{X} \wedge \beta = \text{ord}\, \mathfrak{Y} \wedge \mathfrak{X} \leq \mathfrak{Y})$,

$\alpha < \beta \leftrightarrow \forall \mathfrak{X} \forall \mathfrak{Y}(\alpha = \text{ord}\, \mathfrak{X} \wedge \beta = \text{ord}\, \mathfrak{Y} \rightarrow \mathfrak{X} < \mathfrak{Y})$

$\leftrightarrow \exists \mathfrak{X} \exists \mathfrak{Y}(\alpha = \text{ord}\, \mathfrak{X} \wedge \beta = \text{ord}\, \mathfrak{Y} \wedge \mathfrak{X} < \mathfrak{Y})$.

Beweis. a) folgt aus b), und für b) genügt es nach Satz 2a), für beliebige wohlgeordnete Mengen $\mathfrak{X}, \mathfrak{X}'$, $\mathfrak{Y}, \mathfrak{Y}'$ mit $\mathfrak{X} \simeq \mathfrak{X}'$ und $\mathfrak{Y} \simeq \mathfrak{Y}'$ zu zeigen:

$$\mathfrak{X} \leq \mathfrak{Y} \rightarrow \mathfrak{X}' \leq \mathfrak{Y}', \qquad \mathfrak{X} < \mathfrak{Y} \rightarrow \mathfrak{X}' < \mathfrak{Y}'.$$

Dies ist aber gerade Satz 5b). ∎

Aus den Sätzen 2a) und 6a) folgt (wie auch aus Satz 5b)) für wohlgeordnete Mengen $\mathfrak{A}, \mathfrak{A}', \mathfrak{B}, \mathfrak{B}'$ mit $\mathfrak{A} \simeq \mathfrak{A}'$ und $\mathfrak{B} \simeq \mathfrak{B}'$:

$$\mathfrak{A} \leq \mathfrak{B} \leftrightarrow \mathfrak{A}' \leq \mathfrak{B}', \qquad \mathfrak{A} < \mathfrak{B} \leftrightarrow \mathfrak{A}' < \mathfrak{B}'.$$

$\leqq$ und $<$ fallen nach Satz 7 innerhalb $\boldsymbol{N}$ mit der üblichen $\leqq$- und $<$-Beziehung der natürlichen Zahlen zusammen.

Satz 7. *Für wohlgeordnete Mengen* $\mathfrak{A} = (A, R)$, $\mathfrak{B} = (B, S)$ *gilt bei endlichem* B:

$$\mathfrak{A} \leq \mathfrak{B} \leftrightarrow A \leq B, \qquad \mathfrak{A} < \mathfrak{B} \leftrightarrow A < B.$$

Beweis. Ist $\mathfrak{A} \leq \mathfrak{B}$ und $\mathfrak{A} \simeq (X, S \parallel X)$ für das Segment X von $\mathfrak{B}$, so ist $A \sim X \subseteq B$, also $A \leq B$. Ist umgekehrt $A \leq B$ bei endlichem B, $A \sim X \subseteq B$ für die Menge X, T_1 eine Wohlordnung in X, T_2 eine Wohlordnung in $B \setminus X$ (zu erhalten durch eineindeutige Abbildung der endlichen Menge X bzw. $B \setminus X$ auf den zugehörigen Abschnitt von $\boldsymbol{N}$) und

$$T = T_1 \cup T_2 \cup (X \times (B \setminus X)),$$

so ist T eine Wohlordnung in B, für welche X Segment von (B, T) ist. Nach Satz 5, § 4 gilt weiter

$$(A, R) \simeq (X, T \parallel X), \qquad (B, T) \simeq (B, S),$$

also insgesamt $\mathfrak{A} \lesssim (B, T) \simeq \mathfrak{B}$, $\mathfrak{A} \lesssim \mathfrak{B}$. Ist schließlich $\mathfrak{A} \lessdot \mathfrak{B}$ bei endlichem B, so gilt nach eben $A \lesssim B$ und nach Satz 5, §4 auch $A \nsim B$; ist umgekehrt $A \lessdot B$, so ist $\mathfrak{A} \lesssim \mathfrak{B}$ und auch $\mathfrak{A} \not\simeq B$, da sonst $A \sim B$ wäre. ∎

Satz 8. *Für wohlgeordnete Mengen* $\mathfrak{A}, \mathfrak{B}, \mathfrak{C}$ *gilt:*

$$\mathfrak{A} \lesssim \mathfrak{A}, \qquad \mathfrak{A} \not\lessdot \mathfrak{A},$$
$$\mathfrak{A} \lesssim \mathfrak{B} \wedge \mathfrak{B} \lesssim \mathfrak{C} \to \mathfrak{A} \lesssim \mathfrak{C}.$$

Beweis. Wegen $\mathfrak{A} \simeq \mathfrak{A}$ sind die ersten beiden Behauptungen trivial. Ist $\mathfrak{A} \lesssim \mathfrak{B} \lesssim \mathfrak{C}$, $\mathfrak{B} = (B, S)$, $\mathfrak{C} = (C, T)$ und

$$\mathfrak{A} \simeq (X, S \parallel X), \qquad \mathfrak{B} \underset{f}{\simeq} (Y, T \parallel Y),$$

wobei X ein Segment von $\mathfrak{B}$ und Y ein Segment von $\mathfrak{C}$ ist, so ist $f\langle X\rangle$ ein Segment von Y bzgl. $T \parallel Y$, also auch ein Segment von $\mathfrak{C}$, mit

$$\begin{aligned}\mathfrak{A} &\simeq (X, S \parallel X) \simeq (f\langle X\rangle, (T \parallel Y) \parallel f\langle X\rangle) \\ &= (f\langle X\rangle, T \parallel f\langle X\rangle).\end{aligned}$$

Damit gilt $\mathfrak{A} \lesssim \mathfrak{C}$. ∎

Satz 9 (Ähnlichkeitssatz). *Für wohlgeordnete Mengen* $\mathfrak{A}, \mathfrak{B}$ *gilt:*

$$\mathfrak{A} \lesssim \mathfrak{B} \wedge \mathfrak{B} \lesssim \mathfrak{A} \to \mathfrak{A} \simeq \mathfrak{B}.$$

Beweis. Satz 24, § 4. ∎

Mit Satz 9 folgt für wohlgeordnete Mengen $\mathfrak{A}, \mathfrak{B}, \mathfrak{C}$ auch:

$$\mathfrak{A} \lessdot \mathfrak{B} \wedge \mathfrak{B} \lessdot \mathfrak{C} \to \mathfrak{A} \lessdot \mathfrak{C},$$
$$\mathfrak{A} \lessdot \mathfrak{B} \to \mathfrak{B} \not\lessdot \mathfrak{A},$$
$$\mathfrak{A} \lessdot \mathfrak{B} \wedge \mathfrak{B} \lesssim \mathfrak{C} \to \mathfrak{A} \lessdot \mathfrak{C},$$
$$\mathfrak{A} \lesssim \mathfrak{B} \wedge \mathfrak{B} \lessdot \mathfrak{C} \to \mathfrak{A} \lessdot \mathfrak{C},$$
$$\mathfrak{A} \lessdot \mathfrak{B} \to \mathfrak{B} \not\lesssim \mathfrak{A}, \qquad \mathfrak{A} \lesssim \mathfrak{B} \to \mathfrak{B} \not\lessdot \mathfrak{A}.$$

Satz 10 (Vergleichbarkeitssatz für wohlgeordnete Mengen). *Für wohlgeordnete Mengen* $\mathfrak{A}$, $\mathfrak{B}$ *gilt:*

$$\mathfrak{A} \leq \mathfrak{B} \vee \mathfrak{B} \leq \mathfrak{A}.$$

Beweis. Satz 23, § 4. ∎

Mit Satz 10 folgt für wohlgeordnete Mengen $\mathfrak{A}$, $\mathfrak{B}$ auch:

$$\mathfrak{A} < \mathfrak{B} \vee \mathfrak{A} \simeq \mathfrak{B} \vee \mathfrak{B} < \mathfrak{A},$$

$$\mathfrak{A} < \mathfrak{B} \leftrightarrow \mathfrak{B} \not\leq \mathfrak{A}, \qquad \mathfrak{A} \leq \mathfrak{B} \leftrightarrow \mathfrak{B} \not< \mathfrak{A};$$

die drei Fälle der ersten Zeile schließen sich gegenseitig aus.

Satz 11. *Für Mengensysteme* $\mathfrak{W}$ *wohlgeordneter Mengen gilt:*

$$\mathfrak{W} \neq \emptyset \rightarrow \exists \mathfrak{M}(\mathfrak{M} \in \mathfrak{W} \wedge \forall \mathfrak{X}(\mathfrak{X} \in \mathfrak{W} \rightarrow \mathfrak{M} \leq \mathfrak{X})).$$

Beweis. Es sei $\mathfrak{A} = (A, R) \in \mathfrak{W}$ und

$$B = \{a \in A \mid \exists \mathfrak{X}(\mathfrak{X} \in \mathfrak{W} \wedge \mathfrak{X} \simeq (\mathrm{Ab}\, a, R \,\|\, \mathrm{Ab}\, a))\}.$$

Es ist $B \subseteq A$. Ist $B = \emptyset$, so gilt nach Satz 4a) $\mathfrak{X} < \mathfrak{A}$ für kein $\mathfrak{X} \in \mathfrak{W}$; damit gilt nach Satz 10 $\mathfrak{M} \leq \mathfrak{X}$ für $\mathfrak{M} = \mathfrak{A}$ und alle $\mathfrak{X} \in \mathfrak{W}$. Ist $B \neq \emptyset$, so sei b innerhalb $\mathfrak{A}$ das kleinste Element von B. Nach Definition von B existiert ein $\mathfrak{M} \in \mathfrak{W}$ mit $\mathfrak{M} \simeq (\mathrm{Ab}\, b, R \,\|\, \mathrm{Ab}\, b)$. Dann gilt $\mathfrak{M} \leq \mathfrak{X}$ für alle $\mathfrak{X} \in \mathfrak{W}$. Wäre nämlich $\mathfrak{X} < \mathfrak{M}$ für ein $\mathfrak{X} \in \mathfrak{W}$, so hätte man $\mathfrak{X} < (\mathrm{Ab}\, b, R \,\|\, \mathrm{Ab}\, b)$, womit ein $c \in \mathrm{Ab}\, b$ existiert mit $\mathfrak{X} \simeq (\mathrm{Ab}\, c, R \,\|\, \mathrm{Ab}\, c)$; dann wäre $c \in B$ bei $c < b$ im Widerspruch zur Minimumeigenschaft von b. ∎

Damit haben wir repräsentantenweise alle Sätze für die Wohlordnungseigenschaften von $\leq$ und $<$ zusammengestellt. (Man könnte diese Sätze auch simultan erhalten, wenn man — analog zu Satz 9, § 7 — ein disjunktes System $\mathfrak{R}$ wohlgeordneter Mengen vorgibt, eine Wohlordnung τ in $\mathfrak{R}$ einführt und die gemäß Satz 26, § 4 gebildete geordnete Vereinigung (V, R) betrachtet.) Zusätzlich besteht noch der

Satz 12. *Für wohlgeordnete Mengen* $\mathfrak{A}$ *und Systeme* $\mathfrak{W}$ *wohlgeordneter Mengen gilt*:

$$\exists \mathfrak{X}(\mathfrak{X} \textit{ wohlgeordnete Menge} \wedge \mathfrak{A} \prec \mathfrak{X}),$$
$$\exists \mathfrak{X}(\mathfrak{X} \textit{ wohlgeordnete Menge} \wedge \forall \mathfrak{Y}(\mathfrak{Y} \in \mathfrak{W} \rightarrow \mathfrak{Y} \prec \mathfrak{X})).$$

Beweis. Ist $\mathfrak{A} = (A, R)$, X nach Satz 10, § 7 eine Menge mit $A \prec X$ und S nach dem Wohlordnungssatz eine Wohlordnung in X, so ist $\mathfrak{A} \prec \mathfrak{X}$ für $\mathfrak{X} = (X, S)$; denn andernfalls wäre nach Satz 10 $\mathfrak{X} \preceq \mathfrak{A}$, also auch $X \preceq A$ im Widerspruch zu $A \prec X$. Ist ebenso X nach Satz 10, § 7 für

$$\mathfrak{M} = \{Y \mid \exists T(Y, T) \in \mathfrak{W}\}$$

eine Menge mit $Y \prec X$ für alle $Y \in \mathfrak{M}$ und S eine Wohlordnung in X, so gilt $\mathfrak{Y} \prec \mathfrak{X}$ für $\mathfrak{X} = (X, S)$ und alle $\mathfrak{Y} \in \mathfrak{W}$. ∎

Die Eigenschaften von $\preceq$, $\prec$ ergeben für Ordinalzahlen den

Satz 13. *Für Ordinalzahlen* α, β, γ *und Mengen* M *von Ordinalzahlen gilt*:

$$\alpha \leqq \beta \leftrightarrow \alpha < \beta \vee \alpha = \beta, \quad \alpha < \beta \leftrightarrow \alpha \leqq \beta \wedge \alpha \neq \beta,$$

$$\alpha \leqq \alpha,$$
$$\alpha \leqq \beta \wedge \beta \leqq \gamma \rightarrow \alpha \leqq \gamma,$$
$$\alpha \leqq \beta \wedge \beta \leqq \alpha \rightarrow \alpha = \beta,$$
$$\alpha \leqq \beta \vee \beta \leqq \alpha,$$

$$\alpha \not< \alpha,$$
$$\alpha < \beta \wedge \beta < \gamma \rightarrow \alpha < \gamma,$$
$$\alpha < \beta \rightarrow \beta \not< \alpha,$$
$$\alpha < \beta \vee \alpha = \beta \vee \beta < \alpha,$$

$$\alpha < \beta \leqq \gamma \vee \alpha \leqq \beta < \gamma \rightarrow \alpha < \gamma,$$
$$\alpha < \beta \leftrightarrow \beta \not\leqq \alpha, \quad \alpha \leqq \beta \leftrightarrow \beta \not< \alpha,$$

$$M \neq \Phi \rightarrow \exists \mu(\mu \in M \wedge \forall \xi(\xi \in M \rightarrow \mu \leqq \xi)),$$

$$\exists \xi \alpha < \xi,$$

$$\exists \xi \forall \eta(\eta \in M \rightarrow \eta < \xi).$$

Beweis. Die Behauptungen folgen über die Sätze 2a) und 6a) repräsentantenweise aus den in diesem Abschnitt bewiesenen Sätzen über $\lesssim$ und $\lessdot$. Für die drittletzte und letzte Behauptung verschaffe man sich zunächst eine Funktion F über M, welche jedem $\xi \in M$ einen Repräsentanten $F(\xi)$ von ξ zuordnet, und wende dann die Sätze 11 und 12 auf den Wertebereich $\mathfrak{W}$ von F an. F erhält man folgendermaßen: Ist F' eine Auswahlfunktion des Mengensystems $\mathfrak{M}'$ aller $\mathfrak{X}$ mit $\xi = (\boldsymbol{N}, \mathfrak{X}) \in M$ (und damit $\xi \in M \setminus \boldsymbol{N}$), so sei

$$F(\xi) = \begin{cases} (\boldsymbol{N}(\xi), \leqq) & \text{für} \quad \xi \in M \cap \boldsymbol{N} \\ F'(\mathfrak{X}) & \text{für} \quad \xi \in (\boldsymbol{N}, \mathfrak{X}) \in M \setminus \boldsymbol{N} \end{cases}$$

($\leqq$ sei die übliche Anordnung in $\boldsymbol{N}(\xi)$). ∎

Satz 13 besagt, daß $\leqq$ und $<$ in jeder Menge von Ordinalzahlen einander zugehörige reflexive bzw. irreflexive Wohlordnungen ergeben. Der Gesamtbereich der Ordinalzahlen ist unbeschränkt; es gibt keine größte Ordinalzahl. Dagegen ist jede Menge M von Ordinalzahlen beschränkt; es gibt eine Ordinalzahl, welche sogar größer als alle Zahlen von M ist. Aus dieser letzten Eigenschaft erhält man die Burali-Forti*sche Antinomie* der Menge aller Ordinalzahlen; d. h. einen Widerspruch zur Annahme, es existiere die Menge M aller Ordinalzahlen. Denn für diese Menge M müßte es wieder eine Zahl ξ geben mit $\eta < \xi$ für alle $\eta \in M$, woraus speziell $\xi < \xi$ folgt, Widerspruch. Die Menge aller Ordinalzahlen existiert nicht! Aber es gilt der

Satz 14. *Für jede Ordinalzahl α existiert die Menge aller Ordinalzahlen ξ mit $\xi \leqq \alpha$.*

Beweis. Sind α, ξ Ordinalzahlen mit Repräsentanten $\mathfrak{A}$, $\mathfrak{X}$ und $\xi \leqq \alpha$, so ist

$$\alpha = \operatorname{ord} \mathfrak{A}, \qquad \xi = \operatorname{ord} \mathfrak{X}, \qquad \mathfrak{X} \lesssim \mathfrak{A}.$$

Ist ξ keine natürliche Zahl, so gilt nach Definition 1:

$$\xi = (\boldsymbol{N}, \{\mathfrak{Y} \in K \mid \mathfrak{Y} \text{ wohlgeordnete Menge} \wedge \mathfrak{Y} \simeq \mathfrak{X}\}),$$

wo K die kleinste Allmenge ist mit $\mathfrak{Y} \simeq \mathfrak{X}$ für eine wohlgeordnete Menge $\mathfrak{Y} \in K$. Ist L eine feste Allmenge mit $\mathfrak{A} \in L$, so gibt es wegen $\mathfrak{X} \lesssim \mathfrak{A}$ bei $\mathfrak{A} = (A, R)$ ein Segment Y von $\mathfrak{A}$ mit $\mathfrak{Y} \simeq \mathfrak{X}$ für $\mathfrak{Y} = (Y, R \,\|\, Y)$ bei $\mathfrak{Y} \sqsubseteq \mathfrak{A}$ (nach Satz 1g), Bd. I, § 5), also ein $\mathfrak{Y} \in L$ mit $\mathfrak{Y} \simeq \mathfrak{X}$, woraus $K \subseteq L$ folgt, also $\xi \in \{\boldsymbol{N}\} \times \mathfrak{P}L$. Für festes α und damit festes L gilt also für beliebiges ξ:

$$\xi \leqq \alpha \leftrightarrow \xi \in \boldsymbol{N} \cup (\{\boldsymbol{N}\} \times \mathfrak{P}L) \wedge \xi \leqq \alpha .$$

Somit existiert die Menge

$$\{\xi \mid \xi \leqq \alpha\} = \{\xi \in \boldsymbol{N} \cup (\{\boldsymbol{N}\} \times \mathfrak{P}L) \mid \xi \leqq \alpha\}. \ \blacksquare$$

Trivial existiert nach Satz 14 auch die Menge aller ξ mit $\xi < \alpha$, und wir definieren:

Definition 4. α sei eine Ordinalzahl: Die Menge aller Ordinalzahlen ξ mit $\xi < \alpha$ heißt der *Abschnitt* von α, bezeichnet mit: $\boldsymbol{O}(\alpha)$. ∎

Sprechen wir für eine vorgegebene Menge O von Ordinalzahlen ohne weitere Erläuterungen von der wohlgeordneten Menge $(O, \leqq)$, so sei $\leqq$ (das Zeichen $\leqq$ sei hier Objektvariable) die in O nach Satz 13 erzeugte Wohlordnung. So ist $(\boldsymbol{O}(\alpha), \leqq)$ stets der betreffende wohlgeordnete Abschnitt von α, auf welchen dann alle ordnungstheoretischen Begriffe und alle Sätze der Wohlordnungstheorie angewandt werden können. Für Ordinalzahlen α, β mit $\alpha < \beta$ ist $\boldsymbol{O}(\alpha)$ auch derAbschnitt von α in bezug auf $(\boldsymbol{O}(\beta), \leqq)$. Die wohlgeordneten Abschnitte sind gleichzeitig Repräsentanten der sie erzeugenden Ordinalzahlen:

Satz 15. *Für Ordinalzahlen* α *gilt*:

$$\alpha = \operatorname{ord}(\boldsymbol{O}(\alpha), \leqq).$$

Beweis. Sei $\alpha = \operatorname{ord}(A, R)$, $\mathfrak{A}$ das System aller Abschnitte von A und f die Funktion über $\boldsymbol{O}(\alpha)$, welche jeder Zahl $\xi < \alpha$ den nach Satz 21d), § 4 eindeutig bestimmten Abschnitt $f(\xi) = S$ von A zuordnet mit $\xi = \operatorname{ord}(S, R \parallel S)$ Dann ist f eine eineindeutige Abbildung von $\boldsymbol{O}(\alpha)$ auf $\mathfrak{A}$, und f ist in bezug auf $(\boldsymbol{O}(\alpha), \leqq)$ und $(\mathfrak{A}, \subseteq)$ wachsend. Also ist f ein Isomorphismus zwischen diesen beiden wohlgeordneten Mengen, und es gilt

$$(\boldsymbol{O}(\alpha), \leqq) \simeq (\mathfrak{A}, \subseteq).$$

Andererseits ist nach Satz 8a), § 4 auch

$$(A, R) \simeq (\mathfrak{A}, \subseteq).$$

Insgesamt gilt also:

$$(A, R) \simeq (\boldsymbol{O}(\alpha), \leqq), \qquad \alpha = \operatorname{ord}(\boldsymbol{O}(\alpha), \leqq). \blacksquare$$

$(\boldsymbol{O}(\alpha), \leqq)$ ist natürlich der eindeutig bestimmte wohlgeordnete Abschnitt $(\boldsymbol{O}(\xi), \leqq)$, welcher α repräsentiert; denn aus

$$(\boldsymbol{O}(\xi), \leqq) \simeq (\boldsymbol{O}(\alpha), \leqq)$$

folgt nach Satz 15 sofort $\xi = \alpha$. Für jede Teilmenge $X \subseteq \boldsymbol{O}(\alpha)$ und ihre Ordinalzahl $\xi = \operatorname{ord}(X, \leqq)$ gilt $\xi \leqq \alpha$ nach Satz 5c). Jede wohlgeordnete Menge (A, R) ist genau einem wohlgeordneten Abschnitt $(\boldsymbol{O}(\alpha), \leqq)$ isomorph, nämlich für $\alpha = \operatorname{ord}(A, R)$.

Definition 5. M sei eine Menge von Ordinalzahlen mit $M \neq \emptyset$: Die Ordinalzahl $\mu \in M$ mit $\forall \xi(\xi \in M \to \mu \leqq \xi)$ heißt das *kleinste* (*erste*) *Element* oder die *kleinste* (*Ordinal-*)*Zahl* oder das *Minimum* von M, bezeichnet mit: $\min M$. Existiert ein $\mu \in M$ mit $\forall \xi(\xi \in M \to \xi \leqq \mu)$, so heißt dieses dann eindeutig bestimmte Element μ von M das *größte* (*letzte*) *Element* oder die *größte* (*Ordinal-*) *Zahl* oder das *Maximum* von M, bezeichnet mit: $\max M$. $\blacksquare$

Für Mengen $M \neq \emptyset$ von Ordinalzahlen und Ordinalzahlen β mit $M \subseteq \boldsymbol{O}(\beta)$ ist $\min M$ gleichzeitig das Minimum von M in $(\boldsymbol{O}(\beta), \leqq)$ und im Existenzfall $\max M$ gleichzeitig das Maximum von M in $(\boldsymbol{O}(\beta), \leqq)$; für endliches M existiert nach Satz 6, § 3 stets $\max M$. Für Familien $(\alpha_i)_{i\in I}$ von Ordinalzahlen α_i bei $I \neq \emptyset$ sei noch

$$\min_{i\in I} \alpha_i = \min \{\alpha_i\}_{i\in I}$$

und im Existenzfall

$$\max_{i\in I} \alpha_i = \max \{\alpha_i\}_{i\in I}.$$

Definition 6. α, β seien Ordinalzahlen mit $\alpha \leqq \beta$:

$$[\alpha, \beta] = \{\xi \mid \alpha \leqq \xi \leqq \beta\},$$
$$]\alpha, \beta[= \{\xi \mid \alpha < \xi < \beta\},$$
$$[\alpha, \beta[= \{\xi \mid \alpha \leqq \xi < \beta\},$$
$$]\alpha, \beta] = \{\xi \mid \alpha < \xi \leqq \beta\}. \blacksquare$$

Für Ordinalzahlen α, β, γ mit $\alpha \leqq \beta < \gamma$ sind die definierten Intervalle mit den Endpunkten α, β gleichzeitig die entsprechenden Intervalle innerhalb $(\boldsymbol{O}(\gamma), \leqq)$.

3. Nachfolger, Suprema. Nach Satz 13 existiert für jede mengentheoretisch formulierte Eigenschaft $\mathbf{H}(\xi)$ von Ordinalzahlen ξ die kleinste Ordinalzahl ξ mit $\mathbf{H}(\xi)$, sofern es überhaupt ein ξ_0 mit $\mathbf{H}(\xi_0)$ gibt. Denn gilt $\mathbf{H}(\xi_0)$, und ist α eine Ordinalzahl mit $\xi_0 < \alpha$ und

$$M = \{\xi \in \boldsymbol{O}(\alpha) \mid \mathbf{H}(\xi)\},$$

so ist $M \neq \emptyset$ und besitzt das kleinste Element $\mu = \min M$, welches dann die gewünschte kleinste Ordinalzahl ξ mit $\mathbf{H}(\xi)$ ist; d. h. es gilt $\mathbf{H}(\mu)$, und für jede Ordinalzahl ξ mit $\mathbf{H}(\xi)$ ist $\mu \leqq \xi$. Speziell existiert die kleinste Ordinalzahl, und die natürliche Zahl 0 ist diese kleinste Zahl; denn es ist $0 = \operatorname{ord}(\emptyset, \emptyset)$, und für jede Ordinalzahl α mit dem Repräsentanten $\mathfrak{A}$ gilt $(\emptyset, \emptyset) \preceq \mathfrak{A}$, also $0 \leqq \alpha$.

Nach Satz 13 existiert für jede Ordinalzahl α eine größere Zahl $\xi > \alpha$ und existiert für jede Menge M von Ordinalzahlen eine obere Schranke ξ mit $\eta \leqq \xi$ für alle $\eta \in M$. Dann existiert auch jeweils das kleinste derartige ξ, und wir definieren:

Definition 7. α sei eine Ordinalzahl und M eine Menge von Ordinalzahlen: Die kleinste Ordinalzahl ξ mit $\alpha < \xi$ heißt der *Nachfolger* von α, bezeichnet mit: α'. Die kleinste Ordinalzahl ξ mit $\forall \eta(\eta \in M \rightarrow \eta \leqq \xi)$ heißt die *obere Grenze* oder das *Supremum* von M, bezeichnet mit: $\sup M$. ∎

Für Ordinalzahlen α, β mit $\alpha < \beta$ und

$$\exists \xi(\alpha < \xi < \beta)$$

ist α' gleichzeitig der Nachfolger von α in $(\boldsymbol{O}(\beta), \leqq)$. Für Mengen M von Ordinalzahlen und Ordinalzahlen β mit

$$\exists \xi(\xi < \beta \wedge \forall \eta(\eta \in M \rightarrow \eta \leqq \xi))$$

ist $\sup M$ gleichzeitig das Supremum von M in $(\boldsymbol{O}(\beta), \leqq)$. Für Familien $(\alpha_i)_{i \in I}$ von Ordinalzahlen α_i sei noch

$$\sup_{i \in I} \alpha_i = \sup \{\alpha_i\}_{i \in I}.$$

Während die Hinzunahme eines neuen Elementes a zu einer Menge A die Mächtigkeit von A nur im Falle der Endlichkeit von A erhöhte, erhält man jetzt allgemein durch Hintenansetzen eines neuen Elementes a hinter die Elemente einer wohlgeordneten Menge (A, R) den Nachfolger α' von $\alpha = \operatorname{ord}(A, R)$:

Satz 16. *Für Ordinalzahlen* $\alpha = \operatorname{ord}(A, R)$, *Objekte* $a \notin A$ *und*

$$A' = A \cup \{a\}, \qquad R' = R \cup (A' \times \{a\})$$

gilt:

$$\operatorname{ord}(A', R') = \alpha'.$$

Beweis. Für $\beta = \text{ord}\,(A', R')$ gilt sofort $\alpha < \beta$, da (A, R) ein wohlgeordneter Abschnitt von (A', R') ist. Gäbe es ein $\xi = \text{ord}\,(X, S)$ mit $\alpha < \xi < \beta$, so wäre (mit den jeweils zugehörigen Wohlordnungen) X einem Abschnitt Ab x von A' isomorph und A einem Abschnitt von X, also auch A einem Abschnitt Ab y von Ab x isomorph und wegen $y < x \leqq a$ schließlich A einem Abschnitt Ab y von A isomorph im Widerspruch zu Satz 21 b), § 4. ∎

Definition 8. α sei eine Ordinalzahl: Existiert eine Ordinalzahl ξ mit $\xi' = \alpha$, so heißt diese dann eindeutig bestimmte Ordinalzahl ξ der *Vorgänger* von α. α ist eine *isolierte* (*Ordinal-*)*Zahl*, falls $\alpha = 0$ ist oder α einen Vorgänger besitzt. α ist eine (*ordinale*) *Limeszahl*, falls α keine isolierte Zahl ist, falls also $\alpha \neq 0$ ist und α keinen Vorgänger besitzt. ∎

Für Ordinalzahlen α, β mit $\alpha < \beta$ fallen die in Definition 8 für α eingeführten Begriffe mit den entsprechenden Begriffen „Vorgänger, isoliertes Element, Limeselement" innerhalb $(\boldsymbol{O}(\beta), \leqq)$ zusammen. Mit Satz 15 ist eine Ordinalzahl $\alpha \neq 0$ eine isolierte Zahl bzw. eine Limeszahl genau dann, wenn die Repräsentanten von α ein bzw. kein letztes Element besitzen.

Auf Grund der Existenz der Abschnitte $\boldsymbol{O}(\alpha)$ dürfen mengentheoretisch formulierte Behauptungen $\mathbf{B}(\xi)$ über Ordinalzahlen ξ mit den Beweisverfahren der transfiniten ordnungstheoretischen, vollständigen und gemischten Induktion bewiesen werden (vgl. die Bemerkung am Ende von § 5, Abschn. 2).

4. Endliche, unendliche Ordinalzahlen. Die Trägermengen A der Repräsentanten (A, R) einer Ordinalzahl α sind entweder alle endlich oder alle unendlich.

Definition 9. Eine Ordinalzahl α heißt *endlich* oder *finit*, wenn alle Repräsentanten von α endliche Träger besitzen, und *unendlich* oder *transfinit*, wenn alle Repräsentanten von α unendliche Träger besitzen. ∎

Für Ordinalzahlen α gilt also:

$$\begin{aligned} \alpha \textit{ endlich} &\leftrightarrow \forall X \, \forall R(\alpha = \operatorname{ord}(X, R) \to X \textit{ endlich}) \\ &\leftrightarrow \exists X \, \exists R(\alpha = \operatorname{ord}(X, R) \wedge X \textit{ endlich}), \\ \alpha \textit{ unendlich} &\leftrightarrow \forall X \, \forall R(\alpha = \operatorname{ord}(X, R) \to X \textit{ unendlich}) \\ &\leftrightarrow \exists X \, \exists R(\alpha = \operatorname{ord}(X, R) \wedge X \textit{ unendlich}), \\ \alpha \textit{ endlich} &\leftrightarrow \neg \, \alpha \textit{ unendlich}. \end{aligned}$$

Transfinite Kardinal- und Ordinalzahlen nennt man gemeinsam *transfinite Zahlen* (gelegentlich auch unter Einbeziehung der natürlichen Zahlen, was wir nicht tun wollen).

Definition 10. Es sei $\boldsymbol{\omega} = \operatorname{ord}(\boldsymbol{N}, \leqq)$. ∎

Satz 17.

$$\boldsymbol{N} = \{\xi \mid \xi \textit{ endliche Ordinalzahl}\} = \boldsymbol{O}(\boldsymbol{\omega}).$$

Beweis. Nach den Definitionen 1 und 9 ist $\boldsymbol{N}$ die Menge der endlichen Ordinalzahlen. Es ist noch für jede Ordinalzahl ξ zu zeigen:

$$\xi \in \boldsymbol{N} \leftrightarrow \xi < \boldsymbol{\omega},$$

d. h. bei $\xi = \operatorname{ord}(X, S)$:

$$X \textit{ endlich} \leftrightarrow (X, S) \prec (\boldsymbol{N}, \leqq).$$

Ist aber X endlich, so ist $X \sim \boldsymbol{N}(n)$ für ein $n \in \boldsymbol{N}$, also nach Satz 5, § 4

$$(X, S) \simeq (\boldsymbol{N}(n), \leqq \| \boldsymbol{N}(n))$$

und damit $(X, S) \prec (\boldsymbol{N}, \leqq)$. Ist umgekehrt $(X, S) \prec (\boldsymbol{N}, \leqq)$, so ist X einem Abschnitt $\boldsymbol{N}(n)$ gleichmächtig und damit endlich. ∎

Wegen $\boldsymbol{N} = \boldsymbol{O}(\boldsymbol{\omega})$ ist $(\boldsymbol{N}, \leqq) = (\boldsymbol{O}(\boldsymbol{\omega}), \leqq)$, wo $\leqq$ sowohl die alte $\leqq$-Beziehung innerhalb $\boldsymbol{N}$ ist als auch die auf $\boldsymbol{O}(\boldsymbol{\omega})$ relativierte $\leqq$-Beziehung für beliebige Ordinalzahlen. Damit fallen alle bisher für Ordinalzahlen eingeführten Begriffe für den Fall, daß es sich um endliche Ordinalzahlen handelt, mit den alten Begriffen innerhalb $\boldsymbol{N}$ zusammen; denn sie fallen mit den entsprechenden Begriffen innerhalb des wohlgeordneten Abschnittes $(\boldsymbol{O}(\boldsymbol{\omega}), \leqq)$ zusammen. So gilt etwa $\boldsymbol{O}(n) = \boldsymbol{N}(n)$ für natürliche Zahlen n, und der Nachfolger n' ist gleichzeitig der Nachfolger im Sinne von Definition 7 wie auch im Sinne der Nachfolgerfunktion des PEANO-Systems der natürlichen Zahlen. Da die wohlgeordnete Menge $(\boldsymbol{N}, \leqq)$ der natürlichen Zahlen keine Limeselemente besitzt, aber $\boldsymbol{\omega}$ eine Limeszahl ist, weil $\boldsymbol{O}(\boldsymbol{\omega}) = \boldsymbol{N}$ ist und $\max \boldsymbol{N}$ nicht existiert, erhält man insgesamt für Ordinalzahlen ξ:

$$\xi \text{ endlich} \leftrightarrow \xi < \boldsymbol{\omega} \leftrightarrow \neg \exists \lambda(\lambda \text{ Limeszahl} \wedge \lambda \leqq \xi),$$
$$\xi \text{ unendlich} \leftrightarrow \boldsymbol{\omega} \leqq \xi \leftrightarrow \exists \lambda(\lambda \text{ Limeszahl} \wedge \lambda \leqq \xi).$$

Jede Limeszahl ist transfinit. $\boldsymbol{\omega}$ ist die kleinste transfinite Ordinalzahl und die kleinste Limeszahl. Die Reihe der Ordinalzahlen beginnt also mit:

$$0, 1, 2, \ldots, \boldsymbol{\omega}, \boldsymbol{\omega}', \boldsymbol{\omega}'', \ldots\ldots.$$

Zu jeder Ordinalzahl α gibt es dabei eine Limeszahl $\lambda > \alpha$; denn ist $\alpha = \operatorname{ord}(A, R)$, $B = \{A\} \times \boldsymbol{N}$, S die Wohlordnung in B mit

$$(A, x)\, S(A, y) \leftrightarrow x \leqq y$$

und

$$L = A \cup B, \qquad T = R \cup S \cup (A \times B),$$

so besitzt L bzgl. T kein letztes Element und $\lambda = \operatorname{ord}(L, T)$ ist eine gewünschte Limeszahl (Addition von $\boldsymbol{\omega}$ zu α).

5. Transfinite Folgen. Abzählbare Mengen lassen sich mittels (unendlicher) Folgen oder endlicher Folgen wohlordnen, d. h. ohne Wiederholung abzählen; denn es gibt eine eineindeutige Abbildung $(a_i)_{i<\alpha}$ für eine Ordinalzahl $\alpha \leqq \boldsymbol{\omega}$ mit $A = \{a_i\}_{i<\alpha}$, und diese Abbildung überträgt die Wohlordnung des Indexbereiches $I = \boldsymbol{O}(\alpha)$ auf A. Mit Satz 15 (vgl. die daran anschließenden Bemerkungen) gibt es jetzt sogar zu jeder beliebigen Menge A eine Ordinalzahl α und eine eineindeutige Abbildung $(a_\xi)_{\xi<\alpha}$ von $I = \boldsymbol{O}(\alpha)$ auf A; denn für eine existierende Wohlordnung R in A ist $(A, R) \simeq (\boldsymbol{O}(\alpha), \leqq)$ bei $\alpha = \text{ord}\,(A, R)$, womit speziell $A \sim \boldsymbol{O}(\alpha)$ gilt. Jede Menge läßt sich also mittels einer geeigneten umkehrbaren Abbildung $(a_\xi)_{\xi<\alpha}$ wohlordnen, d. h. transfinit abzählen, und man erhält auch jede transfinite Abzählung (jede Wohlordnung) R von A durch eine solche Abbildung $(a_\xi)_{\xi<\alpha}$, indem man a als Isomorphismus von $(\boldsymbol{O}(\alpha), \leqq)$ auf (A, R) wählt bei $\alpha = \text{ord}\,(A, R)$. Die Abschnitte $\boldsymbol{O}(\alpha)$ sind Standard-Indexbereiche, über welchen man alle möglichen Wohlordnungen R beliebiger Mengen A durch eineindeutige Abbildungen $(a_\xi)_{\xi<\alpha}$ erzeugen kann. Diese Abbildungen $(a_\xi)_{\xi<\alpha}$ *indizieren* (durchnumerieren) die Elemente von A mit Ordinalzahlindizes.

Definition 11. Ist α eine Ordinalzahl, so heißt jede Funktion über $\boldsymbol{O}(\alpha)$ eine *Folge vom Typ* α; eine *Folge vom Typ* α *in* der Menge A ist eine Funktion von $\boldsymbol{O}(\alpha)$ in A. Die Werte einer Folge a vom Typ α heißen die *Folgenglieder* von a, speziell heißt $a(\xi)$ bei $\xi < \alpha$ das *Folgenglied von* a *mit dem Index* ξ, auch das ξ*-te* (*Folgen-*)*Glied* von a. Die *transfiniten Folgen* sind die Folgen vom Typ α für beliebige Ordinalzahlen α. ▮

Transfinite Folgen sind Elementefamilien, so daß alle Vereinbarungen über Familien auch auf Folgen zutreffen (Indexschreibweise, Termschreibweise; vgl. Bd. II, § 5, Abschn. 1). Für eine Folge a vom Typ α schreibt man also auch:

$$(a_\xi)_{\xi\in\boldsymbol{O}(\alpha)}, \qquad (\mathbf{T}_\xi)_{\xi\in\boldsymbol{O}(\alpha)}, \qquad (a_\xi)_{\xi<\alpha}, \qquad (\mathbf{T}_\xi)_{\xi<\alpha},$$

wo $\mathbf{T}$ ein den Wert $a(\xi)$ bezeichnender mengentheoretischer Term ist. Die Folgen vom Typ $\boldsymbol{\omega}$ sind die üblichen (unendlichen) Folgen, die Folgen von einem Typ $\alpha < \boldsymbol{\omega}$ sind die endlichen Folgen. Je nach der Mächtigkeit von $\boldsymbol{O}(\alpha)$ spricht man bei einer Folge vom Typ α auch von einer *endlichen, unendlichen, abzählbaren, abzählbar unendlichen, überabzählbaren Folge vom Typ* α. Für „Folge $(a_\xi)_{\xi<\alpha}$ vom Typ α" (bei beliebiger Ordinalzahl α) sagen wir einfach *Folge* $(a_\xi)_{\xi<\alpha}$; bei Anschreibung des Typs α kann dies nicht zu Mißverständnissen mit dem üblichen Folgenbegriff (Folgen vom Typ $\boldsymbol{\omega}$) führen. Für eine Elementefamilie $(a_i)_{i\in I}$, eine Wohlordnung τ in I und die isomorphe Abbildung i von $(\boldsymbol{O}(\alpha), \leqq)$ auf (I, τ) (bei $\alpha = \text{ord}\,(I, \tau)$) lassen sich die Elemente a_i unter Beihehaltung ihrer Reihenfolge bzgl. τ auch als Folge

$$(a_{i(\xi)})_{\xi<\alpha}$$

transfinit abzählen.

Definition 12. Ist α eine Ordinalzahl, so heißt jede Funktion über $\boldsymbol{O}(\alpha)$ mit Ordinal- bzw. Kardinalzahlwerten eine *Folge vom Typ* α *von Ordinal-* bzw. *Kardinalzahlen*. Ist $(a_\xi)_{\xi<\alpha}$ eine Folge von Ordinal- bzw. Kardinalzahlen, so heißt $\sup\limits_{\xi<\alpha} a_\xi$ der *Grenzwert* oder *Limes* von $(a_\xi)_{\xi<\alpha}$, bezeichnet mit: $\lim\limits_{\xi<\alpha} a_\xi$ (gelesen: Limes a_ξ, $\xi < \alpha$). Eine Folge $(a_\xi)_{\xi<\lambda}$ von Ordinal- bzw. Kardinalzahlen heißt eine *Fundamentalfolge vom Typ* λ *von Ordinal- bzw. Kardinalzahlen*, falls λ Limeszahl ist und a echt wächst (in bezug auf $(\boldsymbol{O}(\lambda), \leqq)$ und $(\mathrm{W}(a), \leqq)$). ∎

Für wachsende Folgen $(a_\xi)_{\xi<\alpha}$ von Ordinal- oder Kardinalzahlen entspricht der eingeführte Limesbegriff der Grenzwertvorstellung für das Annähern der Werte a_ξ an $\lim\limits_{\xi<\alpha} a_\xi$ bei Annäherung der Indizes ξ an α. Da wir es vorwiegend mit wachsenden Folgen zu tun haben werden, sei hiermit die Bezeichnung „Limes" neben „Supremum" gerechtfertigt.

Für jede Ordinalzahl α gilt:

$$\alpha \textit{ Limeszahl} \vee \alpha = 0 \rightarrow \lim_{\xi<\alpha} \xi = \alpha,$$

$$\lim_{\xi<\alpha'} \xi = \alpha < \alpha'.$$

Jede Fundamentalfolge $(a_\xi)_{\xi<\lambda}$ ist ein Isomorphismus von $\boldsymbol{O}(\lambda)$ auf $\mathrm{W}(a)$ (in bezug auf die üblichen Wohlordnungen $\leqq$).

Satz 18. *Für Folgen* $(a_\xi)_{\xi<\alpha}$ *von Ordinal- oder Kardinalzahlen gilt:*

a) $(a_\xi)_{\xi<\alpha}$ *fallend* $\to \{a_\xi\}_{\xi<\alpha}$ *endlich;*

b) $(a_\xi)_{\xi<\alpha}$ *echt fallend* $\to \boldsymbol{O}(\alpha), \{a_\xi\}_{\xi<\alpha}, (a_\xi)_{\xi<\alpha}$ *endlich.*

Beweis. Die Behauptungen folgen aus Satz 15, § 4, angewandt auf die beiden wohlgeordneten Mengen $(\boldsymbol{O}(\alpha), \leqq)$ und $(\mathrm{W}(a), \leqq)$. ∎

Satz 18 ist eine interessante Endlichkeitsaussage für die Bereiche der Ordinal- und Kardinalzahlen, wenn man an die beträchtliche Größe dieser Bereiche denkt(die sich vor allem später mit dem Universenaxiom ergeben wird).

Satz 19. a) *Sind* $(a_\xi)_{\xi<\alpha}$ *und* $(b_\eta)_{\eta<\beta}$ *beides Folgen von Ordinal- bzw. Kardinalzahlen, so gilt*

$$\lim_{\xi<\alpha} a_\xi \leqq \lim_{\eta<\beta} b_\eta$$

unter der Voraussetzung

$$\forall \xi \, \exists \eta (\xi < \alpha \to \eta < \beta \wedge a_\xi \leqq b_\eta)$$

und gilt

$$\lim_{\xi<\alpha} a_\xi = \lim_{\eta<\beta} b_\eta$$

unter der Voraussetzung, daß es zu jedem $\xi < \alpha$ *ein* $\eta < \beta$ *mit* $a_\xi \leqq b_\eta$ *und umgekehrt zu jedem* $\eta < \beta$ *ein* $\xi < \alpha$ *mit* $b_\eta \leqq a_\xi$ *gibt.*

b) *Sind* $(a_\xi)_{\xi<\lambda}$ *und* $(b_\eta)_{\eta<\mu}$ *beides Fundamentalfolgen von Ordinal- bzw. Kardinalzahlen, so gilt*

$$\lim_{\xi<\lambda} a_\xi = \lim_{\eta<\mu} b_\eta$$

genau dann, wenn es zu jedem a_ξ *ein* $b_\eta > a_\xi$ *und zu jedem* b_η *ein* $a_\xi > b_\eta$ *gibt.*

c) *Ist* $(a_\xi)_{\xi<\lambda}$ *eine Folge vom Typ* $\lambda \neq 0$ *von Ordinal- bzw. Kardinalzahlen und gibt es zu jedem* $\xi < \lambda$ *ein* η *mit* $\xi < \eta < \lambda$

und $a_\xi < a_\eta$ *(z. B., wenn* $(a_\xi)_{\xi<\lambda}$ *eine Fundamentalfolge ist), so sind* λ *und* $\lim\limits_{\xi<\lambda} a_\xi$ *Limeszahlen.*

Beweis. Aus den Definitionen. ∎

Aus Satz 19b) folgt etwa für ordinale Limeszahlen λ:

$$\lim_{\xi<\lambda} (\xi') = \lim_{\xi<\lambda} \xi = \lambda .$$

6. Konfinalität. Die Konfinalität zwischen wohlgeordneten Mengen und ihren Teilmengen (Definition 12, § 2) führt zur Konfinalität zwischen Ordinalzahlen. Für isomorphe wohlgeordnete Mengen (A, R), (A', R') und Ordinalzahlen β gilt offenbar:

$$\exists B(B \subseteq A \wedge \beta = \mathrm{ord}\,(B, R \,\|\, B) \wedge A \underset{R}{\mathrm{cf}} B)$$
$$\leftrightarrow \exists B'(B' \subseteq A' \wedge \beta = \mathrm{ord}\,(B', R' \,\|\, B') \wedge A' \underset{R'}{\mathrm{cf}} B') .$$

Damit sind wir zu folgender Definition berechtigt:

Definition 13. α, β seien Ordinalzahlen: α ist *konfinal* mit β, in Zeichen: $\alpha \,\mathrm{cf}\, \beta$, wenn es für jeden (für einen) Repräsentanten (A, R) von α eine Teilmenge $B \subseteq A$ gibt mit

$$\beta = \mathrm{ord}\,(B, R \,\|\, B), \qquad A \underset{R}{\mathrm{cf}} B . \;∎$$

Satz 20. *Für Ordinalzahlen* α, β, γ *gilt:*

$$\alpha \,\mathrm{cf}\, \beta \rightarrow \alpha \geqq \beta , \qquad \alpha \,\mathrm{cf}\, \alpha ,$$

$$\alpha \,\mathrm{cf}\, \beta \wedge \beta \,\mathrm{cf}\, \gamma \rightarrow \alpha \,\mathrm{cf}\, \gamma , \quad \alpha \,\mathrm{cf}\, \beta \wedge \beta \,\mathrm{cf}\, \alpha \rightarrow \alpha = \beta .$$

Beweis. Ist $\alpha \,\mathrm{cf}\, \beta$, so folgt $\alpha \geqq \beta$ aus Satz 5c). Die zweite und dritte Behauptung folgen aus Satz 11, § 2, die vierte folgt aus der ersten. ∎

Nach Satz 20 erzeugt cf in jeder Menge M von Ordinalzahlen eine Ordnung. Für Ordinalzahlen α, β gilt sofort (man betrachte den Repräsentanten $(\boldsymbol{O}(\alpha), \leqq)$ und berücksichtige die Bemerkung hinter Definition 8 über das letzte Element der Repräsentanten von Ordinalzahlen $\neq 0$):

$$\alpha \text{ cf } 0 \leftrightarrow \alpha = 0 \leftrightarrow 0 \text{ cf } \alpha,$$
$$1 \text{ cf } \alpha \leftrightarrow \alpha = 1,$$
$$\alpha \text{ cf } 1 \leftrightarrow \alpha \neq 0 \wedge \alpha \textit{ isolierte Zahl},$$
$$\alpha \neq 0 \wedge \alpha \textit{ isolierte Zahl} \rightarrow \forall \xi (1 \leqq \xi \leqq \alpha \wedge \xi \textit{ isolierte Zahl} \rightarrow \alpha \text{ cf } \xi);$$

im Falle α cf β ist

$$\alpha = 0 \leftrightarrow \beta = 0,$$
$$\alpha \textit{ isolierte Zahl} \leftrightarrow \beta \textit{ isolierte Zahl},$$
$$\alpha \textit{ Limeszahl} \leftrightarrow \beta \textit{ Limeszahl}.$$

Bei $\beta \neq 0$ hat man für α cf β im Falle der Isoliertheit von β das Kriterium:

$$\alpha \text{ cf } \beta \leftrightarrow \alpha \geqq \beta \wedge \alpha \textit{ isolierte Zahl}$$

und im Falle der Isoliertheit von α:

$$\alpha \text{ cf } \beta \leftrightarrow \alpha \geqq \beta \wedge \beta \textit{ isolierte Zahl}.$$

Ein Kriterium für den wesentlicheren Fall der Limeszahlen gibt folgender

Satz 21. *Ist wenigstens eine der Ordinalzahlen α, λ eine Limeszahl, so gilt α cf λ genau dann, wenn λ Limeszahl ist und es eine Fundamentalfolge $(\beta_\xi)_{\xi<\lambda}$ vom Typ λ von Ordinalzahlen gibt mit*

$$\alpha = \lim_{\xi<\lambda} \beta_\xi .$$

Beweis. ($\rightarrow$) Ist α cf λ und α oder λ Limeszahl, so ist λ eine Limeszahl, und es gibt eine Teilmenge $L \subseteq \boldsymbol{O}(\alpha)$ mit $\lambda = \text{ord}(L, \leqq)$ und $\boldsymbol{O}(\alpha)$ cf L. Wegen $\lambda \leqq \alpha$ (nach Satz 20) ist L mit einem Segment S von $\boldsymbol{O}(\alpha)$ isomorph. Es ist $S = \boldsymbol{O}(\mu)$ für ein $\mu \leqq \alpha$ und

$$(L, \leqq) \simeq (\boldsymbol{O}(\mu), \leqq), \; \lambda = \text{ord}(L, \leqq), \; \mu = \text{ord}\,(\boldsymbol{O}(\mu), \leqq).$$

(Dabei halte man natürlich die doppelte Bedeutung von $\leqq$ auseinander; einmal ist $\leqq$ die Wohlordnung in L, einmal in $\boldsymbol{O}(\mu)$.) Also gilt $\mu = \lambda$, und es gibt eine Fundamentalfolge, nämlich einen Isomorphismus $(\beta_\xi)_{\xi<\lambda}$ von $\boldsymbol{O}(\lambda)$ auf L. Wegen stets $\beta_\xi \in L \subseteq \boldsymbol{O}(\alpha)$ ist $\beta_\xi < \alpha$, also $\gamma \leqq \alpha$ für den Limes $\gamma = \lim_{\xi<\lambda} \beta_\xi$. Wäre $\gamma < \alpha$, so gäbe es wegen $\boldsymbol{O}(\alpha)$ cf L ein $\xi_1 < \lambda$ mit $\gamma \leqq \beta_{\xi_1}$, und für ein ξ_2 mit $\xi_1 < \xi_2 < \lambda$ wäre $\gamma < \beta_{\xi_2}$ im Widerspruch zu $\beta_\xi \leqq \gamma$ für alle $\xi < \lambda$. Damit ist $\gamma = \alpha$.

($\leftarrow$) Ist $(\beta_\xi)_{\xi<\lambda}$ eine Fundamentalfolge und $\alpha = \lim_{\xi<\lambda} \beta_\xi$, so ist $\mathrm{W}(\beta) \subseteq \boldsymbol{O}(\alpha)$; denn es ist stets $\beta_\xi \leqq \alpha$, und für ein $\beta_{\xi_1} = \alpha$ wäre $\alpha < \beta_{\xi_2}$ für jedes ξ_2 mit $\xi_1 < \xi_2 < \lambda$. Weiterhin ist $\boldsymbol{O}(\alpha)$ cf $\mathrm{W}(\beta)$; denn für kein $\gamma < \alpha$ gilt $\beta_\xi \leqq \gamma$ für alle $\beta < \lambda$. Schließlich ist

$$\lambda = \operatorname{ord}(\boldsymbol{O}(\lambda), \leqq) = \operatorname{ord}(\mathrm{W}(\beta), \leqq),$$

da β Isomorphismus von $\boldsymbol{O}(\lambda)$ auf $\mathrm{W}(\beta)$ ist. Insgesamt ist damit α cf λ. ∎

7. Zusammenfassung der Begriffe. Für wohlgeordnete Mengen $\mathfrak{A} = (A, R)$, die kleinste Allmenge K mit $\mathfrak{X} \simeq \mathfrak{A}$ für eine wohlgeordnete Menge $\mathfrak{X} \in K$ und Objekte α gilt:

$$\operatorname{ord} \mathfrak{A} = \begin{cases} \operatorname{card} A \in \boldsymbol{N} \textit{ für endliches } A \\ (\boldsymbol{N}, \{\mathfrak{X} \in K \mid \mathfrak{X} \textit{ wohlgeordnete Menge} \wedge \mathfrak{X} \simeq \mathfrak{A}\}) \\ \qquad \textit{für unendliches } A, \end{cases}$$

$$\alpha \textit{ Ordinalzahl} \leftrightarrow \exists \mathfrak{X} \alpha = \operatorname{ord} \mathfrak{X}.$$

Für wohlgeordnete Menge $\mathfrak{A}$, $\mathfrak{B}$ bei $\mathfrak{B} = (B, S)$ und Ordinalzahlen α, β gilt:

$$\mathfrak{A} \leq \mathfrak{B} \leftrightarrow \exists X (X \textit{ Segment von } \mathfrak{B} \wedge \mathfrak{A} \simeq (X, S \parallel X)),$$

$$\mathfrak{A} < \mathfrak{B} \leftrightarrow \mathfrak{A} \leq \mathfrak{B} \wedge \mathfrak{A} \neq \mathfrak{B}$$
$$\leftrightarrow \exists X (X \textit{ Abschnitt von } B \wedge \mathfrak{A} \simeq (X, S \parallel X)),$$

$$\alpha \leqq \beta \leftrightarrow \forall \mathfrak{X} \forall \mathfrak{Y} (\alpha = \operatorname{ord} \mathfrak{X} \wedge \beta = \operatorname{ord} \mathfrak{Y} \rightarrow \mathfrak{X} \leq \mathfrak{Y}),$$

$$\alpha < \beta \leftrightarrow \forall \mathfrak{X} \forall \mathfrak{Y} (\alpha = \operatorname{ord} \mathfrak{X} \wedge \beta = \operatorname{ord} \mathfrak{Y} \rightarrow \mathfrak{X} < \mathfrak{Y}),$$

$$\boldsymbol{O}(\alpha) = \{\xi \mid \xi < \alpha\},$$

$$\alpha' = \textit{kleinste Ordinalzahl } \xi \textit{ mit } \alpha < \xi.$$

Für Ordinalzahlen α, β mit $\alpha \leqq \beta$ und Mengen M von Ordinalzahlen gilt:

$[\alpha, \beta] = \{\xi \mid \alpha \leqq \xi \leqq \beta\}$,

$]\alpha, \beta[= \{\xi \mid \alpha < \xi < \beta\}$,

$[\alpha, \beta[= \{\xi \mid \alpha \leqq \xi < \beta\}$,

$]\alpha, \beta] = \{\xi \mid \alpha < \xi \leqq \beta\}$,

$M \neq \emptyset \to \min M = \iota\mu(\mu \in M \wedge \forall\xi(\xi \in M \to \mu \leqq \xi))$,

$\exists\mu(\mu \in M \wedge \forall\xi(\xi \in M \to \xi \leqq \mu)) \to$

$$\max M = \iota\mu(\mu \in M \wedge \forall\xi(\xi \in M \to \xi \leqq \mu)),$$

$\sup M =$ *kleinste Ordinalzahl* ξ *mit* $\forall\eta(\eta \in M \to \eta \leqq \xi)$.

Für Ordinalzahlfamilien $(\alpha_i)_{i \in I}$ gilt:

$I \neq \emptyset \to \min\limits_{i \in I} \alpha_i = \min \{\alpha_i\}_{i \in I}$,

$\exists i(i \in I \wedge \forall j(j \in I \to \alpha_j \leqq \alpha_i)) \to$

$$\max_{i \in I} \alpha_i = \max \{\alpha_i\}_{i \in I},$$

$\sup\limits_{i \in I} \alpha_i = \sup \{\alpha_i\}_{i \in I}$.

Für Ordinalzahlen α, β und Objekte a gilt:

α *Vorgänger von* $\beta \leftrightarrow \alpha' = \beta$,

α *isolierte (Ordinal-)Zahl* $\leftrightarrow \alpha = 0 \vee \exists\xi\, \xi' = \alpha$,

α *(ordinale) Limeszahl* $\leftrightarrow \neg\, \alpha$ *isolierte Zahl*,

α *endlich (finit)* $\leftrightarrow \forall X \forall R(\alpha = \mathrm{ord}(X, R) \to X$ *endlich*$)$,

α *unendlich (transfinit)* $\leftrightarrow \forall X \forall R(\alpha = \mathrm{ord}(X, R) \to X$ *unendlich*$)$,

$\boldsymbol{\omega} = \mathrm{ord}(\boldsymbol{N}, \leqq)$,

a *Folge vom Typ* $\alpha \leftrightarrow a$ *Funktion über* $\boldsymbol{O}(\alpha)$,

$\alpha \mathrm{\ cf\ } \beta \leftrightarrow \forall X \forall R \exists Y(\alpha = \mathrm{ord}(X, R) \to Y \subseteq X \wedge \beta = \mathrm{ord}(Y, R \parallel Y) \wedge X \underset{R}{\mathrm{cf}} Y)$.

Für Folgen $(a_\xi)_{\xi<\alpha}$ vom Typ α von Ordinal- bzw. Kardinalzahlen gilt:

$$\lim_{\xi<\alpha} a_\xi = \sup_{\xi<\alpha} a_\xi,$$

$(a_\xi)_{\xi<\alpha}$ *Fundamentalfolge* $\leftrightarrow \alpha$ *Limeszahl* $\wedge$ *a echt wachsend.*

§ 10. *Zahlklassen*

1. Zahlklassen. Die Trägermengen A sämtlicher Repräsentanten (A, R) einer Ordinalzahl α sind gleichmächtig.

Definition 1. α sei eine Ordinalzahl: Die Kardinalzah der Träger der Repräsentanten von α heißt die *Kardinalzahl* von α, bezeichnet mit: $|\alpha|$ (gelesen: *Kardinalzahl* α oder einfach: *Betrag* α). ▮

Für jede Kardinalzahl $\mathfrak{a}$ gibt es mindestens eine Ordinalzahl α mit $|\alpha| = \mathfrak{a}$; denn ist $\mathfrak{a} = \operatorname{card} A$ und R eine nach dem Wohlordnungssatz existierende Wohlordnung in A, so ist $|\alpha| = \mathfrak{a}$ für $\alpha = \operatorname{ord}(A, R)$.

Satz 1. *Für Ordinalzahlen* α, β *und Kardinalzahlen* $\mathfrak{a}$ *gilt*:

a)
$$\alpha = \beta \rightarrow |\alpha| = |\beta|,$$
$$\alpha \leqq \beta \rightarrow |\alpha| \leqq |\beta|, \qquad |\alpha| < |\beta| \rightarrow \alpha < \beta,$$
$$|\alpha| = \operatorname{card} \boldsymbol{O}(\alpha),$$
$$\alpha \textit{ endlich} \leftrightarrow |\alpha| \textit{ endlich},$$
$$\alpha \textit{ unendlich} \leftrightarrow |\alpha| \textit{ unendlich},$$

b)
$$\alpha \in \boldsymbol{N} \rightarrow |\alpha| = \alpha, \qquad |\boldsymbol{\omega}| = \boldsymbol{\mathfrak{a}},$$
$$\alpha \textit{ endlich} \leftrightarrow |\alpha| < |\alpha'| \leftrightarrow |\alpha'| = |\alpha|',$$
$$\alpha \textit{ unendlich} \leftrightarrow |\alpha| = |\alpha'| \leftrightarrow |\alpha'| < |\alpha|',$$
$$\mathfrak{a} \in \boldsymbol{N} \leftrightarrow \exists!!\, \xi\ |\xi| = \mathfrak{a}.$$

Beweis. a) Ist $\alpha = \operatorname{ord}(A, R)$ und $\beta = \operatorname{ord}(B, S)$, so folgt $A \sim B$ aus $\alpha = \beta$ und $A \precsim B$ aus $\alpha \leqq \beta$. Ist $|\alpha| < |\beta|$, so muß $\alpha < \beta$ sein, da sonst $\beta \leqq \alpha$ und damit $|\beta| \leqq |\alpha|$ wäre. Wegen $\alpha = \text{ord}(\boldsymbol{O}(\alpha), \leqq)$ ist $|\alpha| = \text{card}\, \boldsymbol{O}(\alpha)$. Endlichkeit bzw. Unendlichkeit von α und $|\alpha|$ stimmen nach Definition überein.

b) Für $\alpha = \text{ord}(A, R) \in \boldsymbol{N}$ ist A endlich und nach Definition:

$$\alpha = \text{card}\, A, \qquad |\alpha| = \text{card}\, A.$$

Wegen $\boldsymbol{\omega} = \text{ord}(\boldsymbol{N}, \leqq)$ ist $|\boldsymbol{\omega}| = \text{card}\, \boldsymbol{N} = \mathfrak{a}$. Für $\alpha \in \boldsymbol{N}$ ist wegen $|\alpha| = \alpha$ trivial $|\alpha| < |\alpha'|$ und $|\alpha'| = |\alpha|'$. Umgekehrt ist für jede unendliche Ordinalzahl nach Satz 15, § 7 und Satz 16, § 9:

$$|\alpha'| = |\alpha| < |\alpha|'.$$

Für $\mathfrak{a} \in \boldsymbol{N}$ und $|\xi_1| = |\xi_2| = \mathfrak{a}$ sind auch $\xi_1, \xi_2 \in \boldsymbol{N}$, also

$$\xi_1 = |\xi_1| = |\xi_2| = \xi_2.$$

Umgekehrt gilt für jede unendliche Kardinalzahl $\mathfrak{a}$ und jedes ξ_1 mit $|\xi_1| = \mathfrak{a}$ auch $|\xi_2| = \mathfrak{a}$ bei $\xi_2 = \xi_1' \neq \xi_1$. ∎

Satz 1 b) zeigt, daß nicht allgemein die Umkehrungen gelten:

$$|\alpha| = |\beta| \to \alpha = \beta,$$

$$|\alpha| \leqq |\beta| \to \alpha \leqq \beta, \qquad \alpha < \beta \to |\alpha| < |\beta|.$$

Sind $\mathfrak{a}, \mathfrak{b}$ Kardinalzahlen mit $\mathfrak{a} < \mathfrak{b}$ und ist $|\beta| = \mathfrak{b}$, so gilt für jedes ξ mit $|\xi| = \mathfrak{a}$ wegen $|\xi| < \mathfrak{b}$ sofort $\xi < \beta$. Daher existiert mit $\boldsymbol{O}(\beta)$ auch die Menge aller Ordinalzahlen ξ mit $|\xi| = \mathfrak{a}$.

Definition 2. Für jede Kardinalzahl $\mathfrak{a}$ heißt die Menge aller Ordinalzahlen ξ mit $|\xi| = \mathfrak{a}$ die *Zahlklasse von* $\mathfrak{a}$, bezeichnet mit: $\mathfrak{Z}(\mathfrak{a})$ (gelesen: *Zahlklasse* $\mathfrak{a}$). Eine Menge Z ist eine *Zahlklasse*, wenn es eine Kardinalzahl $\mathfrak{a}$ gibt mit $Z = \mathfrak{Z}(\mathfrak{a})$. ∎

Jede Ordinalzahl α ist Element genau einer Zahlklasse, nämlich von $\mathfrak{Z}(|\alpha|)$. Für jede Kardinalzahl $\mathfrak{a}$ ist

$\mathfrak{Z}(\mathfrak{a}) \neq \Phi$, und nach Satz 1b) gilt:

$$\mathfrak{a} \in \boldsymbol{N} \leftrightarrow \operatorname{card} \mathfrak{Z}(\mathfrak{a}) = 1 .$$

Man erkennt, daß Kardinal- und Ordinalzahlen im Transfiniten wesentlich voneinander verschiedene Begriffsbildungen sind: Die Ordinalzahl einer unendlichen wohlgeordneten Menge (A, R) ist nicht mehr durch ihre Mächtigkeit card A eindeutig festgelegt. Die Mächtigkeit der Zahlklassen unendlicher Kardinalzahlen erhält man nach folgendem

Satz 2. *Für jede unendliche Kardinalzahl* $\mathfrak{a}$ *ist*

$$\operatorname{card} \mathfrak{Z}(\mathfrak{a}) = \mathfrak{a}' .$$

Beweis. Sei $\omega_1 = \min \mathfrak{Z}(\mathfrak{a})$ und $\omega_2 = \min \mathfrak{Z}(\mathfrak{a}')$. Dann ist $|\omega_1| = \mathfrak{a} < \mathfrak{a}' = |\omega_2|$, also $\omega_1 < \omega_2$ und

$$\mathfrak{Z}(\mathfrak{a}) = [\omega_1, \omega_2[, \qquad \boldsymbol{O}(\omega_1) \cup \mathfrak{Z}(\mathfrak{a}) = \boldsymbol{O}(\omega_2) .$$

Daraus folgt:

$$\operatorname{card} \boldsymbol{O}(\omega_1) + \operatorname{card} \mathfrak{Z}(\mathfrak{a}) = \operatorname{card} \boldsymbol{O}(\omega_2) ,$$
$$\mathfrak{a} + \operatorname{card} \mathfrak{Z}(\mathfrak{a}) = \mathfrak{a}' ,$$

also $\mathfrak{a}' = \operatorname{card} \mathfrak{Z}(\mathfrak{a})$ wegen der Unendlichkeit von $\mathfrak{a}'$. ∎

Die für die Anwendungen in der Theorie der Punktmengen wichtigsten unendlichen Ordinalzahlen sind die Zahlen der Klasse $\mathfrak{Z}(\mathbf{a})$ des abzählbar Unendlichen. Man definiert nach CANTOR:

Definition 3. $\boldsymbol{N}$ heißt auch die *erste Zahlklasse* und $\mathfrak{Z}(\mathbf{a})$ auch die *zweite Zahlklasse*. Es sei

$$\mathfrak{Z}_2 = \mathfrak{Z}(\mathbf{a}), \qquad \mathfrak{Z} = \boldsymbol{N} \cup \mathfrak{Z}_2 . \ ∎$$

($\boldsymbol{N}$ ist natürlich keine Zahlklasse im Sinne der Definition 2.) Satz 2 besagt, daß bereits $\mathfrak{Z}_2$ überabzählbar ist. Es gibt kein Bezeichnungssystem, mit dem alle Ordinalzahlen des abzählbar Unendlichen eindeutig aufgezeichnet werden könnten. Trotz der Überabzählbarkeit von $\mathfrak{Z}$ sind aber nach Satz 1a) alle Abschnitte von $\mathfrak{Z}$ (d. h. alle $\boldsymbol{O}(\alpha)$ für $\alpha \in \mathfrak{Z}$) abzählbar.

2. Alephs, Anfangszahlen. Das Hauptaugenmerk der Theorie der Kardinal- und Ordinalzahlen liegt auf den transfiniten Zahlen, und wir führen deshalb noch besondere Bezeichnungen ein:

Definition 4. Ein *Aleph* ist eine unendliche Kardinalzahl. Für jedes Aleph $\mathfrak{a}$ heißt $\min \mathfrak{Z}(\mathfrak{a})$ die *Anfangszahl von* $\mathfrak{Z}(\mathfrak{a})$, eine Ordinalzahl ω ist eine *Anfangszahl*, wenn es ein Aleph $\mathfrak{a}$ mit $\omega = \min \mathfrak{Z}(\mathfrak{a})$ gibt. ∎

(Aleph, im Zeichen: $\aleph$, ist der erste Buchstabe des hebräischen Alphabets.) Für jedes Aleph $\mathfrak{a}$ ist jede Kardinalzahl $\mathfrak{x} \geqq \mathfrak{a}$ wieder ein Aleph.

Alle Alephs und Anfangszahlen können durch Ordinalzahlindizes transfinit abgezählt werden. Hierfür zunächst die folgenden beiden Sätze.

Satz 3. *Für jede Kardinalzahl* $\mathfrak{a}$ *gilt bei* $\omega = \min \mathfrak{Z}(\mathfrak{a})$:

$$\operatorname{ord}(\boldsymbol{C}(\mathfrak{a}), \leqq) \leqq \omega, \qquad \operatorname{card} \boldsymbol{C}(\mathfrak{a}) \leqq \mathfrak{a}.$$

Beweis. Die zweite Behauptung folgt unmittelbar aus der ersten. Für die erste Behauptung ist nach Satz 15, § 9 zu zeigen:

$$(\boldsymbol{C}(\mathfrak{a}), \leqq) \lesssim (\boldsymbol{O}(\omega), \leqq). \quad (*)$$

Für jede Kardinalzahl $\mathfrak{x} < \mathfrak{a}$ und $\varphi(\mathfrak{x}) = \min \mathfrak{Z}(\mathfrak{x})$ ist $\varphi(\mathfrak{x}) < \omega$. Damit ist φ eine Funktion von $\boldsymbol{C}(\mathfrak{a})$ in $\boldsymbol{O}(\omega)$. φ wächst echt. Also ist φ ein Isomorphismus von $\boldsymbol{C}(\mathfrak{a})$ auf $\mathrm{W}(\varphi) \subseteq \boldsymbol{O}(\omega)$, woraus (*) nach Satz 4b), § 9 folgt. ∎

Satz 4. a) *Zu jedem Aleph* $\mathfrak{a}$ *gibt es genau eine Ordinalzahl* α *mit*

$$(\boldsymbol{O}(\alpha), \leqq) \simeq ([\boldsymbol{\mathfrak{a}}, \mathfrak{a}[, \leqq).$$

b) *Zu jeder Ordinalzahl* α *gibt es höchstens ein Aleph* $\mathfrak{a}$ *mit*

$$(\boldsymbol{O}(\alpha), \leqq) \simeq ([\boldsymbol{\mathfrak{a}}, \mathfrak{a}[, \leqq).$$

Beweis. a) Ist $\mathfrak{a}$ ein Aleph und $\omega = \min \mathfrak{Z}(\mathfrak{a})$, so gilt wegen $[\mathbf{a}, \mathfrak{a}[\subseteq \boldsymbol{C}(\mathfrak{a})$ nach Satz 5c), § 9, obigem Satz 3 und Satz 15, § 9:

$$([\mathbf{a}, \mathfrak{a}[, \leqq) \lesssim (\boldsymbol{C}(\mathfrak{a}), \leqq) \lesssim (\boldsymbol{O}(\omega), \leqq),$$

womit es ein $\alpha \leqq \omega$ gibt mit

$$(\boldsymbol{O}(\alpha), \leqq) \simeq ([\mathbf{a}, \mathfrak{a}[, \leqq).$$

α ist die eindeutig bestimmte Zahl, für welche diese Isomorphie besteht; denn isomorphe Ordinalzahlabschnitte sind gleich.

b) Ist $\boldsymbol{O}(\alpha)$ sowohl mit $[\mathbf{a}, \mathfrak{a}[$ als auch mit $[\mathbf{a}, \mathfrak{b}[$ isomorph, so sind diese beiden Kardinalzahlintervalle isomorph, woraus ihre Gleichheit und damit $\mathfrak{a} = \mathfrak{b}$ folgt (denn für ein $\mathfrak{x} \geqq \mathfrak{a}, \mathfrak{b}$ sind die beiden Intervalle isomorphe Segmente von $([\mathbf{a}, \mathfrak{x}[, \leqq)$, also nach Satz 21e), § 4 gleich). ∎

Definition 5. Eine Ordinalzahl α heißt ein *Alephindex*, wenn es ein Aleph $\mathfrak{a}$ gibt mit

$$(\boldsymbol{O}(\alpha), \leqq) \simeq ([\mathbf{a}, \mathfrak{a}[, \leqq),$$

und für jeden Alephindex α sei $\aleph_\alpha$ (gelesen: Aleph α) dieses dann eindeutig bestimmte Aleph $\mathfrak{a}$ und sei $\boldsymbol{\omega}_\alpha$ die Anfangszahl von $\mathfrak{Z}(\aleph_\alpha)$. ∎

Für jeden Alephindex α ist $\aleph_\alpha$ ein Aleph und $\boldsymbol{\omega}_\alpha$ eine Anfangszahl mit

$$\boldsymbol{\omega}_\alpha = \min \mathfrak{Z}(\aleph_\alpha), \qquad |\boldsymbol{\omega}_\alpha| = \aleph_\alpha.$$

Für jedes Aleph $\mathfrak{a}$ gibt es nach Satz 4a) genau einen Alephindex α mit $\mathfrak{a} = \aleph_\alpha$. Für jede Anfangszahl ω gibt es genau einen Alephindex α mit $\omega = \boldsymbol{\omega}_\alpha$, nämlich dasjenige α mit $|\omega| = \aleph_\alpha$. Insgesamt durchläuft also $\aleph_\alpha$ bzw. $\boldsymbol{\omega}_\alpha$ ohne Wiederholung genau sämtliche Alephs bzw. Anfangszahlen, sofern α alle Alephindizes durchläuft. (Für die Eigenschaft von Ordinalzahlen, ein Alephindex zu sein, vgl. Satz 31, § 11 und Satz 4d), § 12.)

Zum Vorteil einer anschaulicheren Schreibweise sei für Ordinalzahlen α:

$$\alpha + 1 = \alpha';$$

dies wird später für die Addition der Ordinalzahlen ohnehin gelten.

Satz 5. *Für Alephindizes α, β gilt:*

a) $\aleph_\alpha = \aleph_\beta \leftrightarrow \alpha = \beta \leftrightarrow \boldsymbol{\omega}_\alpha = \boldsymbol{\omega}_\beta$,
$\aleph_\alpha < \aleph_\beta \leftrightarrow \alpha < \beta \leftrightarrow \boldsymbol{\omega}_\alpha < \boldsymbol{\omega}_\beta$,
$\aleph_\alpha \leqq \aleph_\beta \leftrightarrow \alpha \leqq \beta \leftrightarrow \boldsymbol{\omega}_\alpha \leqq \boldsymbol{\omega}_\beta$,
$\mathfrak{a} = \aleph_0 \leqq \aleph_\alpha, \qquad \boldsymbol{\omega} = \boldsymbol{\omega}_0 \leqq \boldsymbol{\omega}_\alpha$,

b) $\alpha \leqq \boldsymbol{\omega}_\alpha, \qquad |\alpha| \leqq \aleph_\alpha$.

c) *Mit α sind alle Ordinalzahlen $\xi \leqq \alpha$ Alephindizes, $(\aleph_\xi)_{\xi<\alpha}$ ist der Isomorphismus von $\boldsymbol{O}(\alpha)$ auf die Menge $[\aleph_0, \aleph_\alpha[$ aller Alephs $\mathfrak{a}$ mit $\aleph_0 \leqq \mathfrak{a} < \aleph_\alpha$, und $(\boldsymbol{\omega}_\xi)_{\xi<\alpha}$ ist der Isomorphismus von $\boldsymbol{O}(\alpha)$ auf die Menge aller Anfangszahlen ω mit $\boldsymbol{\omega}_0 \leqq \omega < \boldsymbol{\omega}_\alpha$ (in bezug auf die üblichen Wohlordnungen $\leqq$).*

d) $(\aleph_\alpha)' = \aleph_{\alpha+1}, \qquad \boldsymbol{\omega}_\alpha + 1 < \boldsymbol{\omega}_{\alpha+1}$,
$\aleph_\alpha$ *Limeszahl* $\leftrightarrow \alpha = 0 \vee \alpha$ *Limeszahl,*
$\boldsymbol{\omega}_\alpha$ *Limeszahl.*

Beweis. a) Die erste Zeile folgt aus den Bemerkungen vor Satz 5. Nach Definition 5 ist

$$(\boldsymbol{O}(\alpha), \leqq) \underset{f}{\simeq} ([\mathfrak{a}, \mathfrak{a}[, \leqq), \qquad (\boldsymbol{O}(\beta), \leqq) \underset{g}{\simeq} ([\mathfrak{a}, \mathfrak{b}[, \leqq)$$

für $\mathfrak{a} = \aleph_\alpha$, $\mathfrak{b} = \aleph_\beta$ und Isomorphismen f, g. Im Falle $\mathfrak{a} < \mathfrak{b}$ wird $[\mathfrak{a}, \mathfrak{a}[$ als Abschnitt von $[\mathfrak{a}, \mathfrak{b}[$ durch g^{-1} in einen Abschnitt $\boldsymbol{O}(\gamma)$ von $\boldsymbol{O}(\beta)$ überführt bei also $\gamma < \beta$. Dann sind die Abschnitte $\boldsymbol{O}(\alpha)$ und $\boldsymbol{O}(\gamma)$ mit $[\mathfrak{a}, \mathfrak{a}[$ isomorph, also untereinander isomorph und damit $\alpha = \gamma$, also $\alpha < \beta$. Im Falle $\alpha < \beta$ wird $\boldsymbol{O}(\alpha)$ als Abschnitt von $\boldsymbol{O}(\beta)$ durch g in einen Abschnitt $[\mathfrak{a}, \mathfrak{c}[$ von $[\mathfrak{a}, \mathfrak{b}[$ überführt bei also $\mathfrak{c} < \mathfrak{b}$. Dann sind die Intervalle $[\mathfrak{a}, \mathfrak{a}[$ und $[\mathfrak{a}, \mathfrak{c}[$ mit $\boldsymbol{O}(\alpha)$ isomorph, also untereinander isomorph und damit $\mathfrak{a} = \mathfrak{c}$, also $\mathfrak{a} < \mathfrak{b}$. Es gilt somit

$$\aleph_\alpha < \aleph_\beta \leftrightarrow \alpha < \beta ,$$

woraus über Satz 1 a) und

$$\boldsymbol{\omega}_\alpha \neq \boldsymbol{\omega}_\beta \to \alpha \neq \beta \to \aleph_\alpha \neq \aleph_\beta$$

auch folgt:

$$\alpha < \beta \leftrightarrow \aleph_\alpha < \aleph_\beta \leftrightarrow |\boldsymbol{\omega}_\alpha| < |\boldsymbol{\omega}_\beta| \leftrightarrow \boldsymbol{\omega}_\alpha < \boldsymbol{\omega}_\beta .$$

Damit gilt die zweite Zeile von a); die dritte folgt aus der ersten und zweiten. Trivial ist schließlich $\aleph_0 \leqq \aleph_\alpha$ und $\boldsymbol{\omega}_0 \leqq \boldsymbol{\omega}_\alpha$. Damit ist auch $\aleph_0$ das kleinste Aleph, also $\aleph_0 = \mathfrak{a}$, und $\boldsymbol{\omega}_0$ die kleinste unendliche Ordinalzahl, also $\boldsymbol{\omega}_0 = \boldsymbol{\omega}$ (ist ξ eine unendliche Ordinalzahl, $|\xi| = \aleph_\alpha$, so ist $\boldsymbol{\omega}_0 \leqq \boldsymbol{\omega}_\alpha \leqq \xi$).

b) Nach Definition 5 und Satz 5c), § 9 ist

$$(\boldsymbol{O}(\alpha), \leqq) \simeq ([\aleph_0, \aleph_\alpha[, \leqq) \lesssim (\boldsymbol{C}(\aleph_\alpha), \leqq),$$

woraus über Satz 3 folgt:

$$\alpha = \operatorname{ord}(\boldsymbol{O}(\alpha), \leqq) \leqq \operatorname{ord}(\boldsymbol{C}(\aleph_\alpha), \leqq) \leqq \boldsymbol{\omega}_\alpha .$$

Aus $\alpha \leqq \boldsymbol{\omega}_\alpha$ folgt sofort $|\alpha| \leqq |\boldsymbol{\omega}_\alpha| = \aleph_\alpha$.

c) Ist f Isomorphismus von $\boldsymbol{O}(\alpha)$ auf $[\aleph_0, \aleph_\alpha[$ und $\xi < \alpha$, so ist $f \mid \boldsymbol{O}(\xi)$ Isomorphismus von $\boldsymbol{O}(\xi)$ auf $[\aleph_0, f(\xi)[$,. also ξ nach Definition 5 ein Alephindex mit $f(\xi) = \aleph_\xi$. Damit sind alle $\xi \leqq \alpha$ Alephindizes, und $(\aleph_\xi)_{\xi<\alpha}$ ist der Isomorphismus von $\boldsymbol{O}(\alpha)$ auf $[\aleph_0, \aleph_\alpha[$. Wegen $\boldsymbol{\omega}_\xi < \boldsymbol{\omega}_\alpha$ für jedes $\xi < \alpha$ existiert die Funktion $(\boldsymbol{\omega}_\xi)_{\xi<\alpha}$. Ist ω eine Anfangszahl mit $\boldsymbol{\omega}_0 \leqq \omega < \boldsymbol{\omega}_\alpha$ und etwa $\omega = \boldsymbol{\omega}_\eta$, so ist $0 \leqq \eta < \alpha$, also $\omega \in \{\boldsymbol{\omega}_\xi\}_{\xi<\alpha}$. Damit ist auf Grund der echten Monotonie $(\boldsymbol{\omega}_\xi)_{\xi<\alpha}$ der Isomorphismus von $\boldsymbol{O}(\alpha)$ auf die Menge aller Anfangszahlen ω mit $\boldsymbol{\omega}_0 \leqq \omega < \boldsymbol{\omega}_\alpha$.

d) Für $\aleph_\beta = (\aleph_\alpha)'$ ist $\aleph_\alpha < \aleph_\beta$, und es gibt kein Zwischenaleph. Damit ist β die kleinste Ordinalzahl oberhalb α, also $\beta = \alpha + 1$. Es ist $|\boldsymbol{\omega}_\alpha + 1| = |\boldsymbol{\omega}_\alpha| < |\boldsymbol{\omega}_{\alpha+1}|$, also $\boldsymbol{\omega}_\alpha + 1 < \boldsymbol{\omega}_{\alpha+1}$. Trivial ist $\aleph_0$ Limeszahl. Da $(\aleph_\xi)_{\xi<\alpha+1}$ Isomorphismus von $\boldsymbol{O}(\alpha + 1)$ auf $[\aleph_0, \aleph_\alpha]$ ist, ist α Limeszahl genau dann, wenn $\aleph_\alpha$ Limeselement von $([\aleph_0, \aleph_\alpha], \leqq)$ ist, also genau dann, wenn $\alpha \neq 0$ und $\aleph_\alpha$ Limeszahl ist. Jede Anfangszahl $\boldsymbol{\omega}_\alpha$ ist Limeszahl; denn es ist $\boldsymbol{\omega}_\alpha \neq 0$, und $\boldsymbol{O}(\boldsymbol{\omega}_\alpha)$ besitzt kein letztes Element (wäre $\xi + 1 = \boldsymbol{\omega}_\alpha$, so wäre $\xi < \boldsymbol{\omega}_\alpha$, also $|\xi| < |\boldsymbol{\omega}_\alpha|$ nach Definition der Anfangszahlen, aber auf Grund der Unendlichkeit von ξ auch $|\boldsymbol{\omega}_\alpha| = |\xi + 1| = |\xi|$). ∎

Nach Satz 5a) wird

$$\boldsymbol{N} = \boldsymbol{C}(\aleph_0) = \boldsymbol{O}(\boldsymbol{\omega}_0).$$

Aus Satz 5d) folgt für Alephindizes $\alpha : \alpha + 1$ ist ein Alephindex, und es gibt einen Alephindex $\lambda > \alpha$, der Limeszahl ist (zu $\aleph_\alpha$ gibt es eine Limeszahl $\mathfrak{l} > \aleph_\alpha$, wähle den Index λ von $\mathfrak{l} = \aleph_\lambda$). Damit sind u. a. alle natürlichen Zahlen und $\boldsymbol{\omega}$ Alephindizes. Mit Satz 5d) lautet die *Kontinuumhypothese* bzw. die *Alephhypothese*:

$$2^{\aleph_0} = \aleph_1$$

bzw.

$$2^{\aleph_\alpha} = \aleph_{\alpha+1} \text{ \textit{für alle Alephindizes} } \alpha.$$

Satz 6. *Für Alephindizes α und Ordinalzahlen β gilt:*

$$\beta < \boldsymbol{\omega}_\alpha \leftrightarrow |\beta| < \aleph_\alpha,$$

$$\aleph_\alpha \leqq |\beta| \leftrightarrow \boldsymbol{\omega}_\alpha \leqq \beta,$$

$$\mathfrak{Z}(\aleph_\alpha) = [\boldsymbol{\omega}_\alpha, \boldsymbol{\omega}_{\alpha+1}[= \boldsymbol{O}(\boldsymbol{\omega}_{\alpha+1}) \setminus \boldsymbol{O}(\boldsymbol{\omega}_\alpha),$$

$$\boldsymbol{O}(\boldsymbol{\omega}_\alpha) \cup \mathfrak{Z}(\aleph_\alpha) = \boldsymbol{O}(\boldsymbol{\omega}_{\alpha+1}),$$

$$\boldsymbol{O}(\boldsymbol{\omega}_\alpha) = \boldsymbol{N} \cup \bigcup_{\xi<\alpha} \mathfrak{Z}(\aleph_\xi),$$

$$\operatorname{card} \boldsymbol{O}(\boldsymbol{\omega}_\alpha) = \aleph_\alpha, \qquad \operatorname{card} \mathfrak{Z}(\aleph_\alpha) = \aleph_{\alpha+1},$$

$$\mathfrak{Z}_2 = \mathfrak{Z}(\aleph_0) = [\boldsymbol{\omega}_0, \boldsymbol{\omega}_1[= \boldsymbol{O}(\boldsymbol{\omega}_1) \setminus \boldsymbol{N},$$

$$\mathfrak{Z} = \boldsymbol{N} \cup \mathfrak{Z}_2 = \boldsymbol{O}(\boldsymbol{\omega}_1).$$

Beweis. Aus den Definitionen und den Sätzen 1a), 2. ∎

Satz 7. *Für Alephindizes* α, *Mengen* $M \subseteq \boldsymbol{O}(\boldsymbol{\omega}_\alpha)$ *und Ordinalzahlen* β *gilt*:

$$\operatorname{card} M = \aleph_\alpha \leftrightarrow \operatorname{ord}(M, \leqq) = \boldsymbol{\omega}_\alpha,$$
$$\beta < \boldsymbol{\omega}_\alpha \to \operatorname{ord}([\beta, \boldsymbol{\omega}_\alpha[, \leqq) = \boldsymbol{\omega}_\alpha,$$
$$\operatorname{ord}(\mathfrak{Z}(\aleph_\alpha), \leqq) = \boldsymbol{\omega}_{\alpha+1}.$$

Beweis. Für $\mu = \operatorname{ord}(M, \leqq)$ ist $\mu \leqq \boldsymbol{\omega}_\alpha$. Im Falle $\mu < \boldsymbol{\omega}_\alpha$ wäre M mit einem Abschnitt $\boldsymbol{O}(\nu)$ von $\boldsymbol{O}(\boldsymbol{\omega}_\alpha)$ gleichmächtig bei $\operatorname{card} \boldsymbol{O}(\nu) = |\nu| < \aleph_\alpha$ (wegen $\nu < \boldsymbol{\omega}_\alpha$) im Widerspruch zu $\operatorname{card} M = \aleph_\alpha$. Für jedes $\beta < \boldsymbol{\omega}_\alpha$ ist

$$\operatorname{card} \boldsymbol{O}(\beta) + \operatorname{card} [\beta, \boldsymbol{\omega}_\alpha[= \operatorname{card} \boldsymbol{O}(\boldsymbol{\omega}_\alpha) = \aleph_\alpha,$$

also $\operatorname{card} [\beta, \boldsymbol{\omega}_\alpha[= \aleph_\alpha$ wegen $\operatorname{card} \boldsymbol{O}(\beta) = |\beta| < \aleph_\alpha$. Speziell ist schließlich (wie auch bereits nach Satz 2 bekannt):

$$\operatorname{card} \mathfrak{Z}(\aleph_\alpha) = \operatorname{card} [\boldsymbol{\omega}_\alpha, \boldsymbol{\omega}_{\alpha+1}[= \aleph_{\alpha+1}. \ \blacksquare$$

Aus Satz 7 folgt für Alephindizes $\alpha > 0$ und Ordinalzahlen $\beta < \boldsymbol{\omega}_\alpha$ die Existenz einer Limeszahl λ mit $\beta < \lambda < \boldsymbol{\omega}_\alpha$, nämlich $\lambda = f(\boldsymbol{\omega}_0)$, wo f der Isomorphismus von $\boldsymbol{O}(\boldsymbol{\omega}_\alpha)$ auf $[\beta, \boldsymbol{\omega}_\alpha[$ ist.

Für jede Ordinalzahlfolge $(\alpha_\xi)_{\xi<\beta}$, deren Limes $\mu = \lim\limits_{\xi<\beta} \alpha_\xi$ ein Alephindex ist, existieren die Alephfolge $(\aleph_{\alpha_\xi})_{\xi<\beta}$ und die Anfangszahlfolge $(\boldsymbol{\omega}_{\alpha_\xi})_{\xi<\beta}$. Für jede Alephfolge $(\mathfrak{a}_\xi)_{\xi<\beta}$ existiert die Ordinalzahlfolge $(\alpha_\xi)_{\xi<\beta}$ bei $\mathfrak{a}_\xi = \aleph_{\alpha_\xi}$, und ihr Limes $\mu = \lim\limits_{\xi<\beta} \alpha_\xi$ ist ein Alephindex (für $\beta = 0$ ist trivial $\mu = 0$, für $\beta \neq 0$ und $\aleph_\gamma = \lim\limits_{\xi<\beta} \mathfrak{a}_\xi$ ist $\alpha_\xi \leqq \gamma$, also $\mu \leqq \gamma$). Für jede Anfangszahlfolge $(\omega_\xi)_{\xi<\beta}$ existiert die Ordinalzahlfolge $(\alpha_\xi)_{\xi<\beta}$ bei $\omega_\xi = \boldsymbol{\omega}_{\alpha_\xi}$, und ihr Limes $\mu = \lim\limits_{\xi<\beta} \alpha_\xi$ ist ein Alephindex (für $\beta \neq 0$, $\gamma = \lim\limits_{\xi<\beta} \omega_\xi$ und $\aleph_\delta = |\gamma|$ ist $\aleph_{\alpha_\xi} \leqq \aleph_\delta$, also $\alpha_\xi \leqq \delta$, $\mu \leqq \delta$). Es gilt sofort für Ordinalzahlfolgen $(\alpha_\xi)_{\xi<\beta}$, deren Limes ein Alephindex ist: $(\alpha_\xi)_{\xi<\beta}$ ist wachsend bzw. echt wachsend bzw. eine Fundamentalfolge genau dann, wenn $(\aleph_{\alpha_\xi})_{\xi<\beta}$ die betreffende Eigenschaft hat, und genau dann, wenn $(\boldsymbol{\omega}_{\alpha_\xi})_{\xi<\beta}$ die betreffende Eigenschaft hat.

Satz 8. a) *Für Ordinalzahlfolgen* $(\alpha_\xi)_{\xi<\beta}$ *mit* $\beta \neq 0$, *deren Limes* $\mu = \lim\limits_{\xi<\beta} \alpha_\xi$ *ein Alephindex ist, gilt:*

$$\lim_{\xi<\beta} \aleph_{\alpha_\xi} = \aleph_\mu, \qquad \lim_{\xi<\beta} \boldsymbol{\omega}_{\alpha_\xi} = \boldsymbol{\omega}_\mu.$$

b) *Für jeden Alephindex* λ, *der Limeszahl ist, gilt:*

$$\lim_{\xi<\lambda} \aleph_\xi = \aleph_\lambda, \qquad \lim_{\xi<\lambda} \boldsymbol{\omega}_\xi = \boldsymbol{\omega}_\lambda.$$

Beweis. a) Wegen $\alpha_\xi \leqq \mu$ für alle $\xi < \beta$ ist auch stets $\aleph_{\alpha_\xi} \leqq \aleph_\mu$ und $\boldsymbol{\omega}_{\alpha_\xi} \leqq \boldsymbol{\omega}_\mu$, also gilt:

$$\lim_{\xi<\beta} \aleph_{\alpha_\xi} \leqq \aleph_\mu, \qquad \lim_{\xi<\beta} \boldsymbol{\omega}_{\alpha_\xi} \leqq \boldsymbol{\omega}_\mu.$$

Es besteht sogar Gleichheit. Denn gäbe es ein Aleph $\mathfrak{a} < \aleph_\mu$ mit $\aleph_{\alpha_\xi} \leqq \mathfrak{a}$ für alle $\xi < \beta$ bei $\mathfrak{a} = \aleph_\nu$, so wäre $\nu < \mu$, womit ein $\xi_0 < \beta$ existiert mit $\nu < \alpha_{\xi_0}$, also mit $\mathfrak{a} = \aleph_\nu < \aleph_{\alpha_{\xi_0}} \leqq \mathfrak{a}$, Widerspruch. Gäbe es eine unendliche Ordinalzahl $\omega < \boldsymbol{\omega}_\mu$ mit $\boldsymbol{\omega}_{\alpha_\xi} \leqq \omega$ für alle $\xi < \beta$ bei $|\omega| = \aleph_\nu$, so wäre $\nu < \mu$ und $\alpha_\xi \leqq \nu$ für alle $\xi < \beta$; es existiert dann ein $\xi_0 < \beta$ mit $\nu < \alpha_{\xi_0}$, also mit $\boldsymbol{\omega}_\nu < \boldsymbol{\omega}_{\alpha_{\xi_0}} \leqq \boldsymbol{\omega}_\nu$, Widerspruch.

b) Für das vorausgesetzte λ gilt $\lim\limits_{\xi<\lambda} \xi = \lambda$, woraus über a) die Behauptungen folgen. ∎

3. Konfinalität

Satz 9 (Hausdorff-Bernsteinsches Lemma). *Für Alephindizes* α *und Mengen* M *gilt:*

$$M \subseteq \boldsymbol{O}(\boldsymbol{\omega}_{\alpha+1}) \wedge \operatorname{card} M \leqq \aleph_\alpha \leftrightarrow \exists\beta(\beta < \boldsymbol{\omega}_{\alpha+1} \wedge M \subseteq \boldsymbol{O}(\beta)).$$

Beweis. ($\rightarrow$) Sei $M \subseteq \boldsymbol{O}(\boldsymbol{\omega}_{\alpha+1})$ und $\operatorname{card} M \leqq \aleph_\alpha$. Es genügt zu zeigen $\sup M < \boldsymbol{\omega}_{\alpha+1}$; denn daraus folgt

$\beta = \sup M + 1 < \boldsymbol{\omega}_{\alpha+1}$ und $M \subseteq \boldsymbol{O}(\beta)$. Zunächst gilt

$$\boldsymbol{O}(\sup M) = \bigcup_{\xi \in M} \boldsymbol{O}(\xi);$$

denn trivial gilt $\supseteq$, und ist $\eta < \sup M$, so existiert ein $\xi \in M$ mit $\eta < \xi$, womit auch $\subseteq$ gilt. Es folgt weiter

$$|\sup M| = \operatorname{card} \boldsymbol{O}(\sup M) \leqq \sum_{\xi \in M} \operatorname{card} \boldsymbol{O}(\xi)$$
$$\leqq \sum_{\xi \in M} \aleph_\alpha = \aleph_\alpha \cdot \operatorname{card} M \leqq \aleph_\alpha{}^2 = \aleph_\alpha,$$

also

$$|\sup M| < \aleph_{\alpha+1}, \qquad \sup M < \boldsymbol{\omega}_{\alpha+1}.$$

($\leftarrow$) Ist umgekehrt $M \subseteq \boldsymbol{O}(\beta)$ für ein $\beta < \boldsymbol{\omega}_{\alpha+1}$, so ist trivial $M \subseteq \boldsymbol{O}(\boldsymbol{\omega}_{\alpha+1})$ und wegen $|\beta| < \aleph_{\alpha+1}$ auch

$$\operatorname{card} M \leqq \operatorname{card} \boldsymbol{O}(\beta) = |\beta| \leqq \aleph_\alpha. \quad \blacksquare$$

In Satz 9 kann man an Stelle von $M \subseteq \boldsymbol{O}(\boldsymbol{\omega}_{\alpha+1})$ und $\beta < \boldsymbol{\omega}_{\alpha+1}$ auch schreiben:

$$\forall \xi (\xi \in M \rightarrow |\xi| \leqq \aleph_\alpha), \qquad |\beta| \leqq \aleph_\alpha.$$

Aus Satz 9 folgt sofort auch für Mengen M von Ordinalzahlen:

$$M \subseteq \boldsymbol{O}(\boldsymbol{\omega}_{\alpha+1}) \wedge \operatorname{card} M \leqq \aleph_\alpha \leftrightarrow \sup M < \boldsymbol{\omega}_{\alpha+1},$$
$$\emptyset \neq M \subseteq \mathfrak{Z}(\aleph_\alpha) \wedge \operatorname{card} M \leqq \aleph_\alpha \rightarrow \sup M \in \mathfrak{Z}(\aleph_\alpha).$$

Für festen Alephindex α haben die Menge I der isolierten Zahlen $\xi \in \mathfrak{Z}(\aleph_\alpha)$ und die Menge Λ der Limeszahlen $\xi \in \mathfrak{Z}(\aleph_\alpha)$ die Mächtigkeit $\aleph_{\alpha+1}$; denn sonst wären $\sup I$ und $\sup \Lambda$ Elemente von $\mathfrak{Z}(\aleph_\alpha)$ im Widerspruch dazu, daß dann $(\sup I)'$ und die Limeszahlen $\xi < \boldsymbol{\omega}_{\alpha+1}$ oberhalb $\sup \Lambda$ nicht zu I bzw. Λ gehören können. Ist I bzw. Λ die Menge der isolierten Zahlen bzw. der Limeszahlen aus $\boldsymbol{O}(\boldsymbol{\omega}_\alpha)$ bei $\alpha > 0$, so gilt ebenfalls

$$\operatorname{card} I = \operatorname{card} \Lambda = \aleph_\alpha;$$

denn für isolierte Zahlen $\alpha = \beta + 1$ folgt die Behauptung aus

$$\aleph_\alpha = \operatorname{card}(\mathfrak{Z}(\aleph_\beta) \cap I) = \operatorname{card}(\mathfrak{Z}(\aleph_\beta) \cap \Lambda) \leqq \underbrace{\operatorname{card} I, \operatorname{card} \Lambda} \leqq \aleph_\alpha,$$

und mit der disjunkten Zerlegung

$$\boldsymbol{O}(\boldsymbol{\omega}_\alpha) = \boldsymbol{N} \cup \bigcup_{\xi<\alpha} \mathfrak{Z}(\aleph_\xi)$$

von $\boldsymbol{O}(\boldsymbol{\omega}_\alpha)$ (für beliebigen Alephindex α) erhält man

$$I = (\boldsymbol{N} \cap I) \cup \bigcup_{\xi<\alpha} (\mathfrak{Z}(\aleph_\xi) \cap I), \qquad \Lambda = \bigcup_{\xi<\alpha} (\mathfrak{Z}(\aleph_\xi) \cap \Lambda),$$

also wegen

$$\operatorname{card}(\mathfrak{Z}(\aleph_\xi) \cap I) = \operatorname{card}(\mathfrak{Z}(\aleph_\xi) \cap \Lambda) = \aleph_{\xi+1}$$

schließlich für Limeszahlen α

$$\aleph_\alpha = \lim_{\xi<\alpha} \aleph_{\xi+1} \leqq \sum_{\xi<\alpha} \aleph_{\xi+1} = \operatorname{card} I = \operatorname{card} \Lambda \leqq \aleph_\alpha .$$

Nach Satz 7 sind dann I und Λ mit $\boldsymbol{O}(\boldsymbol{\omega}_\alpha)$ isomorph.

In der Sprache der Konfinalität ergeben die Sätze 7, 9 den

Satz 10. *Für Alephindizes α, Mengen $M \subseteq \boldsymbol{O}(\boldsymbol{\omega}_{\alpha+1})$ und Ordinalzahlen β gilt:*

$$\boldsymbol{O}(\boldsymbol{\omega}_{\alpha+1}) \operatorname{cf} M \leftrightarrow \operatorname{card} M = \aleph_{\alpha+1} \leftrightarrow \operatorname{ord}(M, \leqq) = \boldsymbol{\omega}_{\alpha+1},$$

$$\neg\, \boldsymbol{O}(\boldsymbol{\omega}_{\alpha+1}) \operatorname{cf} M \leftrightarrow \operatorname{card} M \leqq \aleph_\alpha \quad \leftrightarrow \operatorname{ord}(M, \leqq) < \boldsymbol{\omega}_{\alpha+1},$$

$$\boldsymbol{\omega}_{\alpha+1} \operatorname{cf} \beta \leftrightarrow \beta = \boldsymbol{\omega}_{\alpha+1} .$$

Beweis. Sätze 7, 9 und Definition 13, § 9. ∎

Die erste Zeile der Behauptungen von Satz 10 ist die Übertragung der Sätze 17a) und 18 aus Bd. II, § 7 auf Anfangszahlen $\boldsymbol{\omega}_{\alpha+1}$ (an Stelle von $\boldsymbol{\omega}_0$ in jenen Sätzen).

In Verschärfung von Satz 4, § 6 (der für endliche Mengen A trivial ist), besteht der

Satz 11 (Satz von HAUSDORFF). *Für jede unendliche vollgeordnete Menge* (A, R) *gilt bei* card $A = \aleph_\alpha$:

a) $\exists X(X \subseteq A \wedge R \parallel X$ *Wohlordnung* $\wedge A \operatorname{cf} X$
$\wedge \operatorname{ord}(X, R \parallel X) \leqq \omega_\alpha)$,

b) $\exists X(X \subseteq A \wedge (R \parallel X)^{-1}$ *Wohlordnung* $\wedge A \operatorname{ci} X$
$\wedge \operatorname{ord}(X, (R \parallel X)^{-1}) \leqq \omega_\alpha)$.

Beweis. b) folgt aus a) durch Dualisierung. a) Wegen card $A = \aleph_\alpha$ ist $A \sim O(\omega_\alpha)$. Es sei f eine eineindeutige Abbildung von A auf $O(\omega_\alpha)$, S die Wohlordnung in A mit

$$xSy \leftrightarrow f(x) \leqq f(y)$$

für alle $x, y \in A$, und es sei

$$X = \{x \in A \mid \forall y(y \underset{S}{\leqq} x \rightarrow y \underset{R}{\leqq} x)\}.$$

Im Beweis von Satz 4, § 6 haben wir für (sogar jede in A existierende Wohlordnung) S und die Menge X gezeigt:

$$R \parallel X = S \parallel X, \qquad A \operatorname{cf} X.$$

Dann ist $R \parallel X$ auch eine Wohlordnung mit (nach Satz 4 b), § 9)

$$(X, R \parallel X) = (X, S \parallel X) \preceq (O(\omega_\alpha), \leqq),$$

da $f \mid X$ ein Isomorphismus von $(X, S \parallel X)$ auf $(f\langle X\rangle, \leqq \parallel f\langle X\rangle)$ ist. Also gilt schließlich:

$$\operatorname{ord}(X, R \parallel X) \leqq \operatorname{ord}(O(\omega_\alpha), \leqq) = \omega_\alpha. \blacksquare$$

Aus Satz 11 folgt der

Satz 12. *Für jede unendliche Ordinalzahl* α *mit* $|\alpha| = \aleph_\sigma$ *gibt es eine Zahl* $\beta \leqq \omega_\sigma$ *mit* $\alpha \operatorname{cf} \beta$. *Für jede ordinale Limeszahl* λ *mit* $|\lambda| = \aleph_\sigma$ *ist die kleinste Zahl* $\beta \leqq \omega_\sigma$ *mit* $\lambda \operatorname{cf} \beta$ *eine Anfangszahl* $\beta = \omega_\tau$ *bei* $\tau \leqq \sigma$.

Beweis. Ist $\alpha = \operatorname{ord}(A, R)$ und $|\alpha| = \aleph_\sigma$, so existiert nach Satz 11a) eine Teilmenge X von A mit $A \operatorname{cf} X$ und

$\beta \leqq \boldsymbol{\omega}_\sigma$ für $\beta = \operatorname{ord}(X, R \parallel X)$. Nach Definition 13, § 9 ist $\alpha \operatorname{cf} \beta$. Ist λ Limeszahl, $|\lambda| = \aleph_\sigma$ und $\lambda \operatorname{cf} \beta$ für das kleinstmögliche $\beta \leqq \boldsymbol{\omega}_\sigma$, so ist mit λ auch β als Limeszahl unendlich, also $|\beta| = \aleph_\tau$ für ein $\tau \leqq \sigma$. Es gibt eine Zahl $\gamma \leqq \boldsymbol{\omega}_\tau$ mit $\beta \operatorname{cf} \gamma$. Daraus folgt $\beta = \boldsymbol{\omega}_\tau$, da γ im Falle $\boldsymbol{\omega}_\tau < \beta$ eine kleinere Zahl als β wäre mit $\lambda \operatorname{cf} \gamma$. ∎

Satz 13. *Für Alephindizes σ und Ordinalzahlen λ ist λ eine Limeszahl mit $\lambda < \boldsymbol{\omega}_{\sigma+1}$ genau dann, wenn es eine Fundamentalfolge $(\varphi_\xi)_{\xi<\beta}$ eines Typs $\beta \leqq \boldsymbol{\omega}_\sigma$ von Ordinalzahlen $\varphi_\xi < \boldsymbol{\omega}_{\sigma+1}$ gibt mit $\lambda = \lim\limits_{\xi<\beta} \varphi_\xi$. Ebenso ist λ eine Limeszahl mit $\lambda < \boldsymbol{\omega}_{\sigma+1}$ genau dann, wenn es eine Fundamentalfolge $(\varphi_\xi)_{\xi<\boldsymbol{\omega}_\tau}$ eines Typs $\boldsymbol{\omega}_\tau \leqq \boldsymbol{\omega}_\sigma$ von Ordinalzahlen $\varphi_\xi < \boldsymbol{\omega}_{\sigma+1}$ gibt mit $\lambda = \lim\limits_{\xi<\boldsymbol{\omega}_\tau} \varphi_\xi$.*

Beweis. Ist λ eine Limeszahl, $\lambda < \boldsymbol{\omega}_{\sigma+1}$ und $|\lambda| = \aleph_\mu$, so ist $\mu \leqq \sigma$, und nach Satz 12 existiert ein $\beta = \boldsymbol{\omega}_\tau$ bei $\tau \leqq \mu \leqq \sigma$ mit $\lambda \operatorname{cf} \beta$. Nach Satz 21, § 9 existiert eine Fundamentalfolge $(\varphi_\xi)_{\xi<\beta}$ mit $\lambda = \lim\limits_{\xi<\beta} \varphi_\xi$, und wegen $\lambda < \boldsymbol{\omega}_{\sigma+1}$ sind auch alle $\varphi_\xi < \boldsymbol{\omega}_{\sigma+1}$. Ist umgekehrt eine Ordinalzahl λ der Limes einer Fundamentalfolge $(\varphi_\xi)_{\xi<\beta}$ eines Typs $\beta \leqq \boldsymbol{\omega}_\sigma$ von lauter Zahlen $\varphi_\xi < \boldsymbol{\omega}_{\sigma+1}$, so ist mit β auch λ Limeszahl, und wegen $|\beta| \leqq \aleph_\sigma$ ist auch $\operatorname{card} \{\varphi_\xi\}_{\xi<\beta} \leqq \aleph_\sigma$, woraus über Satz 9 schließlich folgt:

$$\lambda = \lim_{\xi<\beta} \varphi_\xi = \sup \{\varphi_\xi\}_{\xi<\beta} < \boldsymbol{\omega}_{\sigma+1}. \quad ∎$$

Satz 13 gestattet für $\boldsymbol{O}(\boldsymbol{\omega}_{\sigma+1})$ *Beweise durch transfinite Induktion* in der folgenden Form:

Satz 14. *Für Alephindizes σ und Mengen $M \subseteq \boldsymbol{O}(\boldsymbol{\omega}_{\sigma+1})$ gilt $M = \boldsymbol{O}(\boldsymbol{\omega}_{\sigma+1})$ unter den Voraussetzungen:*

$$(1)\ 0 \in M, \qquad (2)\ \forall \alpha(\alpha \in M \to \alpha' \in M),$$

$$(3)\ \forall \tau \forall \alpha(\tau \leqq \sigma \wedge (\alpha_\xi)_{\xi<\boldsymbol{\omega}_\tau} \text{ Fundamentalfolge} \wedge \{\alpha_\xi\}_{\xi<\boldsymbol{\omega}_\tau} \subseteq M \to \lim_{\xi<\boldsymbol{\omega}_\tau} \alpha_\xi \in M).$$

Beweis. Sei unter den Voraussetzungen (1), (2), (3) $\boldsymbol{O}(\boldsymbol{\omega}_{\sigma+1}) \setminus M \neq \emptyset$ und λ die kleinste Zahl dieser Differenz. Dann ist λ keine isolierte Zahl; denn nach (1) ist $\lambda \neq 0$ und bei $\alpha' = \lambda$ wäre $\alpha \in M$, also nach (2) $\lambda = \alpha' \in M$. λ ist auch keine Limeszahl; denn sonst gibt es nach Satz 13 eine Fundamentalfolge $(\alpha_\xi)_{\xi<\omega_\tau}$ für ein $\tau \leqq \sigma$ mit $\lambda = \lim\limits_{\xi<\omega_\tau} \alpha_\xi$, und wegen $\alpha_\xi \in M$ für alle $\xi < \omega_\tau$ wäre nach (3) $\lambda = \lim\limits_{\xi<\omega_\tau} \alpha_\xi \in M$. Damit kann es keine Zahl $\alpha < \omega_{\sigma+1}$ geben mit $\alpha \notin M$. ∎

Man erhält aus den Sätzen 9, 10 für $\alpha = 0$ und aus den Sätzen 12, 13, 14 für $\sigma = 0$ entsprechende Aussagen über den Bereich $\mathfrak{Z}$ der ersten und zweiten Zahlklasse. Für jede abzählbare Menge $M \subseteq \mathfrak{Z}$ ist $\sup M \in \mathfrak{Z}$. Jede Limeszahl $\lambda \in \mathfrak{Z}_2$ ist mit ω konfinal. Eine Menge $M \subseteq \mathfrak{Z}$ ist gleich $\mathfrak{Z}$, wenn $0 \in M$ ist und M abgeschlossen ist gegenüber Nachfolgerbildung und Limesbildung für Fundamentalfolgen vom Typ ω.

4. Alephformeln. Formeln über transfinite Kardinalzahlen, welche das (mit Ordinalzahlindizes indizierte) Zeichen $\aleph$ enthalten, heißen *Alephformeln*. So folgen als erste Beispiele aus Satz 16c), b, § 8 für Alephindizes α, β und natürliche Zahlen n die Alephformeln:

$$\aleph_\alpha + \aleph_\beta = \aleph_\alpha \cdot \aleph_\beta = \aleph_{\max\{\alpha,\beta\}},$$

$$\aleph_\alpha + n = \aleph_\alpha, \qquad n \geqq 1 \to \aleph_\alpha \cdot n = \aleph_\alpha^{\,n} = \aleph_\alpha,$$

$$\alpha \leqq \beta + 1 \to \aleph_\alpha^{\aleph_\beta} = 2^{\aleph_\beta}.$$

Mit den uns aus der Ordinalzahltheorie zur Verfügung stehenden Hilfsmitteln wollen wir jetzt weitere wichtige Alephformeln ableiten.

Satz 15. *Für Alephindizes* α, β *gilt*:

a) $$\aleph_\alpha = \sum_{\xi<\omega_\alpha} |\xi|,$$

b) $$\beta \leqq \alpha \to \aleph_{\alpha+1}^{\aleph_\beta} = \sum_{\xi<\omega_{\alpha+1}} |\xi|^{\aleph_\beta}.$$

Beweis. a) Da nach Satz 7 $\aleph_\alpha$ auch die Mächtigkeit von $[1, \omega_\alpha[$ ist, gilt:

$$\aleph_\alpha = \sum_{1 \leqq \xi < \omega_\alpha} 1 \leqq \sum_{1 \leqq \xi < \omega_\alpha} |\xi| = \sum_{\xi < \omega_\alpha} |\xi| \leqq \sum_{\xi < \omega_\alpha} \aleph_\alpha = \aleph_\alpha^2 = \aleph_\alpha .$$

b) Ist $\beta \leqq \alpha$, so gibt es zu jeder Folge $(\sigma_\eta)_{\eta < \omega_\beta}$ von Ordinalzahlen $\sigma_\eta < \omega_{\alpha+1}$ eine Zahl $\xi < \omega_{\alpha+1}$ mit $\sigma_\eta < \xi$ für alle $\eta < \omega_\beta$; denn für $M = \{\sigma_\eta\}_{\eta < \omega_\beta}$ gilt $M \subseteq O(\omega_{\alpha+1})$ und card $M \leqq$ card $O(\omega_\beta) = \aleph_\beta \leqq \aleph_\alpha$, womit die Existenz von ξ direkt aus dem HAUSDORFF-BERNSTEINschen Lemma (Satz 9) folgt. Es gilt also dann

$$O(\omega_{\alpha+1})^{O(\omega_\beta)} = \dot{\bigcup_{\xi < \omega_{\alpha+1}}} O(\xi)^{O(\omega_\beta)},$$

also

$$\aleph_{\alpha+1}^{\aleph_\beta} \leqq \sum_{\xi < \omega_{\alpha+1}} |\xi|^{\aleph_\beta} .$$

Außerdem ist

$$\sum_{\xi < \omega_{\alpha+1}} |\xi|^{\aleph_\beta} \leqq \sum_{\xi < \omega_{\alpha+1}} \aleph_{\alpha+1}^{\aleph_\beta} = \aleph_{\alpha+1}^{\aleph_\beta} \cdot \aleph_{\alpha+1} = \aleph_{\alpha+1}^{\aleph_\beta + 1} = \aleph_{\alpha+1}^{\aleph_\beta} . \blacksquare$$

Satz 16 (HAUSDORFFsche Rekursionsformel). *Für Alephindizes* α, β *gilt*:

$$\aleph_{\alpha+1}^{\aleph_\beta} = \aleph_\alpha^{\aleph_\beta} \cdot \aleph_{\alpha+1} .$$

Beweis. Für $\alpha \leqq \beta$ gilt:

$$\aleph_{\alpha+1}^{\aleph_\beta} = \aleph_{\alpha+1}^{\aleph_\beta} \cdot \aleph_{\alpha+1} = 2^{\aleph_\beta} \cdot \aleph_{\alpha+1} = \aleph_\alpha^{\aleph_\beta} \cdot \aleph_{\alpha+1} .$$

Für $\beta \leqq \alpha$ gilt nach Satz 15b):

$$\aleph_{\alpha+1}^{\aleph_\beta} = \sum_{\xi < \omega_{\alpha+1}} |\xi|^{\aleph_\beta} \leqq \sum_{\xi < \omega_{\alpha+1}} \aleph_\alpha^{\aleph_\beta} = \aleph_\alpha^{\aleph_\beta} \cdot \aleph_{\alpha+1}$$

$$\leqq \aleph_{\alpha+1}^{\aleph_\beta} \cdot \aleph_{\alpha+1} = \aleph_{\alpha+1}^{\aleph_\beta} . \blacksquare$$

Aus Satz 16 folgt sofort für Alephindizes α und Kardinalzahlen $\mathfrak{b} \neq 0$:

$$\aleph_{\alpha+1}^{\mathfrak{b}} = \aleph_\alpha^{\mathfrak{b}} \cdot \aleph_{\alpha+1} .$$

Satz 17 (Bernsteinscher Alephsatz). *Für Alephindizes β und natürliche Zahlen n gilt:*

$$\aleph_n^{\aleph_\beta} = 2^{\aleph_\beta} \cdot \aleph_n .$$

Beweis. Für $n \leqq \beta$ gilt:

$$\aleph_n^{\aleph_\beta} = \aleph_n^{\aleph_\beta} \cdot \aleph_n = 2^{\aleph_\beta} \cdot \aleph_n .$$

Für $\beta \leqq n$ beweisen wir die Behauptung bei festem β durch ordnungstheoretische Induktion über n. Sei also $\beta \leqq n$ und gelte $\aleph_m^{\aleph_\beta} = 2^{\aleph_\beta} \cdot \aleph_m$ für alle m mit $\beta \leqq m < n$. Zu zeigen ist dann $\aleph_n^{\aleph_\beta} = 2^{\aleph_\beta} \cdot \aleph_n$. Der Fall $\beta = n$ ist bereits erledigt; sei also $\beta < n$ und $p = n - 1$ der Vorgänger von n. Für jedes $\xi < \omega_n$ ist $|\xi| \leqq \aleph_p$, also nach Voraussetzung

$$|\xi|^{\aleph_\beta} = 2^{\aleph_\beta} \cdot |\xi| \quad \text{für} \quad 2 \leqq \xi < \omega_n$$

(ist $2 \leqq |\xi| < \aleph_\beta$, so gilt diese Gleichheit direkt über Satz 16b), § 8). Damit folgt aus Satz 15 wegen $\beta \leqq p$:

$$\aleph_n^{\aleph_\beta} = \aleph_{p+1}^{\aleph_\beta} = \sum_{\xi < \omega_{p+1}} |\xi|^{\aleph_\beta} = 0 + 1 + \sum_{2 \leqq \xi < \omega_n} |\xi|^{\aleph_\beta} = \sum_{2 \leqq \xi < \omega_n} |\xi|^{\aleph_\beta}$$

$$= \sum_{2 \leqq \xi < \omega_n} (2^{\aleph_\beta} \cdot |\xi|) = \sum_{\xi < \omega_n} (2^{\aleph_\beta} \cdot |\xi|) = 2^{\aleph_\beta} \cdot \sum_{\xi < \omega_n} |\xi|$$

$$= 2^{\aleph_\beta} \cdot \aleph_n . \blacksquare$$

Aus Satz 17 folgt sofort für natürliche Zahlen n und Kardinalzahlen $\mathfrak{b} \neq 0$

$$\aleph_n^{\mathfrak{b}} = 2^{\mathfrak{b}} \cdot \aleph_n .$$

Wir lernen später nach Einführung der Ordinalzahlsumme noch eine Verallgemeinerung der Sätze 16 und 17 kennen (vgl. § 11, Abschn. 9).

Die folgenden beiden Sätze gestatten eine Auswertung allgemeiner Alephsummen und Alephprodukte.

Satz 18. a) *Für Ordinalzahlfolgen* $(\alpha_\xi)_{\xi<\beta}$, *deren Limes* $\mu = \lim_{\xi<\beta} \alpha_\xi$ *ein Alephindex ist, gilt:*

$$\sum_{\xi<\beta} \aleph_{\alpha_\xi} = \left(\lim_{\xi<\beta} \aleph_{\alpha_\xi}\right) \cdot |\beta| = \aleph_\mu \cdot |\beta| .$$

Ist noch $\beta \neq 0$ *und* $(\alpha_\xi)_{\xi<\beta}$ *eineindeutig (z.B. eine Fundamentalfolge), so gilt:*

$$\sum_{\xi<\beta} \aleph_{\alpha_\xi} = \lim_{\xi<\beta} \aleph_{\alpha_\xi} = \aleph_\mu .$$

b) *Für echt wachsende Ordinalzahlfolgen* $(\alpha_\xi)_{\xi\leqq\beta}$, *deren Limes* α_β *ein Alephindex ist, gilt:*

$$\sum_{\xi\leqq\beta} \aleph_{\alpha_\xi} = \lim_{\xi\leqq\beta} \aleph_{\alpha_\xi} = \aleph_{\alpha_\beta} .$$

Beweis. a) Die erste Behauptung gilt trivial für $\beta = 0$. Für $\beta \neq 0$ ist nach Satz 8a) und wegen $\aleph_{\alpha_\eta} \leqq \sum_{\xi<\beta} \aleph_{\alpha_\xi}$ für jedes $\eta < \beta$:

$$\aleph_\mu = \lim_{\xi<\beta} \aleph_{\alpha_\xi} \leqq \sum_{\xi<\beta} \aleph_{\alpha_\xi} \geqq \sum_{\xi<\beta} 1 = |\beta| .$$

Damit wird

$$\aleph_\mu \cdot |\beta| = \max\{\aleph_\mu, |\beta|\} \leqq \sum_{\xi<\beta} \aleph_{\alpha_\xi} \leqq \sum_{\xi<\beta} \aleph_\mu$$
$$= \aleph_\mu \cdot |\beta| = \left(\lim_{\xi<\beta} \aleph_{\alpha_\xi}\right) \cdot |\beta| .$$

Für die zweite Behauptung von a) ist unter der Voraussetzung, daß $\beta \neq 0$ und $(\alpha_\xi)_{\xi<\beta}$ eineindeutig ist, noch zu zeigen $|\beta| \leqq \aleph_\mu$. Es ist aber

$$|\beta| = \text{card}\,\{\alpha_\xi\}_{\xi<\beta} \leqq \text{card}\,\boldsymbol{O}(\mu+1) = |\mu+1| \leqq \aleph_\mu ;$$

denn nach Satz 5b) ist $|\mu| \leqq \aleph_\mu$, woraus sofort $|\mu + 1| = |\mu| \leqq \aleph_\mu$ für unendliches μ und $|\mu+1| < \aleph_0 \leqq \aleph_\mu$ für endliches μ folgt.

b) folgt unmittelbar aus der zweiten Behauptung von a). ∎

Aus Satz 18 folgt speziell für Alephindizes β:

$$\sum_{\xi \leqq \beta} \aleph_\xi = \aleph_\beta, \qquad \beta \neq 0 \rightarrow \sum_{\xi < \beta} \aleph_{\xi+1} = \aleph_\beta,$$
$$\beta \textit{ Limeszahl} \rightarrow \sum_{\xi < \beta} \aleph_\xi = \aleph_\beta.$$

Mit Hilfe von Satz 18 kann man neben Satz 17f,) § 8 ebenfalls beliebige Kardinalzahlsummen $\sum_{i \in I} \mathfrak{a}_i$ auswerten. Denn mit dem kommutativen und assoziativen Gesetz kann man eine solche Summe zerlegen in

$$\sum_{i \in I} \mathfrak{a}_i = \sum_{i \in I_1} \mathfrak{a}_i + \sum_{i \in I_2} \mathfrak{a}_i,$$

wo I_1 die Menge aller $i \in I$ mit $\mathfrak{a}_i \in \boldsymbol{N}$ ist und $I_2 = I \setminus I_1$. Ist I_1 endlich, so ist $\sum_{i \in I_1} \mathfrak{a}_i$ eine innerhalb der Arithmetik der natürlichen Zahlen zu berechnende endliche Summe natürlicher Zahlen (deren Berechnung man sich im Falle $I_2 \neq \emptyset$ ersparen kann). Ist I_1 unendlich und sind alle $\mathfrak{a}_i \neq 0$ für $i \in I_1$, so ist nach Satz 17d), § 8

$$\sum_{i \in I_1} \mathfrak{a}_i = \operatorname{card} I_1.$$

Schließlich ist nach Satz 18a)

$$\sum_{i \in I_2} \mathfrak{a}_i = \left(\sup_{i \in I_2} \mathfrak{a}_i\right) \cdot \operatorname{card} I_2,$$

im Falle der Eineindeutigkeit von $(\mathfrak{a}_i)_{i \in I_2}$ sogar

$$\sum_{i \in I_2} \mathfrak{a}_i = \sup_{i \in I_2} \mathfrak{a}_i.$$

Wir wenden uns nun dem allgemeinen Produkt zu.

Satz 19. a) *Für ordinale Fundamentalfolgen* $(\alpha_\xi)_{\xi < \lambda}$, *deren Limes* $\mu = \lim_{\xi < \lambda} \alpha_\xi$ *ein Alephindex ist, gilt unter Voraussetzung der Alephhypothese:*

$$\prod_{\xi < \lambda} \aleph_{\alpha_\xi} = \left(\lim_{\xi < \lambda} \aleph_{\alpha_\xi}\right)^{|\lambda|} = \aleph_\mu^{|\lambda|} = \aleph_{\mu+1}.$$

b) *Für echt wachsende Ordinalzahlfolgen* $(\alpha_\xi)_{\xi \leqq \beta}$ *mit* $\beta \neq 0$, *deren Limes* α_β *ein Alephindex ist und für die* $\alpha_\xi + 1 = \alpha_{\xi+1}$ *für beliebige* $\xi < \beta$ *und* $\lim\limits_{\xi<\lambda} \alpha_\xi = \alpha_\lambda$ *für beliebige Limeszahlen* $\lambda \leqq \beta$ *ist, gilt unter Voraussetzung der Alephhypothese:*

$$\prod_{\xi \leqq \beta} \aleph_{\alpha_\xi} = \left(\lim_{\xi \leqq \beta} \aleph_{\alpha_\xi}\right)^{|\beta|} = \aleph_{\alpha_\beta}^{|\beta|}.$$

Beweis. a) Auf Grund der Eineindeutigkeit von $(\alpha_\xi)_{\xi<\lambda}$ ist $|\lambda| \leqq \aleph_\mu$ (vgl. den Beweis zu Satz 18a)). Damit gilt nach obigem Satz 18a) und Satz 19a), § 8:

$$\lim_{\xi<\lambda} \aleph_{\alpha_\xi} = \aleph_\mu = \sum_{\xi<\lambda} \aleph_{\alpha_\xi} < \prod_{\xi<\lambda} \aleph_{\alpha_\xi} \leqq \prod_{\xi<\lambda} \aleph_\mu$$
$$= \aleph_\mu^{|\lambda|} \leqq \aleph_\mu^{\aleph_\mu} = 2^{\aleph_\mu}.$$

Mit der Alephhypothese wird $2^{\aleph_\mu} = \aleph_{\mu+1}$, also

$$\aleph_\mu < \prod_{\xi<\lambda} \aleph_{\alpha_\xi} \leqq \aleph_\mu^{|\lambda|} \leqq \aleph_{\mu+1}$$

$$\prod_{\xi<\lambda} \aleph_{\alpha_\xi} = \aleph_\mu^{|\lambda|} = \aleph_{\mu+1}.$$

b) Für die mit allen Voraussetzungen vorgegebene feste Folge $(\alpha_\xi)_{\xi \leqq \beta}$ ist nach Satz 8a) sofort $\lim\limits_{\xi \leqq \beta} \aleph_{\alpha_\xi} = \aleph_{\alpha_\beta}$. Wir zeigen noch durch transfinite vollständige Induktion innerhalb $(\boldsymbol{O}(\beta + 1), \leqq)$ (vgl. Satz 2, § 5) für jedes $\gamma \leqq \beta$:

$$\gamma \neq 0 \rightarrow \prod_{\xi \leqq \gamma} \aleph_{\alpha_\xi} = \aleph_{\alpha_\gamma}^{|\gamma|}.$$

Für $\gamma = 0$ ist die Behauptung trivial. Ist γ eine Limeszahl, so gilt nach a):

$$\prod_{\xi \leqq \gamma} \aleph_{\alpha_\xi} = \prod_{\xi<\gamma} \aleph_{\alpha_\xi} \cdot \aleph_{\alpha_\gamma} = \aleph_{\alpha_\gamma}^{|\gamma|} \cdot \aleph_{\alpha_\gamma} = \aleph_{\alpha_\gamma}^{|\gamma|}.$$

Ist $\gamma < \beta$ und $\gamma = 0$, so gilt die Behauptung trivial für $\gamma + 1 = 1$. Ist $0 < \gamma < \beta$ und gilt Behauptung für γ, so ist nach Satz 16:

$$\prod_{\xi \leqq \gamma+1} \aleph_{\alpha_\xi} = \prod_{\xi \leqq \gamma} \aleph_{\alpha_\xi} \cdot \aleph_{\alpha_{\gamma+1}} = \aleph_{\alpha_\gamma}^{|\gamma|} \cdot \aleph_{\alpha_\gamma+1}$$

$$= \aleph_{\alpha_\gamma+1}^{|\gamma|} \leqq \aleph_{\alpha_{\gamma+1}}^{|\gamma+1|} . \blacksquare$$

Nach Einführung der Ordinalzahlsumme wird man erkennen, daß die in Satz 19b) zugelassenen Folgen $(\alpha_\xi)_{\xi \leqq \beta}$ gerade die Summenfolgen

$$(\alpha + \xi)_{\xi \leqq \beta}$$

bei fest vorgegebener Zahl α sind (abgesehen von $\beta \neq 0$ und Alephindex α_β). Dazu gehören u. a. die Folgen $(\xi)_{\xi \leqq \beta}$. Aus Satz 19 folgt speziell (unter Voraussetzung der Alephhypothese) für Alephindizes $\beta \neq 0$:

$$\prod_{\xi \leqq \beta} \aleph_\xi = \aleph_\beta^{|\beta|}, \qquad \prod_{\xi < \beta} \aleph_{\xi+1} = \aleph_\beta^{|\beta|},$$

$$\beta \textit{ Limeszahl} \rightarrow \prod_{\xi < \beta} \aleph_\xi = \aleph_\beta^{|\beta|} = \aleph_{\beta+1}$$

(die zweite Behauptung zeigt man unter Verwendung der Sätze 16 und 19a) durch transfinite vollständige Induktion über alle Alephindizes $\beta \geqq 1$).

Mit Hilfe von Satz 19 kann man neben Satz 17g), § 8 Kardinalzahlprodukte $\prod_{i \in I} \mathfrak{a}_i$ auswerten, indem man sie zerlegt in

$$\prod_{i \in I} \mathfrak{a}_i = \prod_{i \in I_1} \mathfrak{a}_i \cdot \prod_{i \in I_2} \mathfrak{a}_i ,$$

wo I_1 die Menge aller $i \in I$ mit $\mathfrak{a}_i \in \boldsymbol{N}$ ist und $I_2 = I \setminus I_1$. Für endliches I_1 ergibt $\prod_{i \in I_1} \mathfrak{a}_i$ eine natürliche Zahl, für unendliches I_1 und $\mathfrak{a}_i \geqq 2$ für $i \in I_1$ ist nach Satz 17e), § 8

$$\prod_{i \in I_1} \mathfrak{a}_i = 2^{\operatorname{card} I_1} .$$

Ist etwa I_2 unendlich, $(\mathfrak{a}_i)_{i \in I_2}$ eineindeutig und gibt es zu jedem $i \in I_2$ ein $j \in I_2$ mit $\mathfrak{a}_i < \mathfrak{a}_j$, so läßt sich $\{\mathfrak{a}_i\}_{i \in I_2}$ isomorph auf einen Abschnitt $\boldsymbol{O}(\lambda)$ abbilden, wo λ Limeszahl ist, und Satz 19a) ergibt

$$\prod_{i \in I_2} \mathfrak{a}_i = \left(\sup_{i \in I_2} \mathfrak{a}_i\right)^{\operatorname{card} I_2} = \left(\sup_{i \in I_2} \mathfrak{a}_i\right)'.$$

5. Zusammenfassung der Begriffe. Für Ordinalzahlen α, ω und Kardinalzahlen $\mathfrak{a}$ gilt:

$$|\alpha| = \iota\, \mathfrak{x}\, \forall X\, \forall R(\alpha = \operatorname{ord}(X, R) \to \mathfrak{x} = \operatorname{card} X),$$
$$\mathfrak{Z}(\mathfrak{a}) = \{\xi \mid |\xi| = \mathfrak{a}\},$$
$$\mathfrak{Z}_2 = \mathfrak{Z}(\boldsymbol{\mathfrak{a}}), \qquad \mathfrak{Z} = \boldsymbol{N} \cup \mathfrak{Z}_2,$$
$$\mathfrak{a}\ \textit{Aleph} \leftrightarrow \mathfrak{a}\ \textit{unendlich},$$
$$(\textit{Anfangszahl von}\ \mathfrak{Z}(\mathfrak{a})) = \iota\, \xi(\mathfrak{a}\ \textit{Aleph} \wedge \xi = \min \mathfrak{Z}(\mathfrak{a})),$$
$$\omega\ \textit{Anfangszahl} \leftrightarrow \exists \mathfrak{x}(\omega = \textit{Anfangszahl von}\ \mathfrak{Z}(\mathfrak{x})),$$
$$\alpha\ \textit{Alephindex} \leftrightarrow \exists \mathfrak{x}(\mathfrak{x}\ \textit{Aleph} \wedge (\boldsymbol{O}(\alpha), \leqq) \simeq ([\boldsymbol{\mathfrak{a}}, \mathfrak{x}[, \leqq)).$$

Für Alephindizes α gilt:

$$\aleph_\alpha = \iota\, \mathfrak{x}(\mathfrak{x}\ \textit{Aleph} \wedge (\boldsymbol{O}(\alpha), \leqq) \simeq ([\boldsymbol{\mathfrak{a}}, \mathfrak{x}[, \leqq)),$$
$$\boldsymbol{\omega}_\alpha = \min \mathfrak{Z}(\aleph_\alpha) = \textit{Anfangszahl von}\ \mathfrak{Z}(\aleph_\alpha).$$

§ 11. Arithmetik der Ordinalzahlen

1. Summe. Für disjunkte wohlgeordnete Mengen (A, ϱ), (B, σ) ist bei

$$V = A \cup B, \qquad R = \varrho \cup \sigma \cup (A \times B)$$

(vgl. Satz 16c), § 4 und die anschließenden Bemerkungen) die Ordinalzahl $\operatorname{ord}(V, R)$ der *wohlgeordneten Vereinigung* (V, R) von (A, ϱ) und (B, σ) als Summe von $\alpha = \operatorname{ord}(A, \varrho)$ und $\beta = \operatorname{ord}(B, \sigma)$ anzusprechen. Denn die wohlgeordnete Menge (V, R) entsteht anschaulich durch rechtsseitiges Anheften von (B, σ) an (A, ϱ), indem R innerhalb V jedes Element von A vor jedes Element von B setzt und die Elemente aus A ebenso wie die Elemente aus B in ihrer ursprünglichen Wohlordnung ϱ bzw. σ beläßt. Für Ordinalzahlen α, β gibt es dabei stets Repräsentanten (A, ϱ),

(B, σ) mit $A \cap B = \emptyset$; denn ist

$$\alpha = \mathrm{ord}(A', \varrho'), \qquad \beta = \mathrm{ord}(B', \sigma'),$$

so sei mittels *Indizierung* mit 0 bzw. 1:

$$A = \{0\} \times A', \quad B = \{1\} \times B',$$
$$\varrho = \{((0, x), (0, y)) \mid (x, y) \in \varrho'\},$$
$$\sigma = \{((1, x), (1, y)) \mid (x, y) \in \sigma'\},$$

und man hat

$$(A, \varrho) \simeq (A', \varrho'), \qquad (B, \sigma) \simeq (B', \sigma'), \qquad A \cap B = \emptyset.$$

Ist weiterhin

$$\alpha = \mathrm{ord}(A, \varrho) = \mathrm{ord}(A', \varrho'),$$
$$\beta = \mathrm{ord}(B, \sigma) = \mathrm{ord}(B', \sigma')$$

für gewisse wohlgeordnete Mengen (A, ϱ), (A', ϱ'), (B, σ), (B', σ') bei

$$A \cap B = A' \cap B' = \emptyset$$

und ist

$$V = A \cup B, \quad R = \varrho \cup \sigma \cup (A \times B),$$
$$V' = A' \cup B', \quad R' = \varrho' \cup \sigma' \cup (A' \times B'),$$

so zeigt man unter Verwendung der isomorphen Abbildungen f von (A, ϱ) auf (A', ϱ') und g von (B, σ) auf (B', σ') ohne Schwierigkeiten, daß $F = f \cup g$ ein Isomorphismus von (V, R) auf (V', R') ist. Damit sind wir zu folgender von den Repräsentanten unabhängigen Summendefinition berechtigt:

Definition 1. Für Ordinalzahlen α, β und wohlgeordnete Mengen (A, ϱ), (B, σ) mit $\alpha = \mathrm{ord}(A, \varrho)$, $\beta = \mathrm{ord}(B, \sigma)$ und $A \cap B = \emptyset$ heißt bei

$$V = A \cup B, \qquad R = \varrho \cup \sigma \cup (A \times B)$$

die Ordinalzahl $\mathrm{ord}(V, R)$ die *Summe* von α, β, bezeichnet mit: $\alpha + \beta$. Im Falle $\gamma = \alpha + \beta$ heißt α ein *Augend* oder ein *erster Summand* von γ und β ein *Addend* oder ein *zweiter Summand* von γ. ∎

Für natürliche Zahlen n, m fällt $n + m$ im Sinne von Definition 1 mit der Kardinalzahlsumme von n und m, also mit der üblichen Summe natürlicher Zahlen zusammen. In jeder gegenüber Summenbildung abgeschlossenen Menge M von Ordinalzahlen, d. h.

$$\forall \xi \, \forall \eta (\xi, \eta \in M \rightarrow \xi + \eta \in M),$$

wird durch $+$ eine Operation in M erzeugt, die *Addition* in M. Solche abgeschlossenen Mengen M sind etwa $\boldsymbol{N}$ und für jeden Allbereich $\mathfrak{B}$ mit $\boldsymbol{N} \in \mathfrak{B}$ die Menge

$$M = \{\xi \in \mathfrak{B} \mid \xi \textit{ Ordinalzahl}\}.$$

Die letzte Behauptung folgt nach Satz 3, § 9 und Satz 8b), c), Bd. II, § 10 so: Für Ordinalzahlen ξ, $\eta \in \mathfrak{B}$ existieren Repräsentanten $\mathfrak{X}' = (X', \varrho')$, $\mathfrak{Y}' = (Y', \sigma')$ mit $\mathfrak{X}', \mathfrak{Y}' \in \mathfrak{B}$; dann sind die oben vor Definition 1 konstruierten disjunkten Repräsentanten $\mathfrak{X} = (X, \varrho)$, $\mathfrak{Y} = (Y, \sigma)$ ebenfalls Elemente von $\mathfrak{B}$, also auch $(V, R) \in \mathfrak{B}$ für den Repräsentanten (V, R) von $\xi + \eta$; also ist $\xi + \eta = \operatorname{ord}(V, R) \in \mathfrak{B}$.

Aus Definition 1 folgt für Ordinalzahlen α, β:

$$|\alpha + \beta| = |\alpha| + |\beta|.$$

Satz 1. *Für Ordinalzahlen α, β und ordinale Limeszahlen λ gilt:*

$$(1)\ \alpha + 0 = \alpha, \qquad (2)\ \alpha + \beta' = (\alpha + \beta)',$$

$$(3)\ \alpha + \lambda = \lim_{\xi < \lambda} (\alpha + \xi).$$

Beweis. (1) Ist $\alpha = \operatorname{ord}(A, \varrho)$, so gilt wegen $0 = \operatorname{ord}(\emptyset, \emptyset)$:

$$\begin{aligned} \alpha + 0 &= \operatorname{ord}(A \cup \emptyset, \varrho \cup \emptyset \cup (A \times \emptyset)) \\ &= \operatorname{ord}(A, \varrho) = \alpha. \end{aligned}$$

(2) Ist $\alpha = \mathrm{ord}(A, \varrho)$, $\beta = \mathrm{ord}(B, \sigma)$, $A \cap B = \emptyset$ und c ein Objekt mit $c \notin A \cup B$, so gilt nach Satz 16, § 9:

$$\beta' = \mathrm{ord}\big(B \cup \{c\}, \sigma \cup [(B \cup \{c\}) \times \{c\}]\big),$$

$$\alpha + \beta' = \mathrm{ord}\big(A \cup B \cup \{c\}, \varrho \cup \sigma \cup [(B \cup \{c\}) \times \{c\}] \cup [A \times (B \cup \{c\})]\big),$$

$$(\alpha + \beta)' = \mathrm{ord}\big(A \cup B \cup \{c\}, \varrho \cup \sigma \cup (A \times B) \cup [(A \cup B \cup \{c\}) \times \{c\}]\big),$$

also

$$\alpha + \beta' = (\alpha + \beta)'.$$

(3) Es seien α, ξ_1, ξ_2 Ordinalzahlen mit

$$\alpha = \mathrm{ord}(A, \varrho), \qquad \xi_1 = \mathrm{ord}(X_1, \sigma_1), \qquad \xi_2 = \mathrm{ord}(X_2, \sigma_2)$$

bei

$$A \cap X_1 = A \cap X_2 = \emptyset$$

(solche disjunkten Repräsentanten erhält man, indem man vorgegebene Repräsentanten (A', ϱ'), (X_1', σ_1'), (X_2', σ_2') von α, ξ_1, ξ_2 analog zu dem Verfahren vor Definition 1 mit bzw. 0, 1, 2 indiziert), und es sei

$$V_1 = A \cup X_1, \qquad R_1 = \varrho \cup \sigma_1 \cup (A \times X_1),$$

$$V_2 = A \cup X_2, \qquad R_2 = \varrho \cup \sigma_2 \cup (A \times X_2).$$

Ist dann $\xi_1 < \xi_2$, so gibt es einen Abschnitt S von X_2 bzgl. σ_2 mit

$$(X_1, \sigma_1) \simeq (S, \sigma_2 \parallel S).$$

Daraus folgt

$$(V_1, R_1) \simeq (A \cup S, R_2 \parallel (A \cup S)),$$

wobei $A \cup S$ ein Abschnitt von V_2 bzgl. R_2 ist, also $\alpha + \xi_1 < \alpha + \xi_2$. Damit gilt:

$$\xi_1 < \xi_2 \to \alpha + \xi_1 < \alpha + \xi_2.$$

Nun zur Behauptung

$$\alpha + \lambda = \mu \quad \text{bei} \quad \mu = \lim_{\xi < \lambda} (\alpha + \xi)$$

für Limeszahlen λ. Wegen $\alpha + \xi < \alpha + \lambda$ für alle $\xi < \lambda$ existiert die Folge $(\alpha + \xi)_{\xi<\lambda}$, und es ist $\mu \leqq \alpha + \lambda$. Wäre $\mu < \alpha + \lambda$ bei $\alpha = \mathrm{ord}(A, \varrho)$, $\lambda = \mathrm{ord}(L, \sigma)$, $A \cap L = \emptyset$ und bei

$$V = A \cup L, \qquad R = \varrho \cup \sigma \cup (A \times L),$$

so gäbe es ein $v \in V$ mit

$$\mu = \mathrm{ord}(\mathrm{Ab}\, v, R \parallel \mathrm{Ab}\, v)$$

für den Abschnitt Ab v von v innerhalb (V, R). Da L nichtleer ist und bzgl. σ kein letztes Element besitzt (λ ist ja Limeszahl), gibt es ein $l \in L$ mit $v \underset{R}{<} l$ und damit

$$\mu < \mathrm{ord}(\mathrm{Ab}\, l, R \parallel \mathrm{Ab}\, l)$$

für den in (V, R) genommenen Abschnitt Ab l. Ist schließlich

$$\xi_0 = \mathrm{ord}\left(\underset{(L,\sigma)}{\mathrm{Ab}\, l}, \sigma \parallel \underset{(L,\sigma)}{\mathrm{Ab}\, l}\right),$$

so wird

$$\mathrm{ord}(\mathrm{Ab}\, l, R \parallel \mathrm{Ab}\, l) = \alpha + \xi_0, \qquad \xi_0 < \lambda,$$

also insgesamt $\mu < \alpha + \xi_0$ bei $\xi_0 < \lambda$ im Widerspruch zu $\alpha + \xi \leqq \mu$ für alle $\xi < \lambda$. Damit ist $\alpha + \lambda = \mu$. ∎

Aus Satz 1 folgt für Ordinalzahlen α:

$$\alpha + 1 = \alpha';$$

denn es ist $\alpha + 1 = \alpha + 0' = (\alpha + 0)' = \alpha'$. Damit ist die bisherige Verwendung von $\alpha + 1$ als andere Schreibweise für α' (vgl. § 10) gerechtfertigt. Die dritte Behauptung von Satz 1 läßt sich als Vertauschbarkeit von Summen- und Limesbildung auffassen:

$$\alpha + \lambda = \alpha + \lim_{\xi<\lambda} \xi = \lim_{\xi<\lambda} (\alpha + \xi).$$

Nach Satz 1 bestehen speziell die Rekursionsgleichungen

$$a + 0 = a, \qquad a + n' = (a + n)'$$

für natürliche Zahlen a, n, und man erhält $a + n \in \boldsymbol{N}$ durch vollständige Induktion über n. Damit ist erneut die Abgeschlossenheit von $\boldsymbol{N}$ gegenüber Summenbildung gezeigt und nach Satz 14, Bd. II, § 7 das Zusammenfallen von $a + n$ innerhalb $\boldsymbol{N}$ mit der alten Summe natürlicher Zahlen.

Die Gleichungen von Satz 1 sind die *Rekursionsgleichungen der Addition* nach dem Muster der Definitionen durch transfinite gemischte Induktion (vgl. Satz 6, § 5 und anschließende Bemerkungen) und gestatten, Behauptungen über Ordinalzahlsummen mit dem Beweisverfahren der transfiniten gemischten Induktion zu beweisen (vgl. Satz 3, § 5 und die abschließenden Bemerkungen von § 5, Abschn. 2). So kann man etwa

$$0 + \alpha = \alpha$$

für Ordinalzahlen α durch transfinite gemischte Induktion über α zeigen: Es ist $0 + 0 = 0$; ist $0 + \alpha = \alpha$, so ist $0 + \alpha' = (0 + \alpha)' = \alpha'$; ist λ Limeszahl und gilt $0 + \xi = \xi$ für alle $\xi < \lambda$, so ist $0 + \lambda = \lim\limits_{\xi<\lambda}(0 + \xi) = \lim\limits_{\xi<\lambda} \xi = \lambda$.

Die Addition von Ordinalzahlen läßt sich durch ihre Rekursionsgleichungen auch rein rekursiv definieren, ohne Rückgang auf Repräsentanten. Die Grundlage einer solchen Definition bildet der

Satz 2. *Für jeden Alephindex σ gibt es genau eine Operation $+$ in $\boldsymbol{O}(\boldsymbol{\omega}_{\sigma+1})$ mit für beliebige $\alpha, \beta < \boldsymbol{\omega}_{\sigma+1}$ und beliebige Limeszahlen $\lambda < \boldsymbol{\omega}_{\sigma+1}$:*

$$(1)\ \alpha + 0 = \alpha, \qquad (2)\ \alpha + \beta' = (\alpha + \beta)',$$

$$(3)\ \alpha + \lambda = \lim_{\xi<\lambda} (\alpha + \xi).$$

Beweis. Es gibt zunächst höchstens eine derartige Operation $+$; denn sind $+_1$ und $+_2$ Operationen in $\boldsymbol{O}(\boldsymbol{\omega}_{\sigma+1})$ mit den Eigenschaften (1), (2), (3), so zeigt man leicht für jedes fest herausgegriffene $\alpha < \boldsymbol{\omega}_{\sigma+1}$ durch transfinite gemischte Induktion über β für jedes $\beta < \boldsymbol{\omega}_{\sigma+1}$:

$$\alpha +_1 \beta = \alpha +_2 \beta .$$

(Es wird also Satz 3, § 5 innerhalb des wohlgeordneten Abschnittes $(\boldsymbol{O}(\boldsymbol{\omega}_{\sigma+1}), \leqq)$ bei festem $\alpha < \boldsymbol{\omega}_{\sigma+1}$ auf die Menge M aller $\beta < \boldsymbol{\omega}_{\sigma+1}$ mit $\alpha +_1 \beta = \alpha +_2 \beta$ angewandt.)

Die Existenz einer gewünschten Operation $+$ folgt innerhalb des wohlgeordneten Abschnittes $(\boldsymbol{O}(\boldsymbol{\omega}_{\sigma+1}), \leqq)$ aus dem Rechtfertigungssatz für Definitionen durch transfinite gemischte Induktion (Satz 6, § 5). Es sei α eine feste Zahl mit $\alpha < \boldsymbol{\omega}_{\sigma+1}$, Λ die Menge der Limeszahlen $\lambda < \boldsymbol{\omega}_{\sigma+1}$,

$$G = \{g \mid \exists \lambda (\lambda \in \Lambda \wedge g \textit{ Funktion von } \boldsymbol{O}(\lambda) \textit{ in } \boldsymbol{O}(\boldsymbol{\omega}_{\sigma+1}))\},$$

T_1 die Funktion von $\boldsymbol{O}(\boldsymbol{\omega}_{\sigma+1})^2$ in $\boldsymbol{O}(\boldsymbol{\omega}_{\sigma+1})$ mit für beliebige $\beta, \gamma < \boldsymbol{\omega}_{\sigma+1}$:

$$T_1(\beta, \gamma) = \gamma'$$

und T_2 die Funktion von G in $\boldsymbol{O}(\boldsymbol{\omega}_{\sigma+1})$ mit für jedes $g \in G$ bei $\mathrm{D}(g) = \boldsymbol{O}(\lambda)$:

$$T_2(g) = \lim_{\xi < \lambda} g(\xi) .$$

Es ist dabei stets $T_2(g) < \boldsymbol{\omega}_{\sigma+1}$, da wegen $\operatorname{card} \mathrm{W}(g) \leqq \operatorname{card} \boldsymbol{O}(\lambda) \leqq \aleph_\sigma$ nach Satz 9, § 10 $\sup \mathrm{W}(g) < \boldsymbol{\omega}_{\sigma+1}$ ist. Nach Satz 6, § 5 existiert genau eine Funktion F von $\boldsymbol{O}(\boldsymbol{\omega}_{\sigma+1})$ in $\boldsymbol{O}(\boldsymbol{\omega}_{\sigma+1})$ mit für beliebige $\beta < \boldsymbol{\omega}_{\sigma+1}$ und $\lambda \in \Lambda$:

$$F(0) = \alpha ,$$
$$F(\beta') = T_1(\beta, F(\beta)) = F(\beta)' ,$$
$$F(\lambda) = T_2(F \mid \boldsymbol{O}(\lambda)) = \lim_{\xi < \lambda} (F \mid \boldsymbol{O}(\lambda))(\xi) = \lim_{\xi < \lambda} F(\xi) .$$

Diese zu α eindeutig bestimmte Funktion F werde mit $\langle \alpha \rangle$ bezeichnet. Dann erfüllt die Operation $+$ in $\boldsymbol{O}(\boldsymbol{\omega}_{\sigma+1})$ mit für beliebige $\alpha, \beta < \boldsymbol{\omega}_{\sigma+1}$:

$$\alpha + \beta = \langle \alpha \rangle (\beta)$$

die Bedingungen (1), (2), (3). ∎

Für Alephindizes σ, τ mit $\sigma \leqq \tau$ und den nach Satz 2 existierenden Operationen $+_\sigma$ in $\boldsymbol{O}(\boldsymbol{\omega}_{\sigma+1})$ und $+_\tau$ in $\boldsymbol{O}(\boldsymbol{\omega}_{\tau+1})$ gilt sofort für beliebige $\alpha, \beta < \boldsymbol{\omega}_{\sigma+1}$:

$$\alpha +_\sigma \beta = \alpha +_\tau \beta .$$

Denn durch transfinite gemischte Induktion über β zeigt man $\alpha +_\tau \beta < \boldsymbol{\omega}_{\sigma+1}$ für $\alpha, \beta < \boldsymbol{\omega}_{\sigma+1}$ (unter Verwendung von Satz 9, § 10 im Limesschritt). Damit ist $\boldsymbol{O}(\boldsymbol{\omega}_{\sigma+1})$ gegenüber $+_\tau$ abgeschlossen, und sowohl $+_1 = +_\sigma$ als auch $+_2 = +_\tau \mid \boldsymbol{O}(\boldsymbol{\omega}_{\sigma+1})^2$ sind Operationen in $\boldsymbol{O}(\boldsymbol{\omega}_{\sigma+1})$ mit den Rekursionsgleichungen des Satzes 2, woraus nach Satz 2 $+_1 = +_2$ folgt. Für beliebige Ordinalzahlen α, β gibt es mindestens einen Alephindex σ mit $\alpha, \beta < \boldsymbol{\omega}_{\sigma+1}$ (für endliches $\gamma = \max\{\alpha, \beta\}$ sei $\sigma = 0$, für unendliches γ sei $|\gamma| = \aleph_\sigma$), und nach eben ist der Wert $\alpha +_\sigma \beta$ für alle solchen σ derselbe. Es läßt sich also die *Summe* $\alpha + \beta$ definieren als $\alpha +_\sigma \beta$ für alle Alephindizes σ mit $\alpha, \beta < \boldsymbol{\omega}_{\sigma+1}$. Diese rekursiv definierte Summe $\alpha + \beta$ fällt mit der Summe aus Definition 1 zusammen; denn für letztere gilt Satz 1, womit $\boldsymbol{O}(\boldsymbol{\omega}_{\sigma+1})$ ihr gegenüber abgeschlossen ist und beide Summen nach Satz 2 übereinstimmen.

Man definiert für Ordinalzahlen $\alpha, \beta, \gamma, \delta, \ldots$ sukzessiv die *mehrstelligen Summen*:

$$\alpha + \beta + \gamma = (\alpha + \beta) + \gamma ,$$
$$\alpha + \beta + \gamma + \delta = (\alpha + \beta + \gamma) + \delta , \ldots .$$

2. Allgemeine Summe. Die Ordinalzahlsumme der Definition 1 läßt sich unter Verwendung von Satz 26c), § 4 naheliegend auf beliebige Ordinalzahlfamilien $(\alpha_i)_{i\in I}$ übertragen, wobei jetzt allerdings noch eine Wohlordnung τ im Indexbereich I gegeben sein muß, weil durch Nebeneinandersetzen der disjunkten Repräsentanten (A_i, ϱ_i) eine Wohlordnung in $\bigcup_{i\in I} A_i$ entstehen soll. Da jede wohlgeordnete Menge (I, τ) (genau) einem Abschnitt $(\boldsymbol{O}(\beta), \leqq)$ isomorph ist, verwenden wir als Standard-Indexbereiche I einfach die Abschnitte $\boldsymbol{O}(\beta)$ mit ihrer üblichen Wohlordnung $\leqq$ und betrachten damit Ordinalzahlfolgen $(\alpha_\xi)_{\xi<\beta}$. Zu jeder solchen Folge existiert eine disjunkte Repräsentantenfolge $(A_\xi, \varrho_\xi)_{\xi<\beta}$. Hierfür sei $(A'_\xi, \varrho'_\xi)_{\xi<\beta}$ eine Repräsentantenfolge der α_ξ (etwa $(A'_\xi, \varrho'_\xi) = (\boldsymbol{O}(\alpha_\xi), \leqq)$ für alle $\xi < \beta$), und mittels *Indizierung* mit ξ setze man für jedes $\xi < \beta$:

$$A_\xi = \{\xi\} \times A'_\xi,$$

$$\varrho_\xi = \{((\xi, x), (\xi, y)) \mid (x, y) \in \varrho'_\xi\};$$

dann gilt für alle $\xi, \eta < \beta$:

$$(A_\xi, \varrho_\xi) \simeq (A'_\xi, \varrho'_\xi), \qquad \xi \neq \eta \to A_\xi \cap A_\eta = \emptyset .$$

Ist nun $(\alpha_\xi)_{\xi<\beta}$ eine Ordinalzahlfolge mit zugehöriger disjunkter Repräsentantenfolge $(A_\xi, \varrho_\xi)_{\xi<\beta}$ und

$$V = \bigcup_{\xi<\beta} A_\xi, \qquad R = \bigcup_{\xi<\beta} \varrho_\xi \cup \bigcup_{\xi<\eta<\beta} (A_\xi \times A_\eta),$$

so ist (vgl. Satz 26c), § 4) die Ordinalzahl $\operatorname{ord}(V, R)$ der *wohlgeordneten Vereinigung* (V, R) von $(A_\xi, \varrho_\xi)_{\xi<\beta}$ bzgl. der Wohlordnung $\leqq$ in $\boldsymbol{O}(\beta)$ als Summe der Zahlen α_ξ in deren Reihenfolge gemäß der Indexwohlordnung $\leqq$ anzusprechen. Denn die wohlgeordnete Menge (V, R) entsteht anschaulich durch sukzessives rechtsseitiges Anheften der (A_ξ, ϱ_ξ) gemäß der Wohlordnung der Indizes ξ, indem R innerhalb V im Falle $\xi < \eta$ jedes Element von A_ξ vor jedes Element von A_η setzt und die Elemente der einzelnen A_ξ in ihrer ursprünglichen Wohlordnung ϱ_ξ beläßt. Ist $(A'_\xi, \varrho'_\xi)_{\xi<\beta}$ eine weitere disjunkte Repräsentantenfolge von $(\alpha_\xi)_{\xi<\beta}$ und

$$V' = \bigcup_{\xi<\beta} A_\xi \qquad R' = \bigcup_{\xi<\beta} \varrho'_\xi \cup \bigcup_{\xi<\eta<\beta} (A'_\xi \times A'_\eta),$$

so zeigt man unter Verwendung der isomorphen Abbildungen f_ξ von (A_ξ, ϱ_ξ) auf (A'_ξ, ϱ'_ξ) ohne Schwierigkeiten, daß $F = \bigcup_{\xi<\beta} f_\xi$ ein Isomorphismus von (V, R) auf (V', R') ist. Damit sind wir zu folgender Definition berechtigt:

Definition 2. Ist $(\alpha_\xi)_{\xi<\beta}$ eine Ordinalzahlfolge vom Typ β und $(A_\xi, \varrho_\xi)_{\xi<\beta}$ eine zugehörige disjunkte Repräsentantenfolge mit also

$$\alpha_\xi = \operatorname{ord}(A_\xi, \varrho_\xi), \qquad \xi \neq \eta \to A_\xi \cap A_\eta = \emptyset$$

für alle $\xi, \eta < \beta$, so heißt bei

$$V = \bigcup_{\xi<\beta} A_\xi, \qquad R = \bigcup_{\xi<\beta} \varrho_\xi \cup \bigcup_{\xi<\eta<\beta} (A_\xi \times A_\eta)$$

die Ordinalzahl $\operatorname{ord}(V, R)$ die (*allgemeine*) *Summe* von $(\alpha_\xi)_{\xi<\beta}$, bezeichnet mit: $\sum\limits_{\xi<\beta} \alpha_\xi$. Die α_ξ (für $\xi < \beta$) heißen die *Summanden* von $\sum\limits_{\xi<\beta} \alpha_\xi$. ∎

Aus Definition 2 folgt für Ordinalzahlfolgen $(\alpha_\xi)_{\xi<\beta}$:

$$\Big|\sum_{\xi<\beta} \alpha_\xi\Big| = \sum_{\xi<\beta} |\alpha_\xi| .$$

Satz 3. *Für Ordinalzahlfolgen* $(\alpha_\xi)_{\xi<\beta}$ *und Ordinalzahlen* γ *gilt:*

$$(1)\ \beta = 0 \to \sum_{\xi<\beta} \alpha_\xi = 0,$$

$$(2)\ \gamma' = \beta \to \sum_{\xi<\beta} \alpha_\xi = \sum_{\xi<\gamma} \alpha_\xi + \alpha_\gamma,$$

$$(3)\ \beta \textit{ Limeszahl} \to \sum_{\xi<\beta} \alpha_\xi = \lim_{\nu<\beta} \sum_{\xi<\nu} \alpha_\xi .$$

Beweis. Es sei $(A_\xi, \varrho_\xi)_{\xi<\beta}$ eine disjunkte Repräsentantenfolge zu $(\alpha_\xi)_{\xi<\beta}$.

(1) Für $\beta = 0$ gilt:

$$\sum_{\xi<\beta} \alpha_\xi = \operatorname{ord}(\emptyset, \emptyset) = 0 .$$

(2) Ist $\gamma' = \beta$, so gilt:

$$\sum_{\xi<\gamma'} \alpha_\xi = \operatorname{ord}\Big(\bigcup_{\xi<\gamma'} A_\xi, \bigcup_{\xi<\gamma'} \varrho_\xi \cup \bigcup_{\xi<\eta<\gamma'} (A_\xi \times A_\eta)\Big),$$

$$\sum_{\xi<\gamma} \alpha_\xi = \operatorname{ord}\Big(\bigcup_{\xi<\gamma} A_\xi, \bigcup_{\xi<\gamma} \varrho_\xi \cup \bigcup_{\xi<\eta<\gamma} (A_\xi \times A_\eta)\Big),$$

$$\sum_{\xi<\gamma} \alpha_\xi + \alpha_\gamma = \operatorname{ord}\Big(\bigcup_{\xi<\gamma} A_\xi \cup A_\gamma, \bigcup_{\xi<\gamma} \varrho_\xi \cup \bigcup_{\xi<\eta<\gamma} (A_\xi \times A_\eta) \cup \varrho_\gamma \cup \Big(\bigcup_{\xi<\gamma} A_\xi \times A_\gamma\Big)\Big)$$

also

$$\sum_{\xi<\beta} \alpha_\xi = \sum_{\xi<\gamma'} \alpha_\xi = \sum_{\xi<\gamma} \alpha_\xi + \alpha_\gamma.$$

(3) Es sei $\nu < \beta$ und

$$V = \bigcup_{\xi<\beta} A_\xi, \qquad R = \bigcup_{\xi<\beta} \varrho_\xi \cup \bigcup_{\xi<\eta<\beta} (A_\xi \times A_\eta),$$

$$V' = \bigcup_{\xi<\nu} A_\xi, \qquad R' = \bigcup_{\xi<\nu} \varrho_\xi \cup \bigcup_{\xi<\eta<\nu} (A_\xi \times A_\eta).$$

Dann ist $R' = R \parallel V'$ und V' ein Segment von V bzgl. R, also

$$\sum_{\xi<\nu} \alpha_\xi = \operatorname{ord}(V', R') \leqq \operatorname{ord}(V, R) = \sum_{\xi<\beta} \alpha_\xi.$$

Nun zur Behauptung

$$\sum_{\xi<\beta} \alpha_\xi = \mu \text{ bei } \mu = \lim_{\nu<\beta} \sum_{\xi<\nu} \alpha_\xi$$

für Limeszahlen β. Nach eben existiert die Folge $\Big(\sum_{\xi<\nu} \alpha_\xi\Big)_{\nu<\beta}$, und es ist $\mu \leqq \sum_{\xi<\beta} \alpha_\xi$. Wäre $\mu < \sum_{\xi<\beta} \alpha_\xi$, so gäbe es ein $v \in V$ mit

$$\mu = \operatorname{ord}(\operatorname{Ab} v, R \parallel \operatorname{Ab} v)$$

für den Abschnitt Ab v von v innerhalb (V, R). Ist $v \in A_{\xi_0}$ bei $\xi_0 < \beta$, so ist $\nu_0 = \xi_0' < \beta$ (β ist ja Limeszahl), und

Ab v ist auch Abschnitt des Repräsentanten $\left(\bigcup_{\xi<\nu_0} A_\xi,\right.$ $\left.R \parallel \bigcup_{\xi<\nu_0} A_\xi\right)$ von $\sum_{\xi<\nu_0} \alpha_\xi$. Damit wäre $\mu < \sum_{\xi<\nu_0} \alpha_\xi$ im Widerspruch zu $\sum_{\xi<\nu} \alpha_\xi \leqq \mu$ für alle $\nu < \beta$. Also ist $\sum_{\xi<\beta} \alpha_\xi = \mu$. ∎

Nach Satz 3 ist Definition 1 ein Spezialfall von Definition 2; denn für Ordinalzahlen α, β und die Folge $(\gamma_\xi)_{\xi<2}$ bei $\gamma_0 = \alpha$, $\gamma_1 = \beta$ ist sofort

$$\sum_{\xi<2} \gamma_\xi = \sum_{\xi<1} \gamma_\xi + \gamma_1 = \left(\sum_{\xi<0} \gamma_\xi + \gamma_0\right) + \gamma_1$$
$$= (0 + \gamma_0) + \gamma_1 = \gamma_0 + \gamma_1 = \alpha + \beta .$$

Man erhält für Ordinalzahlfolgen $(\alpha_\xi)_{\xi<\beta}$ über den angegebenen Indexbereichen $\boldsymbol{O}(\beta)$ sukzessiv:

$$\sum_{\xi<1} \alpha_\xi = \alpha_0 , \qquad \sum_{\xi<2} \alpha_\xi = \alpha_0 + \alpha_1 ,$$

$$\sum_{\xi<3} \alpha_\xi = \alpha_0 + \alpha_1 + \alpha_2 , \quad \sum_{\xi<4} \alpha_\xi = \alpha_0 + \alpha_1 + \alpha_2 + \alpha_3 , \ldots .$$

Die allgemeine Summe läßt sich wieder repräsentantenfrei durch die Rekursionsgleichungen des Satzes 3 rein rekursiv definieren:

Satz 4. *Für jede Ordinalzahlfolge $(\alpha_\xi)_{\xi<\beta}$ gibt es genau eine Funktion F über $[0, \beta]$ mit Ordinalzahlwerten und mit für jedes $\gamma < \beta$ und jede Limeszahl $\lambda \leqq \beta$:*

$$(1)\ F(0) = 0 , \qquad (2)\ F(\gamma') = F(\gamma) + \alpha_\gamma ,$$
$$(3)\ F(\lambda) = \lim_{\nu<\lambda} F(\nu) .$$

Beweis. Für fest vorgegebene Folge $(\alpha_\xi)_{\xi<\beta}$ erhält man durch transfinite gemischte Induktion innerhalb $([0, \beta], \leqq)$, daß es höchstens eine derartige Funktion F gibt. Nun zur Existenz. Es sei δ eine transfinite Ordinalzahl mit $\beta \leqq \delta$ und $\alpha_\xi \leqq \delta$ für alle $\xi < \beta$, und es sei $|\delta| = \aleph_\sigma$. Dann sind alle $\alpha_\xi, \beta < \boldsymbol{\omega}_{\sigma+1}$, und wir bestimmen ein F nach dem Rechtfertigungssatz für Definitionen durch transfinite gemischte Induktion (Satz 6, § 5) in bezug auf die wohlgeordnete Menge $([0, \beta], \leqq)$ und die Menge $\boldsymbol{O}(\boldsymbol{\omega}_{\sigma+1})$. Es sei Λ die Menge der Limeszahlen $\lambda \leqq \beta$,

$$G = \{g \mid \exists \lambda(\lambda \in \Lambda \wedge g \textit{ Funktion von } \boldsymbol{O}(\lambda) \textit{ in } \boldsymbol{O}(\boldsymbol{\omega}_{\sigma+1}))\},$$

T_1 die Funktion von $[0, \beta] \times \boldsymbol{O}(\boldsymbol{\omega}_{\sigma+1})$ in $\boldsymbol{O}(\boldsymbol{\omega}_{\sigma+1})$ mit für beliebige $\gamma \leqq \beta$ und $\eta < \boldsymbol{\omega}_{\sigma+1}$:

$$T_1(\gamma, \eta) = \eta + \alpha_\gamma$$

($\boldsymbol{O}(\boldsymbol{\omega}_{\sigma+1})$ ist gegenüber $+$ abgeschlossen; vgl. die Ausführungen hinter Satz 2) und T_2 die Funktion von G in $\boldsymbol{O}(\boldsymbol{\omega}_{\sigma+1})$ mit für jedes $g \in G$ bei $\mathrm{D}(g) = \boldsymbol{O}(\lambda)$:

$$T_2(g) = \lim_{\nu<\lambda} g(\nu)$$

(nach Satz 9, § 10 ist stets $\sup \mathrm{W}(g) < \boldsymbol{\omega}_{\sigma+1}$). Nach Satz 6, § 5 existiert die Funktion F von $[0, \beta]$ in $\boldsymbol{O}(\boldsymbol{\omega}_{\sigma+1})$ mit für beliebige $\gamma < \beta$ und $\lambda \in \Lambda$:

$$F(0) = 0,$$

$$F(\gamma') = T_1(\gamma, F(\gamma)) = F(\gamma) + \alpha_\gamma,$$

$$F(\lambda) = T_2(F \mid \boldsymbol{O}(\lambda)) = \lim_{\nu<\lambda} (F \mid \boldsymbol{O}(\lambda))(\nu) = \lim_{\nu<\lambda} F(\nu). \blacksquare$$

Dann läßt sich die (*allgemeine*) *Summe* von $(\alpha_\xi)_{\xi<\beta}$ als der Wert $F(\beta)$ der Funktion F des Satzes 4 definieren; denn definiert man mittels der Summe $\sum$ von Definition 2 die Funktion F über $[0, \beta]$ zu

$$F(\nu) = \sum_{\xi<\nu} \alpha_\xi$$

(wegen $\sum_{\xi<\nu} \alpha_\xi \leqq \sum_{\xi<\beta} \alpha_\xi$ — vgl. den Beweis zu Satz 3 — existiert die Funktion F), so erfüllt F nach Satz 3 die Rekursionsgleichungen von Satz 4, und es ist

$$F(\beta) = \sum_{\xi<\beta} \alpha_\xi.$$

Nach Satz 2, § 8 erhält man für Kardinalzahlfolgen $(\mathfrak{a}_\xi)_{\xi<\beta}$ und Ordinalzahlen γ zwar

$$\beta = 0 \rightarrow \sum_{\xi<\beta} \mathfrak{a}_\xi = 0,$$

$$\gamma' = \beta \rightarrow \sum_{\xi<\beta} \mathfrak{a}_\xi = \sum_{\xi<\gamma} \mathfrak{a}_\xi + \mathfrak{a}_\gamma,$$

aber für Limeszahlen β braucht nicht

$$\sum_{\xi<\beta} \mathfrak{a}_\xi = \lim_{\nu<\beta} \sum_{\xi<\nu} \mathfrak{a}_\xi$$

zu gelten, wie das Beispiel $\beta = \boldsymbol{\omega}_1$, $\mathfrak{a}_\xi = 1$ zeigt, in dem dann

$$\sum_{\xi<\boldsymbol{\omega}_1} 1 = \operatorname{card} \boldsymbol{O}(\boldsymbol{\omega}_1) = \aleph_1 > \aleph_0 = \lim_{\nu<\boldsymbol{\omega}_1} \sum_{\xi<\nu} 1$$

gilt. Für allgemeine Summen von Kardinalzahlfolgen besteht also nicht die Möglichkeit einer rekursiven Definition wie bei Ordinalzahlfolgen.

Allgemeine Summen von Ordinalzahlfamilien $(\alpha_i)_{i\in I}$ über wohlgeordneten Indexbereichen (I, τ) lassen sich auf Definition 2 zurückführen:

Definition 3. Ist $(\alpha_i)_{i\in I}$ eine Ordinalzahlfamilie, τ eine Wohlordnung in I und f Isomorphismus von $(\boldsymbol{O}(\beta), \leqq)$ auf (I, τ), so sei

$$\sum_{i\in(I,\tau)} \alpha_i = \sum_{\xi<\beta} \alpha_{f(\xi)}$$

die (*allgemeine*) *Summe* von $(\alpha_i)_{i\in I}$ bzgl. τ mit den *Summanden* α_i ∎

Für die Theorie der allgemeinen Summen genügt es, vorwiegend die Summen der Definition 2 zu betrachten, da sich Aussagen über diese Summen naheliegend auf die Summen der Definition 3 übertragen. So erhält man trivial aus Satz 3, wenn man zur Vereinfachung unter dem Summenzeichen nachträglich die zugehörigen Wohlordnungen wieder wegläßt:

$$I = \emptyset \rightarrow \sum_{i \in I} \alpha_i = 0,$$

$$m = \max I \rightarrow \sum_{i \in I} \alpha_i = \sum_{i<m} \alpha_i + \alpha_m,$$

$$I \neq \emptyset \wedge \neg \exists m \; m = \max I \rightarrow \sum_{i \in I} \alpha_i = \sup_{j \in I} \sum_{i<j} \alpha_i .$$

Für natürlichzahlige Intervalle $[1, n]$ bei $n \geqq 1$ ist die Funktion $f(\xi) = \xi + 1$ der Isomorphismus von $O(n)$ auf $[1, n]$, und man erhält für endliche Familien $(a_i)_{1 \leqq i \leqq n}$ natürlicher Zahlen über Definition 3 und Satz 3 die Rekursionsgleichungen:

$$n = 1 \rightarrow \sum_{i \in [1,n]} a_i = a_1,$$

$$n \geqq 2 \rightarrow \sum_{i \in [1,n]} a_i = \sum_{i \in [1,n-1]} a_i + a_n,$$

womit $\sum_{i \in [1,n]} a_i$ nach Satz 6, Bd. II, § 10 mit der alten endlichen Summe $\sum_{i=1}^{n} a_i$ natürlicher Zahlen übereinstimmt.

3. Produkt. Für wohlgeordnete Mengen (A, ϱ), (B, σ) ist bei

$$P = A \times B, \qquad R \subseteq P \times P$$

und

$$(a, b) R (a', b') \leftrightarrow b = b' \wedge a \underset{\varrho}{\leqq} a' . \vee . b \underset{\sigma}{<} b'$$

für alle $a, a' \in A$ und $b, b' \in B$ (vgl. Satz 32a), § 4 und die anschließenden Bemerkungen) die Ordinalzahl $\operatorname{ord}(P, R)$ des *antilexikographisch wohlgeordneten Produktes* (P, R) von (A, ϱ) und (B, σ) als Produkt von $\alpha = \operatorname{ord}(A, \varrho)$ und $\beta = \operatorname{ord}(B, \sigma)$ anzusprechen. Denn sind $a_0, a_1, a_2, \ldots$ die Elemente von A in der Reihenfolge von ϱ und $b_0, b_1,$

$b_2, \ldots$ die Elemente von B in der Reihenfolge von σ, so ordnet R die Elemente (a, b) von P folgendermaßen an:

$$\begin{array}{llll} (a_0, b_0), & (a_1, b_0), & (a_2, b_0), & \ldots \\ (a_0, b_1), & (a_1, b_1), & (a_2, b_1), & \ldots \\ (a_0, b_2), & (a_1, b_2), & (a_2, b_2), & \ldots \\ \vdots & \vdots & \vdots & . \end{array}$$

(P, R) entsteht also anschaulich durch β-maliges Aneinanderfügen von mit (A, ϱ) isomorphen wohlgeordneten Mengen (jede Zeile obigen Schemas ist zu (A, ϱ) isomorph, und die Menge der aufeinanderfolgenden Zeilen ist mit (B, σ) isomorph). Ist weiterhin

$$\alpha = \text{ord}\,(A, \varrho) = \text{ord}\,(A', \varrho'),$$
$$\beta = \text{ord}\,(B, \sigma) = \text{ord}\,(B', \sigma')$$

mit den antilexikographisch wohlgeordneten Produkten (P, R) von (A, ϱ), (B, σ) und (P', R') von (A', ϱ'), (B', σ'), so zeigt man unter Verwendung der isomorphen Abbildungen f von (A, ϱ) auf (A', ϱ') und g von (B, σ) auf (B', σ') ohne Schwierigkeiten, daß die Funktion

$$F(x, y) = (f(x), g(y))$$

ein Isomorphismus von (P, R) auf (P', R') ist.

Definition 4. Für Ordinalzahlen α, β und wohlgeordnete Mengen (A, ϱ), (B, σ) mit $\alpha = \text{ord}\,(A, \varrho)$, $\beta = \text{ord}\,(B, \sigma)$ heißt bei

$$P = A \times B, \qquad R \subseteq P \times P$$

und

$$(a, b)R(a', b') \leftrightarrow b = b' \wedge a \underset{\varrho}{\leqq} a' \,.\vee.\, b \underset{\sigma}{<} b'$$

für alle $a, a' \in A$ und $b, b' \in B$ die Ordinalzahl ord (P, R) das *Produkt* von α, β, bezeichnet mit: $\alpha \cdot \beta$. Im Falle $\gamma = \alpha \cdot \beta$ heißt α ein *Multiplikand* oder ein *erster Faktor* von γ und β ein *Multiplikator* oder ein *zweiter Faktor* von γ. ∎

$+$ trenne stärker als $\cdot$, also etwa

$$\alpha + \beta \cdot \gamma = \alpha + (\beta \cdot \gamma),$$

und für $\alpha \cdot \beta$ schreibt man oft einfach $\alpha\beta$.

Für natürliche Zahlen n, m fällt $n \cdot m$ im Sinne von Definition 4 mit dem Kardinalzahlprodukt von n und m, also mit dem üblichen Produkt natürlicher Zahlen zusammen. In jeder gegenüber Produktbildung abgeschlossenen Menge M von Ordinalzahlen, d. h.

$$\forall \xi \, \forall \eta (\xi, \eta \in M \rightarrow \xi \cdot \eta \in M),$$

wird durch $\cdot$ eine Operation in M erzeugt, die *Multiplikation* in M. Solche abgeschlossenen Mengen M sind etwa $\boldsymbol{N}$ und für jeden Allbereich $\mathfrak{B}$ mit $\boldsymbol{N} \in \mathfrak{B}$ die Menge

$$M = \{\xi \in \mathfrak{B} \mid \xi \textit{ Ordinalzahl}\}.$$

Die letzte Behauptung folgt nach Satz 3, § 9 und Satz 8b), c), Bd. II, § 10 so: Für Ordinalzahlen $\xi, \eta \in \mathfrak{B}$ existieren Repräsentanten $\mathfrak{X} = (X, \varrho)$, $\mathfrak{Y} = (Y, \sigma)$ mit $\mathfrak{X}, \mathfrak{Y} \in \mathfrak{B}$; dann ist auch $(P, R) \in \mathfrak{B}$ für den Repräsentanten (P, R) von $\xi \cdot \eta$; also ist $\xi \cdot \eta = \text{ord}\,(P, R) \in \mathfrak{B}$.

Aus Definition 4 folgt für Ordinalzahlen α, β:

$$|\alpha \cdot \beta| = |\alpha| \cdot |\beta|.$$

Satz 5. *Für Ordinalzahlen α, β und ordinale Limeszahlen λ gilt:*

$$(1)\ \alpha \cdot 0 = 0, \qquad (2)\ \alpha \cdot \beta' = \alpha \cdot \beta + \alpha,$$

$$(3)\ \alpha \cdot \lambda = \lim_{\xi < \lambda} (\alpha \cdot \xi).$$

Beweis. (1) Ist $\alpha = \text{ord}\,(A, \varrho)$, so gilt wegen $0 = \text{ord}\,(\emptyset, \emptyset)$:

$$\alpha \cdot 0 = \text{ord}\,(A \times \emptyset, \emptyset) = \text{ord}\,(\emptyset, \emptyset) = 0.$$

(2) Ist $\alpha = \text{ord}\,(A, \varrho)$, $\beta = \text{ord}\,(B, \sigma)$ und c ein Objekt mit $c \notin B$, so ist

$$\alpha = \text{ord}\,(A \times \{c\}, \varrho')$$

für die Wohlordnung

$$\varrho' = \{((x, c), (y, c)) \mid (x, y) \in \varrho\}$$

in $A \times \{c\}$ und ist nach Satz 16, § 9

$$\beta' = \text{ord}\,(B \cup \{c\}, \sigma')$$

für die Wohlordnung

$$\sigma' = \sigma \cup [(B \cup \{c\}) \times \{c\}]$$

in $B \cup \{c\}$. Ist weiter (P, R) bzw. (P', R') das antilexikographisch wohlgeordnete Produkt von (A, ϱ), (B, σ) bzw. von (A, ϱ), $(B \cup \{c\}, \sigma')$, so ist

$$\alpha \cdot \beta = \text{ord}\,(P, R), \qquad \alpha \cdot \beta' = \text{ord}\,(P', R')$$

und damit

$$\alpha \cdot \beta' = \text{ord}\,(A \times (B \cup \{c\}), R'),$$

$$\alpha \cdot \beta + \alpha = \text{ord}\,\big((A \times B) \cup (A \times \{c\}), R \cup \varrho' \cup [(A \times B) \times (A \times \{c\})]\big),$$

also

$$\alpha \cdot \beta' = \alpha \cdot \beta + \alpha$$

auf Grund der Gleichheit der erhaltenen Repräsentanten.

(3) Es seien α, ξ_1, ξ_2 Ordinalzahlen mit

$$\alpha = \text{ord}\,(A, \varrho), \qquad \xi_1 = \text{ord}\,(X_1, \sigma_1), \qquad \xi_2 = \text{ord}\,(X_2, \sigma_2),$$

und es sei (P_1, R_1) bzw. (P_2, R_2) das antilexikographisch wohlgeordnete Produkt von (A, ϱ), (X_1, σ_1) bzw. von (A, ϱ), (X_2, σ_2). Ist dann $\xi_1 < \xi_2$, so gibt es einen Abschnitt S von X_2 bzgl. σ_2 mit

$$(X_1, \sigma_1) \simeq (S, \sigma_2 \parallel S).$$

Daraus folgt

$$(P_1, R_1) \simeq (A \times S, R_2 \parallel (A \times S)),$$

wobei $A \times S$ ein Segment von P_2 bzgl. R_2 ist (im Falle $\alpha \neq 0$ sogar ein Abschnitt), also $\alpha \cdot \xi_1 \leqq \alpha \cdot \xi_2$. Damit gilt:

$$\xi_1 < \xi_2 \rightarrow \alpha \cdot \xi_1 \leqq \alpha \cdot \xi_2 .$$

Nun zur Behauptung

$$\alpha \cdot \lambda = \mu \quad \text{bei} \quad \mu = \lim_{\xi < \lambda} (\alpha \cdot \xi)$$

für Limeszahlen λ. Wegen $\alpha \cdot \xi \leqq \alpha \cdot \lambda$ für alle $\xi < \lambda$ existiert die Folge $(\alpha \cdot \xi)_{\xi < \lambda}$, und es ist $\mu \leqq \alpha \cdot \lambda$. Wäre $\mu < \alpha \cdot \lambda$ bei $\alpha = \operatorname{ord}(A, \varrho)$, $\lambda = \operatorname{ord}(L, \sigma)$ und dem antilexikographisch wohlgeordneten Produkt (P, R) von (A, ϱ), (L, σ), so gäbe es ein $p \in P$ mit

$$\mu = \operatorname{ord}(\operatorname{Ab} p, R \parallel \operatorname{Ab} p)$$

für den Abschnitt $\operatorname{Ab} p$ von p innerhalb (P, R). Da L nichtleer ist und bzgl. σ kein letztes Element besitzt (λ ist ja Limeszahl), gibt es ein $l \in L$ mit $p \underset{R}{<} (\min A, l) = q$ und damit

$$\mu < \operatorname{ord}(\operatorname{Ab} q, R \parallel \operatorname{Ab} q)$$

für den in (P, R) genommenen Abschnitt $\operatorname{Ab} q$. Ist schließlich

$$\xi_0 = \operatorname{ord}\Big(\underset{(L,\sigma)}{\operatorname{Ab}} l, \sigma \parallel \underset{(L,\sigma)}{\operatorname{Ab}} l\Big),$$

so wird

$$\operatorname{ord}(\operatorname{Ab} q, R \parallel \operatorname{Ab} q) = \alpha \cdot \xi_0, \qquad \xi_0 < \lambda,$$

also insgesamt $\mu < \alpha \cdot \xi_0$ bei $\xi_0 < \lambda$ im Widerspruch zu $\alpha \cdot \xi \leqq \mu$ für alle $\xi < \lambda$. Damit ist $\alpha \cdot \lambda = \mu$. ∎

Aus Satz 5 folgt für Ordinalzahlen α:

$$\alpha \cdot 1 = \alpha ;$$

denn es ist $\alpha \cdot 1 = \alpha \cdot 0' = \alpha \cdot 0 + \alpha = 0 + \alpha = \alpha$. Die dritte Behauptung von Satz 5 läßt sich als Vertauschbarkeit von Produkt- und Limesbildung auffassen:

$$\alpha \cdot \lambda = \alpha \cdot \lim_{\xi<\lambda} \xi = \lim_{\xi<\lambda} (\alpha \cdot \xi).$$

Nach Satz 5 bestehen speziell die Rekursionsgleichungen

$$a \cdot 0 = 0, \qquad a \cdot n' = a \cdot n + a$$

für natürliche Zahlen a, n, und man erhält $a \cdot n \in \boldsymbol{N}$ durch vollständige Induktion über n. Damit ist erneut die Abgeschlossenheit von $\boldsymbol{N}$ gegenüber Produktbildung gezeigt und (vgl. Bd. II, § 7, Abschn. 7) das Zusammenfallen von $a \cdot n$ innerhalb $\boldsymbol{N}$ mit dem alten Produkt natürlicher Zahlen.

Die Gleichungen von Satz 5 sind die *Rekursionsgleichungen der Multiplikation* und gestatten, Behauptungen über Ordinalzahlprodukte mit dem Beweisverfahren der transfiniten gemischten Induktion zu beweisen. So kann man etwa

$$0 \cdot \alpha = 0, \qquad 1 \cdot \alpha = \alpha$$

für Ordinalzahlen α durch transfinite gemischte Induktion über α zeigen: Es ist $0 \cdot 0 = 0$ und $1 \cdot 0 = 0$; ist $0 \cdot \alpha = 0$ und $1 \cdot \alpha = \alpha$, so ist $0 \cdot \alpha' = 0 \cdot \alpha + 0 = 0 + 0 = 0$ und $1 \cdot \alpha' = 1 \cdot \alpha + 1 = \alpha + 1 = \alpha'$; ist λ Limeszahl und gilt $0 \cdot \xi = 0$ und $1 \cdot \xi = \xi$ für alle $\xi < \lambda$, so ist $0 \cdot \lambda = \lim_{\xi<\lambda} (0 \cdot \xi) = \lim_{\xi<\lambda} 0 = 0$ und $1 \cdot \lambda = \lim_{\xi<\lambda} (1 \cdot \xi) = \lim_{\xi<\lambda} \xi = \lambda$.

Die Multiplikation von Ordinalzahlen läßt sich durch ihre Rekursionsgleichungen auch rein rekursiv definieren, ohne Rückgang auf Repräsentanten. Die Grundlage einer solchen Definition bildet der

Satz 6. *Für jeden Alephindex σ gibt es genau eine Operation $\cdot$ in $\boldsymbol{O}(\boldsymbol{\omega}_{\sigma+1})$ mit für beliebige $\alpha, \beta < \boldsymbol{\omega}_{\sigma+1}$ und beliebige Limeszahlen $\lambda < \boldsymbol{\omega}_{\sigma+1}$:*

$$(1)\ \alpha \cdot 0 = 0, \qquad (2)\ \alpha \cdot \beta' = \alpha \cdot \beta + \alpha,$$

$$(3)\ \alpha \cdot \lambda = \lim_{\xi<\lambda} (\alpha \cdot \xi).$$

Beweis. Man führt den Beweis ohne Schwierigkeiten in Analogie zum Beweis von Satz 2, indem man jetzt

$$T_1(\beta, \gamma) = \gamma + \alpha$$

definiert. $\boldsymbol{O}(\boldsymbol{\omega}_{\sigma+1})$ ist ja gegenüber Summenbildung abgeschlossen. ∎

Wie im Anschluß an Satz 2 erhält man für Ordinalzahlen α, β die Möglichkeit, das *Produkt* $\alpha \cdot \beta$ als $\alpha \cdot_\sigma \beta$ zu definieren, wo $\alpha, \beta < \boldsymbol{\omega}_{\sigma+1}$ ist und $\cdot_\sigma$ die nach Satz 6 in $\boldsymbol{O}(\boldsymbol{\omega}_{\sigma+1})$ existierende Operation mit den Rekursionsgleichungen (1), (2), (3). Dieses rekursiv definierte Produkt $\alpha \cdot \beta$ fällt nach den Sätzen 5, 6 mit dem Produkt aus Definition 4 zusammen, wobei u. a. $\boldsymbol{O}(\boldsymbol{\omega}_{\sigma+1})$ gegenüber der Produktbildung aus Definition 4 abgeschlossen ist.

Man definiert für Ordinalzahlen $\alpha, \beta, \gamma, \delta, \ldots$ sukzessiv die *mehrstelligen Produkte*:

$$\alpha \cdot \beta \cdot \gamma = (\alpha \cdot \beta) \cdot \gamma, \qquad \alpha \cdot \beta \cdot \gamma \cdot \delta = (\alpha \cdot \beta \cdot \gamma) \cdot \delta, \ldots$$

(wobei man $\cdot$ auch wieder weglassen kann).

4. Allgemeines Produkt. Das Ordinalzahlprodukt der Definition 4 läßt sich unter Verwendung von Satz 32a), § 4 auf beliebige Ordinalzahlfamilien $(\alpha_i)_{i \in I}$ übertragen, wobei jetzt allerdings noch eine Wohlordnung τ im Indexbereich I gegeben sein muß, damit in bezug auf die Repräsentanten (A_i, ϱ_i) überhaupt antilexikographisch wohlgeordnet werden kann. Auf Grund der Isomorphie der wohlgeordneten Mengen (I, τ) mit den Abschnitten $(\boldsymbol{O}(\beta), \leqq)$ verwenden wir als Standard-Indexbereiche I einfach die Abschnitte $\boldsymbol{O}(\beta)$ mit ihrer üblichen Wohlordnung $\leqq$ und betrachten damit Ordinalzahlfolgen $(\alpha_\xi)_{\xi < \beta}$.

Wir wollen uns zunächst klarmachen, wie man repräsentantenweise zu einer inhaltlich befriedigenden Produktdefinition für Ordinalzahlfolgen gelangt. In konsequenter Fortsetzung des Konstruktionsverfahrens für einen Repräsentanten des Produktes $\alpha \cdot \beta$ zweier Faktoren α, β (vgl. Abschn. 3) auf den Fall dreier Faktoren $\alpha = \operatorname{ord}(A,$

ϱ), $\beta = \text{ord}\,(B, \sigma)$, $\gamma = \text{ord}\,(C, \tau)$ erhält man als einen Repräsentanten (P, R) des Produktes $\alpha \cdot \beta \cdot \gamma = (\alpha \cdot \beta) \cdot \gamma$ die Menge $P = A \times B \times C$ mit der folgenden antilexikographischen Wohlordnung R ihrer Elemente, sofern $a_0, a_1, a_2, \ldots$ die Elemente von A in der Reihenfolge von ϱ sind, $b_0, b_1, b_2, \ldots$ die Elemente von B in der Reihenfolge von σ und $c_0, c_1, c_2, \ldots$ die Elemente von C in der Reihenfolge von τ:

$$\begin{array}{llll}
(a_0, b_0, c_0), & (a_1, b_0, c_0), & (a_2, b_0, c_0), & \ldots \\
(a_0, b_1, c_0), & (a_1, b_1, c_0), & (a_2, b_1, c_0), & \ldots \\
(a_0, b_2, c_0), & (a_1, b_2, c_0), & (a_2, b_2, c_0), & \ldots \\
\\
(a_0, b_0, c_1), & (a_1, b_0, c_1), & (a_2, b_0, c_1), & \ldots \\
(a_0, b_1, c_1), & (a_1, b_1, c_1), & (a_2, b_1, c_1), & \ldots \\
(a_0, b_2, c_1), & (a_1, b_2, c_1), & (a_2, b_2, c_1), & \ldots \\
\cdots & \cdots & \cdots & \cdots \\
(a_0, b_0, c_2), & (a_1, b_0, c_2), & (a_2, b_0, c_2), & \ldots \\
(a_0, b_1, c_2), & (a_1, b_1, c_2), & (a_2, b_1, c_2), & \ldots \\
(a_0, b_2, c_2), & (a_1, b_2, c_2), & (a_2, b_2, c_2), & \ldots
\end{array}$$

Hat man eine Folge $(\alpha_n)_{n<\omega}$ vom Typ ω von Ordinalzahlen $\alpha_n = \text{ord}\,(A_n, \varrho_n)$, so erhält man in anschaulicher Fortsetzung der Produktbildungen $\alpha \cdot \beta$, $\alpha \cdot \beta \cdot \gamma, \ldots$ für das Produkt aller α_n (bei $n < \omega$) als einen Repräsentanten (P, R) die folgende Menge $P \subseteq \bigtimes_{n<\omega} A_n$ mit der folgenden antilexikographischen Wohlordnung R ihrer Elemente, sofern $a_0^n, a_1^n, a_2^n, \ldots$ die Elemente von A_n in der Reihenfolge von ϱ_n sind und eine in Klammern gesetzte Zeile wie

$(a_2^0 a_1^1$ ——— $)$ die Folge x bedeute mit $x_0 = a_2^0$, $x_1 = a_1^1$ und $x_n = a_0^n$ für $n \geqq 2$:

$(a_0^0$ ——————————— $)$
$(a_1^0$ ——————————— $)$
$(a_2^0$ ——————————— $)$
. . . .
$(a_0^0 a_1^1$ ——————————— $)$
$(a_1^0 a_1^1$ ——————————— $)$
$(a_2^0 a_1^1$ ——————————— $)$
. . . .
$(a_0^0 a_2^1$ ——————————— $)$
$(a_1^0 a_2^1$ ——————————— $)$
$(a_2^0 a_2^1$ ——————————— $)$
. . . .
. . . .
$(a_0^0 a_0^1 a_1^2$ ——————————— $)$
$(a_1^0 a_0^1 a_1^2$ ——————————— $)$
$(a_2^0 a_0^1 a_1^2$ ——————————— $)$
. . . .
$(a_0^0 a_1^1 a_1^2$ ——————————— $)$
$(a_1^0 a_1^1 a_1^2$ ——————————— $)$
$(a_2^0 a_1^1 a_1^2$ ——————————— $)$
. . . .
$(a_0^0 a_2^1 a_1^2$ ——————————— $)$
$(a_1^0 a_2^1 a_1^2$ ——————————— $)$
$(a_2^0 a_2^1 a_1^2$ ——————————— $)$
. . . .

$(a_0^0 a_0^1 a_2^2$ ———————————— $)$
$(a_1^0 a_0^1 a_2^2$ ———————————— $)$
$(a_2^0 a_0^1 a_2^2$ ———————————— $)$

$(a_0^0 a_1^1 a_2^2$ ———————————— $)$
$(a_1^0 a_1^1 a_2^2$ ———————————— $)$
$(a_2^0 a_1^1 a_2^2$ ———————————— $)$

$(a_0^0 a_2^1 a_2^2$ ———————————— $)$
$(a_1^0 a_2^1 a_2^2$ ———————————— $)$
$(a_2^0 a_2^1 a_2^2$ ———————————— $)$

. . . .

Die Menge P ist also die Menge aller Folgen $x \in \bigtimes_{n<\omega} A_n$ mit $x_n \neq \min A_n$ für höchstens endlich viele n. Die Aufeinanderfolge R der Elemente von P ist die Relation R in P mit für alle $x, y \in P$:

$$xRy \leftrightarrow x = y \vee \exists k(k < \boldsymbol{\omega} \wedge x_k \underset{\varrho_k}{<} y_k \wedge \forall n(k < n < \boldsymbol{\omega} \rightarrow x_n = y_n)).$$

Hat man statt der Folge $(\alpha_n)_{n<\omega}$ eine Folge $(\alpha_\xi)_{\xi<\beta}$ bei etwa $\beta = \boldsymbol{\omega} + 1$ oder $\beta = \boldsymbol{\omega} + 2$ oder $\beta = \boldsymbol{\omega} + \boldsymbol{\omega}$, so erhält man auf ganz analoge Weise wie bei $\beta = \boldsymbol{\omega}$ einen Repräsentanten (P, R) des Produktes aller α_ξ für $\xi < \beta$. Damit bietet sich für beliebige Ordinalzahlfolgen $(\alpha_\xi)_{\xi<\beta}$ (einschließlich der endlichen Folgen) gerade das nach Satz 32a), § 4 existierende antilexikographisch wohlgeordnete Produkt (P, R) der Repräsentantenfolgen $(A_\xi, \varrho_\xi)_{\xi<\beta}$ in bezug auf die übliche Wohlordnung des Indexbereiches $\boldsymbol{O}(\beta)$ als

Repräsentant des Produktes der α_ξ an. Für jede Ordinalzahlfolge $(\alpha_\xi)_{\xi<\beta}$ mit einer zugehörigen Repräsentantenfolge $(A_\xi, \varrho_\xi)_{\xi<\beta}$ (etwa $(A_\xi, \varrho_\xi) = (\boldsymbol{O}(\alpha_\xi), \leqq)$ für alle $\xi < \beta$) ist also bei

$$P = \left\{x \in \bigtimes_{\xi<\beta} A_\xi \,\middle|\, \{\xi < \beta \mid x_\xi \neq \min A_\xi\} \textit{ ist endlich}\right\},$$

$R \subseteq P \times P$ und

$$xRy \leftrightarrow x = y$$
$$\vee \exists k(k < \beta \wedge x_k \underset{\varrho_k}{<} y_k \wedge \forall \xi(k < \xi < \beta \rightarrow x_\xi = y_\xi))$$

für alle $x, y \in P$ die Ordinalzahl ord (P, R) des *antilexikographisch wohlgeordneten Produktes* (P, R) von $(A_\xi, \varrho_\xi)_{\xi<\beta}$ bzgl. der Wohlordnung $\leqq$ in $\boldsymbol{O}(\beta)$ als das Produkt der Zahlen α_ξ in deren Reihenfolge gemäß der Indexwohlordnung $\leqq$ anzusprechen. (Im Falle $x \underset{R}{<} y$ ist der *kritische Index* k der eindeutig bestimmte größte Index $k < \beta$ mit $x_k \neq y_k$.) Ist $(A'_\xi, \varrho'_\xi)_{\xi<\beta}$ eine weitere Repräsentantenfolge von $(\alpha_\xi)_{\xi<\beta}$ mit dem antilexikographisch wohlgeordneten Produkt (P', R'), so zeigt man unter Verwendung der isomorphen Abbildungen f_ξ von (A_ξ, ϱ_ξ) auf (A'_ξ, ϱ'_ξ) ohne Schwierigkeiten, daß die Funktion

$$F((x_\xi)_{\xi<\beta}) = (f_\xi(x_\xi))_{\xi<\beta}$$

ein Isomorphismus von (P, R) auf (P', R') ist.

Definition 5. Ist $(\alpha_\xi)_{\xi<\beta}$ eine Ordinalzahlfolge vom Typ β und $(A_\xi, \varrho_\xi)_{\xi<\beta}$ eine zugehörige Repräsentantenfolge mit also

$$\alpha_\xi = \text{ord}\,(A_\xi, \varrho_\xi)$$

für alle $\xi < \beta$, so heißt bei

$$P = \left\{x \in \bigtimes_{\xi<\beta} A_\xi \,\middle|\, \{\xi < \beta \mid x_\xi \neq \min A_\xi\} \textit{ ist endlich}\right\},$$

$R \subseteq P \times P$ und

$$xRy \leftrightarrow x = y \vee \exists k (k < \beta \wedge x_k \underset{\varrho_k}{<} y_k \wedge \forall \xi (k < \xi < \beta \rightarrow x_\xi = y_\xi))$$

für alle $x, y \in P$ die Ordinalzahl ord (P, R) das (*allgemeine*) *Produkt* von $(\alpha_\xi)_{\xi<\beta}$, bezeichnet mit: $\prod_{\xi<\beta} \alpha_\xi$. Die α_ξ (für $\xi < \beta$) heißen die *Faktoren* von $\prod_{\xi<\beta} \alpha_\xi$. ∎

Aus Definition 5 folgt für Ordinalzahlfolgen $(\alpha_\xi)_{\xi<\beta}$:

$$\left|\prod_{\xi<\beta} \alpha_\xi\right| \leqq \prod_{\xi<\beta} |\alpha_\xi| .$$

Satz 7. *Für Ordinalzahlfolgen* $(\alpha_\xi)_{\xi<\beta}$ *und Ordinalzahlen* γ *gilt*:

(1) $\beta = 0 \rightarrow \prod_{\xi<\beta} \alpha_\xi = 1$,

(2) $\gamma' = \beta \rightarrow \prod_{\xi<\beta} \alpha_\xi = \prod_{\xi<\gamma} \alpha_\xi \cdot \alpha_\gamma$,

(3) β *Limeszahl* $\rightarrow$

$$\prod_{\xi<\beta} \alpha_\xi = \begin{cases} 0, & \textit{falls} \quad \alpha_\xi = 0 \textit{ für ein } \xi < \beta \\ \lim\limits_{\nu<\beta} \prod\limits_{\xi<\nu} \alpha_\xi, & \textit{falls} \quad \alpha_\xi \neq 0 \textit{ für jedes } \xi < \beta . \end{cases}$$

Beweis. Es sei $(A_\xi, \varrho_\xi)_{\xi<\beta}$ eine Repräsentantenfolge zu $(\alpha_\xi)_{\xi<\beta}$.

(1) Für $\beta = 0$ gilt:

$$\prod_{\xi<\beta} \alpha_\xi = \text{ord}\left(\{\emptyset\}, \{(\emptyset, \emptyset)\}\right) = 1 .$$

(2) Ist $\gamma' = \beta$, (P', R') das antilexikographisch wohlgeordnete Produkt von $(A_\xi, \varrho_\xi)_{\xi<\gamma'}$, (P, R) das von $(A_\xi, \varrho_\xi)_{\xi<\gamma}$ und (Q, S) das (gemäß Definition 4) antilexiko-

graphisch wohlgeordnete Produkt von $(P, R), (A_\gamma, \varrho_\gamma)$, so ist

$$\prod_{\xi<\gamma'} \alpha_\xi = \text{ord}\,(P', R'), \qquad \prod_{\xi<\gamma} \alpha_\xi = \text{ord}\,(P, R),$$

$$\prod_{\xi<\gamma} \alpha_\xi \cdot \alpha_\gamma = \text{ord}\,(Q, S), \qquad Q = P \times A_\gamma,$$

und die Funktion

$$F\big((x_\xi)_{\xi<\gamma'}\big) = \big((x_\xi)_{\xi<\gamma}, x_\gamma\big)$$

ist ein Isomorphismus von (P', R') auf (Q, S). Damit gilt:

$$\prod_{\xi<\beta} \alpha_\xi = \prod_{\xi<\gamma'} \alpha_\xi = \text{ord}\,(P', R') = \text{ord}\,(Q, S) = \prod_{\xi<\gamma} \alpha_\xi \cdot \alpha_\gamma.$$

(3) Ist $\alpha_\eta = 0$ für ein $\eta < \beta$, so ist sofort $\prod_{\xi<\beta} \alpha_\xi = 0$ wegen $\alpha_\eta = \text{ord}\,(\Phi, \Phi)$. Seien von nun an alle $\alpha_\xi \neq 0$ für $\xi < \beta$ und sei $\nu < \beta$, (P, R) das antilexikographisch wohlgeordnete Produkt von $(A_\xi, \varrho_\xi)_{\xi<\beta}$ und (P', R') das von $(A_\xi, \varrho_\xi)_{\xi<\nu}$. Die Menge

$$S = \{x \in P \mid \forall \xi(\nu \leqq \xi < \beta \rightarrow x_\xi = \min A_\xi)\}$$

st ein Segment von P bzgl. R mit

$$(P', R') \simeq (S, R \,\|\, S),$$

also

$$\prod_{\xi<\nu} \alpha_\xi = \text{ord}\,(P', R') \leqq \text{ord}\,(P, R) = \prod_{\xi<\beta} \alpha_\xi.$$

Nun zur Behauptung

$$\prod_{\xi<\beta} \alpha_\xi = \mu \quad \text{bei} \quad \mu = \lim_{\nu<\beta} \prod_{\xi<\nu} \alpha_\xi$$

für Limeszahlen β. Nach eben existiert die Folge $\Big(\prod_{\xi<\nu} \alpha_\xi\Big)_{\nu<\beta}$, und es ist $\mu \leqq \prod_{\xi<\beta} \alpha_\xi$. Wäre $\mu < \prod_{\xi<\beta} \alpha_\xi$, so gäbe es ein $p \in P$ mit

$$\mu = \text{ord}\,(\text{Ab}\, p, R \,\|\, \text{Ab}\, p)$$

für den Abschnitt Ab p von p innerhalb (P, R). Wegen $p \in P$ ist entweder $p_\xi = \min A_\xi$ für alle $\xi < \beta$, oder es existiert der größte Index $\xi_0 < \beta$ mit $p_{\xi_0} \neq \min A_{\xi_0}$. Also gibt es generell einen Index $\nu_0 < \beta$ mit $p_\xi = \min A_\xi$ für alle ξ mit $\nu_0 \leqq \xi < \beta$ (β ist ja Limeszahl). Ist (P', R') das antilexikographisch wohlgeordnete Produkt von $(A_\xi, \varrho_\xi)_{\xi<\nu_0}$ und $q = (p_\xi)_{\xi<\nu_0} \in P'$, so ist

$$(\mathrm{Ab}\, p, R \parallel \mathrm{Ab}\, p) \simeq (\mathrm{Ab}\, q, R' \parallel \mathrm{Ab}\, q)$$

für den in (P', R') genommenen Abschnitt Ab q. Damit wäre $\mu < \prod_{\xi<\nu_0} \alpha_\xi$ im Widerspruch zu $\prod_{\xi<\nu} \alpha_\xi \leqq \mu$ für alle $\nu < \beta$. Also ist $\prod_{\xi<\beta} \alpha_\xi = \mu$. ∎

Nach Satz 7 ist Definition 4 ein Spezialfall von Definition 5; denn für Ordinalzahlen α, β und die Folge $(\gamma_\xi)_{\xi<2}$ bei $\gamma_0 = \alpha$, $\gamma_1 = \beta$ ist sofort

$$\prod_{\xi<2} \gamma_\xi = \prod_{\xi<1} \gamma_\xi \cdot \gamma_1 = \Big(\prod_{\xi<0} \gamma_\xi \cdot \gamma_0\Big) \cdot \gamma_1$$
$$= (1 \cdot \gamma_0) \cdot \gamma_1 = \gamma_0 \cdot \gamma_1 = \alpha \cdot \beta .$$

Man erhält für Ordinalzahlfolgen $(\alpha_\xi)_{\xi<\beta}$ über den angegebenen Indexbereichen $\boldsymbol{O}(\beta)$ sukzessiv:

$$\prod_{\xi<1} \alpha_\xi = \alpha_0, \qquad \prod_{\xi<2} \alpha_\xi = \alpha_0 \cdot \alpha_1,$$

$$\prod_{\xi<3} \alpha_\xi = \alpha_0 \cdot \alpha_1 \cdot \alpha_2, \qquad \prod_{\xi<4} \alpha_\xi = \alpha_0 \cdot \alpha_1 \cdot \alpha_2 \cdot \alpha_3, \ldots .$$

Das allgemeine Produkt läßt sich wieder repräsentantenfrei durch die Rekursionsgleichungen des Satzes 7 rein rekursiv definieren:

Satz 8. *Für jede Ordinalzahlfolge $(\alpha_\xi)_{\xi<\beta}$ gibt es genau eine Funktion F über $[0, \beta]$ mit Ordinalzahlwerten und mit für jedes $\gamma < \beta$ und jede Limeszahl $\lambda \leqq \beta$:*

$$(1)\ F(0) = 1, \qquad (2)\ F(\gamma') = F(\gamma) \cdot \alpha_\gamma,$$

$$(3)\ F(\lambda) = \begin{cases} 0, & \textit{falls } \alpha_\xi = 0 \textit{ für ein } \xi < \lambda \\ \lim\limits_{\nu<\lambda} F(\nu), & \textit{falls } \alpha_\xi \neq 0 \textit{ für jedes } \xi < \lambda. \end{cases}$$

Beweis: Man führt den Beweis ohne Schwierigkeiten in Analogie zum Beweis von Satz 4, indem man jetzt

$$T_1(\gamma, \eta) = \eta \cdot \alpha_\gamma$$

($O(\boldsymbol{\omega}_{\sigma+1})$ ist ja gegenüber Produktbildung abgeschlossen) und

$$T_2(g) = \begin{cases} 0, & \text{falls } \alpha_\xi = 0 \text{ für ein } \xi < \lambda \\ \lim\limits_{\nu<\lambda} g(\nu), & \text{falls } \alpha_\xi \neq 0 \text{ für jedes } \xi < \lambda \end{cases}$$

definiert. ∎

Wie im Anschluß an Satz 4 erhält man für Ordinalzahlfolgen $(\alpha_\xi)_{\xi<\beta}$ die Möglichkeit, das *(allgemeine) Produkt* von $(\alpha_\xi)_{\xi<\beta}$ als den Wert $F(\beta)$ der Funktion F des Satzes 8 zu definieren.

Nach Satz 4, § 8 erhält man für Kardinalzahlfolgen $(\mathfrak{a}_\xi)_{\xi<\beta}$ und Ordinalzahlen γ zwar

$$\beta = 0 \to \prod_{\xi<\beta} \mathfrak{a}_\xi = 1,$$

$$\gamma' = \beta \to \prod_{\xi<\beta} \mathfrak{a}_\xi = \prod_{\xi<\gamma} \mathfrak{a}_\xi \cdot \mathfrak{a}_\gamma,$$

aber für Limeszahlen β braucht nicht

$$\prod_{\xi<\beta} \mathfrak{a}_\xi = \lim_{\nu<\beta} \prod_{\xi<\nu} \mathfrak{a}_\xi$$

zu gelten (falls alle $\mathfrak{a}_\xi \neq 0$ sind), wie das Beispiel $\beta = \boldsymbol{\omega}$, $\mathfrak{a}_\xi = 2$ zeigt, in dem dann

$$\prod_{\xi<\boldsymbol{\omega}} 2 = 2^{\aleph_0} \geqq \aleph_1 > \aleph_0 = \lim_{\nu<\boldsymbol{\omega}} \prod_{\xi<\nu} 2$$

gilt. Für allgemeine Produkte von Kardinalzahlfolgen besteht also nicht die Möglichkeit einer rekursiven Definition wie bei Ordinalzahlfolgen.

Allgemeine Produkte von Ordinalzahlfamilien $(\alpha_i)_{i\in I}$ über wohlgeordneten Indexbereichen (I, r) lassen sich auf Definition 5 zurückführen:

Definition 6. Ist $(\alpha_i)_{i\in I}$ eine Ordinalzahlfamilie, τ eine Wohlordnung in I und f Isomorphismus von $(\boldsymbol{O}(\beta), \leqq)$ auf (I, τ), so sei

$$\prod_{i\in(I,\tau)} \alpha_i = \prod_{\xi<\beta} \alpha_{f(\xi)}$$

das (*allgemeine*) *Produkt* von $(\alpha_i)_{i\in I}$ bzgl. τ mit den *Faktoren* α_i. ∎

Für die Theorie der allgemeinen Produkte genügt es, vorwiegend die Produkte der Definition 5 zu betrachten, da sich Aussagen über diese Produkte naheliegend auf die Produkte der Definition 6 übertragen. So erhält man trivial aus Satz 7, wenn man zur Vereinfachung unter dem Produktzeichen nachträglich die zugehörigen Wohlordnungen wieder wegläßt:

$$I = \emptyset \rightarrow \prod_{i\in I} \alpha_i = 1,$$

$$m = \max I \rightarrow \prod_{i\in I} \alpha_i = \prod_{i<m} \alpha_i \cdot \alpha_m,$$

$$I \neq \emptyset \wedge \neg \exists m\, m = \max I \rightarrow$$

$$\prod_{i\in I} \alpha_i = \begin{cases} 0, & \textit{falls } \alpha_i = 0 \textit{ für ein } i \in I \\ \sup\limits_{j\in I} \prod\limits_{i<j} \alpha_i, & \textit{falls } \alpha_i \neq 0 \textit{ für jedes } i \in I. \end{cases}$$

Für natürlichzahlige Intervalle $[1, n]$ bei $n \geqq 1$ und endliche Familien $(a_i)_{1\leqq i\leqq n}$ natürlicher Zahlen erhält man unter Vermittlung des Isomorphismus $f(\xi) = \xi + 1$ von $\boldsymbol{O}(n)$ auf $[1, n]$ über Definition 6 und Satz 7 die Rekursionsgleichungen:

$$n = 1 \rightarrow \prod_{i\in[1,n]} a_i = a_1,$$

$$n \geqq 2 \rightarrow \prod_{i\in[1,n]} a_i = \prod_{i\in[1,n-1]} a_i \cdot a_n,$$

womit $\prod\limits_{i\in[1,n]} a_i$ nach Satz 6, Bd. II, § 10 mit dem alten endlichen Produkt $\prod\limits_{i=1}^{n} a_i$ natürlicher Zahlen übereinstimmt.

5. Potenz. Das Potenzieren einer Ordinalzahl α mit einer Ordinalzahl β soll die β-malige Multiplikation von α sein, derjenige Spezialfall also des allgemeinen Produktes $\prod_{\xi<\beta} \gamma_\xi$ mit $\gamma_\xi = \alpha$ für alle $\xi < \beta$.

Definition 7. Für Ordinalzahlen α, β und wohlgeordnete Mengen (A, ϱ) mit $\alpha = \text{ord}\,(A, \varrho)$ heißt bei

$$P = \{x \in A^{O(\beta)} \mid \{\xi < \beta \mid x_\xi \neq \min A\} \textit{ ist endlich}\},$$

$R \subseteq P \times P$ und

$$xRy \leftrightarrow x = y$$
$$\vee \exists k(k < \beta \wedge x_k \underset{\varrho}{<} y_k \wedge \forall \xi(k < \xi < \beta \rightarrow x_\xi = y_\xi))$$

für alle $x, y \in P$ die Ordinalzahl ord (P, R) die *Potenz* von α, β, bezeichnet mit: α^β. Im Falle $\gamma = \alpha^\beta$ heißt α eine *Basis* (*Grundzahl*) von γ und β ein *Exponent* (*Hochzahl*) von γ. ∎

$+$ und $\cdot$ sollen stärker trennen als die Hochschreibweise, also etwa

$$\alpha + \beta \cdot \gamma^\delta = \alpha + (\beta \cdot (\gamma^\delta)).$$

α^2 heißt auch das *Quadrat* von α.

Für natürliche Zahlen n, m fällt n^m im Sinne von Definition 7 mit der Kardinalzahlpotenz von n und m, also mit der üblichen Potenz natürlicher Zahlen zusammen. In jeder gegenüber Potenzbildung abgeschlossenen Menge M von Ordinalzahlen, d. h.

$$\forall \xi\, \forall \eta(\xi, \eta \in M \rightarrow \xi^\eta \in M),$$

wird durch die Potenzbildung eine Operation in M erzeugt, die *Potenzierung* in M. Solche abgeschlossenen Mengen M sind etwa $\boldsymbol{N}$ und für jeden Allbereich $\mathfrak{B}$ mit $\boldsymbol{N} \in \mathfrak{B}$ die Menge

$$M = \{\xi \in \mathfrak{B} \mid \xi \textit{ Ordinalzahl}\}.$$

Die letzte Behauptung folgt nach Satz 3, § 9 und Satz 8b), c), Bd. II, § 10 so: Für Ordinalzahlen ξ, $\eta \in \mathfrak{B}$ existieren Repräsentanten $\mathfrak{X} = (X, \varrho)$, $\mathfrak{Y} = (Y, \sigma)$ mit $\mathfrak{X}, \mathfrak{Y} \in \mathfrak{B}$; dann gibt es eine Allmenge A mit $\mathfrak{Y} \in A \in \mathfrak{B}$ (nach Satz 10d), Bd. I, § 5), und für jedes $\zeta \leqq \eta$ ist $\zeta \sqsubset (\boldsymbol{N}, A) \in \mathfrak{B}$ (nach Definition 1, § 9), womit $\boldsymbol{O}(\eta) \in \mathfrak{B}$ ist, also auch $(P, R) \in \mathfrak{B}$ für den Repräsentanten (P, R) von ξ^η; also ist $\xi^\eta = \operatorname{ord}(P, R) \in \mathfrak{B}$.

Aus Definition 7 folgt für Ordinalzahlen α, β:

$$|\alpha^\beta| \leqq |\alpha|^{|\beta|}.$$

Addition, Multiplikation und Potenzierung von Ordinalzahlen (im Sinne mengentheoretischer Operationen in entsprechend abgeschlossenen Mengen M von Ordinalzahlen oder im Sinne der nicht mehr als mengentheoretische Objekte existierenden Operationen im Bereich aller Ordinalzahlen) heißen gemeinsam die *elementaren arithmetischen Operationen* für Ordinalzahlen.

Satz 9. *Für Ordinalzahlen* α, β *und ordinale Limeszahlen* λ *gilt*:

$$(1)\ \alpha^0 = 1, \qquad (2)\ \alpha^{(\beta')} = \alpha^\beta \cdot \alpha,$$

$$(3)\ \alpha^\lambda = \begin{cases} 0, & \textit{falls} \quad \alpha = 0 \\ \lim\limits_{\xi<\lambda} \alpha^\xi, & \textit{falls} \quad \alpha \neq 0. \end{cases}$$

Beweis. Nach Definition 7 gilt für Ordinalzahlen α, β:

$$\alpha^\beta = \prod_{\xi<\beta} \alpha,$$

womit die Behauptungen unmittelbar aus Satz 7 folgen. ∎

Aus Satz 9 folgt für Ordinalzahlen α:

$$\alpha^1 = \alpha;$$

denn es ist $\alpha^1 = \alpha^{(0')} = \alpha^0 \cdot \alpha = 1 \cdot \alpha = \alpha$. Die dritte Behauptung von Satz 9 läßt sich als Vertauschbarkeit von Potenz- und Limesbildung auffassen (bei $\alpha \neq 0$):

$$\alpha^\lambda = \alpha^{\left(\lim\limits_{\xi<\lambda} \xi\right)} = \lim_{\xi<\lambda} \alpha^\xi .$$

Nach Satz 9 bestehen speziell die Rekursionsgleichungen

$$a^0 = 1 , \qquad a^{(n')} = a^n \cdot a$$

für natürliche Zahlen a, n, und man erhält $a^n \in \boldsymbol{N}$ durch vollständige Induktion über n. Damit ist erneut die Abgeschlossenheit von $\boldsymbol{N}$ gegenüber Potenzbildung gezeigt und (vgl. Bd. II, § 7, Abschn. 7) das Zusammenfallen von a^n innerhalb $\boldsymbol{N}$ mit der alten Potenz natürlicher Zahlen.

Die Gleichungen von Satz 9 sind die *Rekursionsgleichungen der Potenzierung* und gestatten, Behauptungen über Ordinalzahlpotenzen mit dem Beweisverfahren der transfiniten gemischten Induktion zu beweisen. So kann man etwa

$$1^\alpha = 1$$

für Ordinalzahlen α durch transfinite gemischte Induktion über α zeigen: Es ist $1^0 = 1$; ist $1^\alpha = 1$, so ist $1^{(\alpha')} = 1^\alpha \cdot 1 = 1 \cdot 1 = 1$; ist λ Limeszahl und $1^\xi = 1$ für alle $\xi < \lambda$, so ist $1^\lambda = \lim\limits_{\xi<\lambda} 1^\xi = \lim\limits_{\xi<\lambda} 1 = 1$. Die Behauptung

$$\alpha \geqq 1 \rightarrow 0^\alpha = 0$$

für Ordinalzahlen α folgt aus Satz 9 bereits durch Fallunterscheidung: Es ist $0^{(\alpha')} = 0^\alpha \cdot 0 = 0$, und für Limeszahlen λ ist $0^\lambda = 0$.

Die Potenzierung von Ordinalzahlen läßt sich durch ihre Rekursionsgleichungen auch rein rekursiv definieren, ohne Rückgang auf Repräsentanten. Die Grundlage einer solchen Definition bildet der

Satz 10. Für *jeden Alephindex σ gibt es genau eine Operation P in $\boldsymbol{O}(\boldsymbol{\omega}_{\sigma+1})$ mit für beliebige α, $\beta < \boldsymbol{\omega}_{\sigma+1}$ und* *beliebige Limeszahlen* $\lambda < \boldsymbol{\omega}_{\sigma+1}$:

$$(1)\ \alpha P 0 = 1, \qquad (2)\ \alpha P(\beta') = (\alpha P \beta) \cdot \alpha,$$

$$(3)\ \alpha P \lambda = \begin{cases} 0, & \textit{falls}\ \ \alpha = 0 \\ \lim\limits_{\xi < \lambda} (\alpha P \xi), & \textit{falls}\ \ \alpha \neq 0. \end{cases}$$

Beweis. Man führt den Beweis ohne Schwierigkeiten in Analogie zum Beweis von Satz 2, indem man jetzt

$$T_1(\beta, \gamma) = \gamma \cdot \alpha$$

($\boldsymbol{O}(\boldsymbol{\omega}_{\sigma+1})$ ist ja gegenüber Produktbildung abgeschlossen) und

$$T_2(g) = \begin{cases} 0, & \text{falls}\ \ \alpha = 0 \\ \lim\limits_{\xi < \lambda} g(\xi), & \text{falls}\ \ \alpha \neq 0 \end{cases}$$

definiert. ∎

Wie im Anschluß an Satz 2 erhält man für Ordinalzahlen α, β die Möglichkeit, die *Potenz* α^β als $\alpha P_\sigma \beta$ zu definieren, wo $\alpha, \beta < \boldsymbol{\omega}_{\sigma+1}$ ist und P_σ die nach Satz 10 in $\boldsymbol{O}(\boldsymbol{\omega}_{\sigma+1})$ existierende Operation mit den Rekursionsgleichungen (1), (2), (3) ist. Diese rekursiv definierte Potenz α^β fällt nach den Sätzen 9, 10 mit der Potenz aus Definition 7 zusammen, wobei u. a. $\boldsymbol{O}(\boldsymbol{\omega}_{\sigma+1})$ gegenüber der Potenzbildung aus Definition 7 abgeschlossen ist.

6. Elementare Rechengesetze. Für Ordinalzahlen α haben wir bereits die Spezialfälle bewiesen:

$$\alpha + 0 = 0 + \alpha = \alpha, \qquad \alpha + 1 = \alpha',$$

$$\alpha \cdot 0 = 0 \cdot \alpha = 0, \qquad \alpha \cdot 1 = 1 \cdot \alpha = \alpha,$$

$$\alpha^0 = 1, \quad \alpha^1 = \alpha, \qquad \alpha \geqq 1 \rightarrow 0^\alpha = 0, \quad 1^\alpha = 1.$$

Da Addition und Multiplikation von Ordinalzahlen nicht kommutativ sind (vgl. Satz 12), entstehen rechts- und linksseitige Rechengesetze, die oft voneinander abweichen. Das trifft schon auf den folgenden Satz zu.

Satz 11. *Für Ordinalzahlen* α, β, γ *gilt*:

a) $\beta < \gamma \rightarrow \alpha + \beta < \alpha + \gamma$

$\alpha \geqq 1 \wedge \beta < \gamma \rightarrow \alpha \cdot \beta < \alpha \cdot \gamma$

$\alpha \geqq 2 \wedge \beta < \gamma \rightarrow \alpha^\beta < \alpha^\gamma$

(*Rechtsseitige echte Monotonie*),

b) $\alpha \leqq \beta \rightarrow \alpha + \gamma \leqq \beta + \gamma \wedge \alpha \cdot \gamma \leqq \beta \cdot \gamma \wedge \alpha^\gamma \leqq \beta^\gamma$

(*Linksseitige Monotonie*).

Beweis. Die Behauptungen werden bei festen α, β durch transfinite gemischte Induktion über γ bewiesen unter Verwendung der Rekursionsgleichungen der elementaren arithmetischen Operationen (Sätze 1, 5, 9). Wir beweisen als Beispiel das erste Gesetz von a).

Bei festen α, β ist also induktiv über γ zu zeigen die Behauptung

$$\mathbf{B}(\gamma):\ \beta < \gamma \rightarrow \alpha + \beta < \alpha + \gamma.$$

Trivial gilt $\mathbf{B}(0)$ wegen $\beta \not< 0$. Gilt $\mathbf{B}(\gamma)$ für eine Ordinalzahl γ, so gilt auch $\mathbf{B}(\gamma')$ wegen

$$\beta < \gamma' \rightarrow \beta \leqq \gamma \rightarrow \alpha + \beta \leqq \alpha + \gamma < (\alpha + \gamma)' = \alpha + \gamma'.$$

Ist γ Limeszahl und gilt $\mathbf{B}(\xi)$ für alle $\xi < \gamma$, so gilt auch $\mathbf{B}(\gamma)$; denn ist $\beta < \gamma$, so gibt es ein ξ_0 mit $\beta < \xi_0 < \gamma$ (etwa $\xi_0 = \beta'$), wofür dann gilt

$$\alpha + \beta < \alpha + \xi_0 \leqq \lim_{\xi < \gamma} (\alpha + \xi) = \alpha + \gamma.$$

Nach demselben Muster zeigt man das zweite Gesetz von a), woraus dann u. a.

$$\alpha, \beta \neq 0 \rightarrow \alpha \cdot \beta \neq 0$$

folgt und damit bei festem α induktiv über β auch

$$\alpha \neq 0 \rightarrow \alpha^\beta \neq 0.$$

Mit diesem Ergebnis erhält man schließlich induktiv über γ alle weiteren Gesetze von a), b). ∎

Aus Satz 11a) folgt trivial auch *rechtsseitige Monotonie*:

$$\beta \leqq \gamma \rightarrow \alpha + \beta \leqq \alpha + \gamma \wedge \alpha \cdot \beta \leqq \alpha \cdot \gamma,$$
$$(\alpha \neq 0 \vee \beta \neq 0) \wedge \beta \leqq \gamma \rightarrow \alpha^\beta \leqq \alpha^\gamma.$$

Dagegen besteht linksseitige echte Monotonie nicht allgemein, wie der folgende Satz zeigt, nach welchem für natürliche Zahlen n, m gilt:

$$2 \leqq n \leqq m \rightarrow n + \omega = m + \omega = n \cdot \omega = m \cdot \omega$$
$$= n^\omega = m^\omega = \omega.$$

Satz 12. *Für natürliche Zahlen n und Ordinalzahlen α gilt:*

a) $n + \omega = \omega$,
$n \geqq 1 \rightarrow n \cdot \omega = \omega, \qquad n \geqq 2 \rightarrow n^\omega = \omega,$

b) $\alpha \geqq 1 \rightarrow \omega < \omega + \alpha$,
$\alpha \geqq 2 \rightarrow \omega < \omega \cdot \alpha \wedge \omega < \omega^\alpha.$

Beweis. a) Es gilt:

$$n + \omega = \lim_{\xi < \omega} (n + \xi), \qquad n \cdot \omega = \lim_{\xi < \omega} (n \cdot \xi),$$
$$n \neq 0 \rightarrow n^\omega = \lim_{\xi < \omega} n^\xi,$$

also

$$n + \omega, n \cdot \omega, n^\omega \leqq \omega.$$

Umgekehrt gilt mit Satz 11b):

$$\omega = 0 + \omega \leqq n + \omega, \qquad n \geqq 1 \rightarrow \omega = 1 \cdot \omega \leqq n \cdot \omega,$$
$$n \geqq 2 \rightarrow \omega \leqq \lim_{\xi < \omega} n^\xi = n^\omega.$$

b) folgt unmittelbar aus Satz 11a). ∎

An Satz 12 erkennt man die grundlegenden Unterscheidungsmerkmale zwischen transfiniter und finiter Arithmetik. Das ist die Nichtkommutativität von Addition und Multiplikation, die auch im Gegensatz zur Kommutativität in der Kardinalzahlarithmetik steht, und das ist die *Absorptionseigenschaft* von Addition, Multiplikation und Potenzierung; d. h. es gibt Ordinalzahlen ξ, η mit $\xi \neq 0$ und $\xi + \eta = \eta$, es gibt Ordinalzahlen ξ, η mit $\xi \geqq 2$, $\eta \neq 0$ und $\xi \cdot \eta = \eta$, und es gibt Ordinalzahlen ξ, η mit $\xi \geqq 2$ und $\xi^\eta = \eta$; ξ wird jeweils von η absorbiert. (Dagegen gilt für $\xi, \eta \geqq 2$ stets $\xi^\eta > \xi$.) Innerhalb $\boldsymbol{N}$ gibt es keine derartigen Absorptionen.

Aus Satz 12a) folgen Beispiele von Ordinalzahlen α, β mit

$$|\alpha^\beta| < |\alpha|^{|\beta|},$$

etwa $\alpha = 2, \beta = \boldsymbol{\omega}$.

Die nicht allgemein gültige linksseitige echte Monotonie besteht in folgenden Spezialfällen für Ordinalzahlen α, β und natürliche Zahlen n (wie man durch vollständige Induktion über n beweist):

$$\alpha < \beta \rightarrow \alpha + n < \beta + n,$$

$$n \geqq 1 \wedge \alpha < \beta \rightarrow \alpha \cdot n < \beta \cdot n \wedge \alpha^n < \beta^n.$$

Mit Satz 11 gilt auch für Ordinalzahlen:

$$\begin{aligned}
\beta < \gamma &\leftrightarrow \alpha + \beta < \alpha + \gamma, \\
\beta = \gamma &\leftrightarrow \alpha + \beta = \alpha + \gamma, \\
\beta \leqq \gamma &\leftrightarrow \alpha + \beta \leqq \alpha + \gamma, \\
\alpha + \gamma < \beta + \gamma &\rightarrow \alpha < \beta,
\end{aligned}$$

$$\begin{aligned}
\alpha \geqq 1 .\rightarrow.\ & \beta < \gamma \leftrightarrow \alpha \cdot \beta < \alpha \cdot \gamma \\
.\wedge.\ & \beta = \gamma \leftrightarrow \alpha \cdot \beta = \alpha \cdot \gamma \\
.\wedge.\ & \beta \leqq \gamma \leftrightarrow \alpha \cdot \beta \leqq \alpha \cdot \gamma, \\
& \alpha \cdot \gamma < \beta \cdot \gamma \rightarrow \alpha < \beta,
\end{aligned}$$

$$\begin{aligned}
\alpha \geqq 2 .\rightarrow.\ & \beta < \gamma \leftrightarrow \alpha^\beta < \alpha^\gamma \\
.\wedge.\ & \beta = \gamma \leftrightarrow \alpha^\beta = \alpha^\gamma \\
.\wedge.\ & \beta \leqq \gamma \leftrightarrow \alpha^\beta \leqq \alpha^\gamma, \\
& \alpha^\gamma < \beta^\gamma \rightarrow \alpha < \beta;
\end{aligned}$$

$$\alpha_1 \leqq \beta_1 \wedge \alpha_2 \leqq \beta_2 \rightarrow \alpha_1 + \alpha_2 \leqq \beta_1 + \beta_2$$
$$\wedge\ \alpha_1 \cdot \alpha_2 \leqq \beta_1 \cdot \beta_2,$$
$$\alpha_1 < \beta_1 \wedge \alpha_2 < \beta_2 \rightarrow \alpha_1 + \alpha_2 < \beta_1 + \beta_2$$
$$\wedge\ \alpha_1 \cdot \alpha_2 < \beta_1 \cdot \beta_2,$$
$$\alpha_1 \leqq \alpha_2 \geqq 1 \wedge \beta_1 \leqq \beta_2 \rightarrow {\alpha_1}^{\beta_1} \leqq {\alpha_2}^{\beta_2},$$
$$\alpha_1 < \alpha_2 \geqq 2 \wedge \beta_1 < \beta_2 \rightarrow {\alpha_1}^{\beta_1} < {\alpha_2}^{\beta_2}.$$

Satz 13. *Für Ordinalzahlen α, β gilt:*

a) $\alpha, \beta \leqq \alpha + \beta,$

$\alpha \cdot \beta \neq 0 \rightarrow \alpha, \beta \leqq \alpha \cdot \beta,$

$\alpha + \beta = 0 \leftrightarrow \alpha = 0 \wedge \beta = 0,$

$\alpha \cdot \beta = 0 \leftrightarrow \alpha = 0 \vee \beta = 0,$

$\alpha \cdot \beta = 1 \leftrightarrow \alpha = 1 \wedge \beta = 1,$

b) $\alpha, \beta \geqq 2 \rightarrow \alpha + \beta \leqq \alpha \cdot \beta, \quad \alpha \neq 1 \rightarrow \alpha \cdot \beta \leqq \alpha^\beta,$

c) $\alpha \geqq 2 \rightarrow \alpha^\beta \geqq \beta, \quad \beta \geqq 1 \rightarrow \alpha^\beta \geqq \alpha,$

$\alpha \neq 0 \rightarrow \alpha^\beta \neq 0.$

Beweis. a) Es ist

$$\alpha = \alpha + 0 \leqq \alpha + \beta, \qquad \beta = 0 + \beta \leqq \alpha + \beta.$$

Ist $\alpha \cdot \beta \neq 0$, so sind $\alpha, \beta \neq 0$, also

$$\alpha = \alpha \cdot 1 \leqq \alpha \cdot \beta, \qquad \beta = 1 \cdot \beta \leqq \alpha \cdot \beta.$$

Sind $\alpha, \beta = 0$, so ist $\alpha + \beta = 0$; ist umgekehrt $\alpha + \beta = 0$, so auch $\alpha, \beta = 0$ wegen $\alpha, \beta \leqq \alpha + \beta$. Ist $\alpha = 0$ oder $\beta = 0$, so ist $\alpha \cdot \beta = 0$; ist umgekehrt $\alpha \cdot \beta = 0$, so kann nicht $\alpha, \beta \geqq 1$ gelten wegen sonst $1 = 1 \cdot 1 \leqq \alpha \cdot \beta$. Sind $\alpha, \beta = 1$, so ist $\alpha \cdot \beta = 1$; ist umgekehrt $\alpha \cdot \beta = 1$, so auch $\alpha, \beta = 1$ wegen $\alpha, \beta \leqq \alpha \cdot \beta$ und $\alpha, \beta \neq 0$.

b) $\alpha \cdot \beta \leqq \alpha^\beta$ gilt trivial für $\alpha = 0$ oder $\beta = 0$ oder $\beta = 1$. Wir haben damit noch

$$\alpha + \beta \leqq \alpha \cdot \beta \leqq \alpha^\beta$$

für $\alpha, \beta \geqq 2$ zu zeigen. Wir führen bei festem $\alpha \geqq 2$ transfinite gemischte Induktion über $\beta \geqq 2$. Es ist

$$\alpha + 2 \leqq \alpha + \alpha = \alpha \cdot 1 + \alpha = \alpha \cdot 1' = \alpha \cdot 2 \leqq \alpha \cdot \alpha$$
$$= \alpha^1 \cdot \alpha = \alpha^{(1')} = \alpha^2.$$

Gilt $\alpha + \beta \leqq \alpha \cdot \beta \leqq \alpha^\beta$ für ein $\beta \geqq 2$, so ist

$$\alpha + \beta' = (\alpha + \beta)' \leqq (\alpha \cdot \beta)' = \alpha \cdot \beta + 1 \leqq \alpha \cdot \beta + \alpha$$
$$= \alpha \cdot \beta'$$

und

$$\alpha \cdot \beta' = \alpha \cdot \beta + \alpha \leqq \alpha^\beta + \alpha^1 \leqq \alpha^\beta + \alpha^\beta$$
$$= \alpha^\beta \cdot 2 \leqq \alpha^\beta \cdot \alpha = \alpha^{(\beta')}.$$

Ist β eine Limeszahl und gilt $\alpha + \xi \leqq \alpha \cdot \xi \leqq \alpha^\xi$ für jedes ξ mit $2 \leqq \xi < \beta$, so ist

$$\alpha + \beta = \lim_{\xi<\beta} (\alpha + \xi) \leqq \lim_{\xi<\beta} (\alpha \cdot \xi) = \alpha \cdot \beta$$

und

$$\alpha \cdot \beta = \lim_{\xi<\beta} (\alpha \cdot \xi) \leqq \lim_{\xi<\beta} \alpha^\xi = \alpha^\beta.$$

c) Die dritte Behauptung von c) folgt aus der zweiten. Erste und zweite Behauptung folgen direkt aus a), b); denn danach gilt

$$\alpha, \beta \leqq \alpha + \beta \leqq \alpha^\beta$$

für beliebige Ordinalzahlen $\alpha, \beta \geqq 2$. ∎

Die Monotonie- und Stetigkeitseigenschaften der elementaren arithmetischen Operationen werden mit dem Begriff der Normalfolge erfaßt:

Definition 8. $f = (f_\xi)_{\xi<\gamma}$ sei eine Folge vom Typ γ von Ordinalzahlen: f heißt *an der Stelle λ stetig*, falls λ eine (ordinale) Limeszahl ist mit $\lambda < \gamma$ und

$$f(\lambda) = \lim_{\xi<\lambda} f(\xi);$$

f heißt *stetig*, falls f für jede Limeszahl $\lambda < \gamma$ an der Stelle λ stetig ist. f ist eine *Halbnormalfolge* oder *Halbnormalfunktion*, falls f wächst (in bezug auf $(\boldsymbol{O}(\gamma), \leqq)$, $(\mathrm{W}(f), \leqq)$) und f stetig ist; f ist eine *Normalfolge* oder *Normalfunktion*, falls f echt wächst und f stetig ist. ∎

Für beliebige Ordinalzahlen α, γ ist die Funktion

$$f_1(\xi) = \alpha + \xi$$

über $\boldsymbol{O}(\gamma)$ nach den Sätzen 1, 11 eine Normalfolge; entsprechend ist bei $\alpha \geqq 1$ nach den Sätzen 5, 11 die Funktion

$$f_2(\xi) = \alpha \cdot \xi$$

über $\boldsymbol{O}(\gamma)$ und bei $\alpha \geqq 2$ nach den Sätzen 9, 11 die Funktion

$$f_3(\xi) = \alpha^{\xi}$$

über $\boldsymbol{O}(\gamma)$ eine Normalfolge. Dagegen sind für Ordinalzahlen β, γ die Funktionen

$$g_1(\xi) = \xi + \beta, \qquad g_2(\xi) = \xi \cdot \beta, \qquad g_3(\xi) = \xi^{\beta}$$

über $\boldsymbol{O}(\gamma)$ nach Satz 11 zwar wachsend, aber im allgemeinen unstetig; z. B. gilt für $\beta = 2$, $\boldsymbol{\omega} < \gamma$:

$$g_1(\boldsymbol{\omega}) = \boldsymbol{\omega} + 2 \neq \boldsymbol{\omega} = \lim_{\xi < \boldsymbol{\omega}} (\xi + 2) = \lim_{\xi < \boldsymbol{\omega}} g_1(\xi),$$

$$g_2(\boldsymbol{\omega}) = \boldsymbol{\omega} \cdot 2 \neq \boldsymbol{\omega} = \lim_{\xi < \boldsymbol{\omega}} (\xi \cdot 2) = \lim_{\xi < \boldsymbol{\omega}} g_2(\xi),$$

$$g_3(\boldsymbol{\omega}) = \boldsymbol{\omega}^2 \neq \boldsymbol{\omega} = \lim_{\xi < \boldsymbol{\omega}} \xi^2 = \lim_{\xi < \boldsymbol{\omega}} g_3(\xi).$$

Die Indizierungsfunktion $f = (\boldsymbol{\omega}_{\xi})_{\xi < \gamma}$ der Anfangszahlen ist für beliebigen Alephindex γ eine Normalfolge; denn f wächst echt nach Satz 5a), § 10 und ist nach Satz 8b, § 10 an jeder Limeszahlstelle $\lambda < \gamma$ stetig.

Satz 14. a) *Für jede echt wachsende Folge* $(f_{\xi})_{\xi < \gamma}$ *von Ordinalzahlen gilt:*

$$\forall \xi (\xi < \gamma \rightarrow \xi \leqq f(\xi)).$$

b) *Für jede Halbnormalfolge* $(f_\xi)_{\xi<\gamma}$ *und jede Ordinalzahl* α *mit*

$$\exists\xi\,\exists\eta(\xi,\eta<\gamma\wedge f(\xi)\leqq\alpha<f(\eta))$$

gibt es genau ein $\xi<\gamma$ *mit* $\xi+1<\gamma$ *und*

$$f(\xi)\leqq\alpha<f(\xi+1)$$

(ξ *ist die größte Zahl unterhalb* γ *mit* $f(\xi)\leqq\alpha$).

c) *Für Halbnormalfolgen* $(f_\xi)_{\xi<\gamma}$ *und wachsende Folgen* $(\alpha_\xi)_{\xi<\beta}$ *von Ordinalzahlen mit* $\beta\neq 0$ *und* $\lim\limits_{\xi<\beta}\alpha_\xi<\gamma$ *gilt:*

$$\lim_{\xi<\beta} f(\alpha_\xi)=f(\lim_{\xi<\beta}\alpha_\xi).$$

Beweis. a) folgt unmittelbar aus dem ZERMELOschen Lemma (Satz 18, § 4), angewandt auf die wohlgeordnete Menge $(\boldsymbol{O}(\gamma)\cup W(f),\leqq)$ und ihr Segment $\boldsymbol{O}(\gamma)$.

b) Es gibt zunächst höchstens ein $\xi<\gamma$ mit $\xi+1<\gamma$ und $f(\xi)\leqq\alpha<f(\xi+1)$; denn wären ξ_1, ξ_2 solche Zahlen mit etwa $\xi_1<\xi_2$, so wäre $\xi_1+1\leqq\xi_2$, also $\alpha<f(\xi_1+1)\leqq f(\xi_2)\leqq\alpha$. Nun zur Existenz einer gewünschten Zahl ξ unter der Voraussetzung, daß es Zahlen $\xi,\eta<\gamma$ gibt mit $f(\xi)\leqq\alpha<f(\eta)$. Sei η_0 die kleinste Zahl unterhalb γ mit $\alpha<f(\eta_0)$. Es ist $\eta_0\neq 0$, weil sonst für ein $\xi<\gamma$ mit $f(\xi)\leqq\alpha$ gelten würde $\alpha<f(0)\leqq f(\xi)\leqq\alpha$. η_0 ist auch keine Limeszahl; denn sonst wäre $\alpha<f(\eta_0)=\lim\limits_{\xi<\eta_0}f(\xi)$ im Widerspruch zu $f(\xi)\leqq\alpha$ für alle $\xi<\eta_0$. Damit existiert der Vorgänger ξ_0 von η_0, für den dann gilt:

$$\xi_0<\xi_0+1=\eta_0<\gamma,$$
$$f(\xi_0)\leqq\alpha<f(\eta_0)=f(\xi_0+1).$$

c) Unter den Voraussetzungen sei $\mu=\lim\limits_{\xi<\beta}\alpha_\xi$. Gibt es ein $\xi_0<\beta$ mit $\alpha_\xi=\alpha_{\xi_0}$ für alle ξ mit $\xi_0\leqq\xi<\beta$, so ist $\mu=\alpha_{\xi_0}$ und

$$\lim_{\xi<\beta} f(\alpha_\xi)=f(\alpha_{\xi_0})=f(\mu),$$

womit die Behauptung gilt. Gibt es andererseits zu jedem $\xi_0 < \beta$ ein $\xi < \beta$ mit $\xi_0 < \xi$ und $\alpha_{\xi_0} < \alpha_\xi$, so ist μ eine Limeszahl (es ist $\beta \neq 0$) und damit

$$f(\mu) = \lim_{\xi<\mu} f(\xi).$$

Es ist trivial $\lim_{\xi<\beta} f(\alpha_\xi) \leqq f(\mu)$ wegen $f(\alpha_\xi) \leqq f(\mu)$ für alle $\xi < \beta$. Also ist noch zu zeigen:

$$\lim_{\xi<\beta} f(\alpha_\xi) \not< \lim_{\xi<\mu} f(\xi).$$

Würde aber $<$ gelten, so gäbe es ein $\xi_0 < \mu$ mit $\lim_{\xi<\beta} f(\alpha_\xi) < f(\xi_0)$. Aus $\xi_0 < \mu = \lim_{\xi<\beta} \alpha_\xi$ folgt die Existenz eines $\xi_1 < \beta$ mit $\xi_0 < \alpha_{\xi_1}$ und damit schließlich der Widerspruch

$$\lim_{\xi<\beta} f(\alpha_\xi) < f(\xi_0) \leqq f(\alpha_{\xi_1}). \quad ■$$

In Anwendung von Satz 14 auf die elementaren arithmetischen Operationen ergibt sich der

Satz 15. a) *Für Ordinalzahlen* α, δ *gilt*:

$$\alpha \leqq \delta \to \exists!!\, \beta(\alpha + \beta \leqq \delta < \alpha + \beta'),$$
$$\alpha \geqq 1 \to \exists!!\, \beta(\alpha \cdot \beta \leqq \delta < \alpha \cdot \beta'),$$
$$\alpha \geqq 2 \wedge \delta \geqq 1 \to \exists!!\, \beta(\alpha^\beta \leqq \delta < \alpha^{(\beta')}).$$

b) *Für Ordinalzahlen* α *und wachsende Folgen* $(\beta_\xi)_{\xi<\lambda}$ *von Ordinalzahlen mit* $\lambda \neq 0$ *gilt*:

$$\lim_{\xi<\lambda} (\alpha + \beta_\xi) = \alpha + \lim_{\xi<\lambda} \beta_\xi, \quad \lim_{\xi<\lambda} (\alpha \cdot \beta_\xi) = \alpha \cdot \lim_{\xi<\lambda} \beta_\xi,$$
$$\alpha \neq 0 \vee \beta_0 \neq 0 \to \lim_{\xi<\lambda} (\alpha^{\beta_\xi}) = \alpha^{\left(\lim_{\xi<\lambda} \beta_\xi\right)}.$$

Beweis. a) Für fest gegebene α, δ betrachte man bei $\gamma = \delta + 2$ über $\boldsymbol{O}(\gamma)$ die Funktionen

$$f_1(\xi) = \alpha + \xi, \quad f_2(\xi) = \alpha \cdot \xi, \quad f_3(\xi) = \alpha^\xi.$$

f_1 ist bei $\alpha \leqq \delta$ Normalfolge mit $f_1(0) \leqq \delta < f_1(\delta')$ wegen

$$\alpha + 0 \leqq \delta \leqq \alpha + \delta < (\alpha + \delta)' = \alpha + \delta' .$$

Für $\alpha \geqq 1$ ist f_2 Normalfolge mit $f_2(0) \leqq \delta < f_2(\delta')$ wegen

$$\alpha \cdot 0 \leqq \delta \leqq \alpha \cdot \delta < \alpha \cdot \delta + \alpha = \alpha \cdot \delta' .$$

Für $\alpha \geqq 2$ und $\delta \geqq 1$ ist f_3 Normalfolge mit $f_3(0) \leqq \delta < f_3(\delta')$ wegen

$$\alpha^0 \leqq \delta \leqq \alpha^\delta < \alpha^\delta \cdot \alpha = \alpha^{(\delta')} .$$

Damit folgt aus Satz 14b) die eindeutige Existenz der gewünschten Zahlen β.

b) Unter den Voraussetzungen sei $\mu = \lim\limits_{\xi<\lambda} \beta_\xi$. Für $\gamma = \alpha + \mu + 1$ und die Normalfunktion $f_1(\xi) = \alpha + \xi$ über $\boldsymbol{O}(\gamma)$ folgt nach Satz 14c)

$$\lim_{\xi<\lambda} (\alpha + \beta_\xi) = \alpha + \lim_{\xi<\lambda} \beta_\xi .$$

Für $\alpha \geqq 1$, $\gamma = \alpha \cdot \mu + 1$ und die Normalfunktion $f_2(\xi) = \alpha \cdot \xi$ über $\boldsymbol{O}(\gamma)$ folgt

$$\lim_{\xi<\lambda} (\alpha \cdot \beta_\xi) = \alpha \cdot \lim_{\xi<\lambda} \beta_\xi .$$

Für $\alpha = 0$ ist diese Gleichung trivial erfüllt. Für $\alpha \geqq 2$, $\gamma = \alpha^\mu + 1$ und die Normalfunktion $f_3(\xi) = \alpha^\xi$ über $\boldsymbol{O}(\gamma)$ folgt

$$\lim_{\xi<\lambda} (\alpha^{\beta_\xi}) = \alpha^{\left(\lim\limits_{\xi<\lambda} \beta_\xi\right)} .$$

Für $\alpha = 1$ oder $\alpha = 0 \wedge \beta_0 \neq 0$ ist diese Gleichung trivial erfüllt. ∎

Mit Hilfe der Limesaussagen von Satz 15b) erhält man jetzt den

Satz 16. *Für Ordinalzahlen α, β, γ gilt:*

a) $(\alpha + \beta) + \gamma = \alpha + (\beta + \gamma) \quad (\alpha \cdot \beta) \cdot \gamma = \alpha \cdot (\beta \cdot \gamma)$ (*Assoziativität*),

b) $\alpha \cdot (\beta + \gamma) = \alpha \cdot \beta + \alpha \cdot \gamma$
(*Linksseitige Distributivität*),

c) $\alpha^\beta \cdot \alpha^\gamma = \alpha^{\beta+\gamma}, \qquad (\alpha^\beta)^\gamma = \alpha^{\beta \cdot \gamma}.$

Beweis. Man beweist die Behauptungen bei festen α, β durch transfinite gemischte Induktion über γ in folgender Reihenfolge: Das erste Gesetz von a); b); das zweite Gesetz von a); c). Wir beweisen etwa das erste Gesetz von a). Alle übrigen Beweise verlaufen nach demselben Muster.

Bei festen α, β ist also induktiv über γ zu zeigen die Behauptung

$$\mathbf{B}(\gamma): \qquad (\alpha + \beta) + \gamma = \alpha + (\beta + \gamma).$$

Trivial gilt $\mathbf{B}(0)$ wegen

$$(\alpha + \beta) + 0 = \alpha + \beta = \alpha + (\beta + 0).$$

Gilt $\mathbf{B}(\gamma)$ für eine Ordinalzahl γ, so gilt auch $\mathbf{B}(\gamma')$ wegen

$$\begin{aligned}(\alpha + \beta) + \gamma' &= ((\alpha + \beta) + \gamma)' = (\alpha + (\beta + \gamma))' \\ &= \alpha + (\beta + \gamma)' = \alpha + (\beta + \gamma').\end{aligned}$$

Ist γ Limeszahl und gilt $\mathbf{B}(\xi)$ für alle $\xi < \gamma$, so gilt über Satz 15b) auch $\mathbf{B}(\gamma)$ wegen

$$\begin{aligned}(\alpha + \beta) + \gamma &= \lim_{\xi<\gamma} ((\alpha + \beta) + \xi) = \lim_{\xi<\gamma} (\alpha + (\beta + \xi)) \\ &= \alpha + \lim_{\xi<\gamma} (\beta + \xi) = \alpha + (\beta + \gamma). \ \blacksquare\end{aligned}$$

Es besteht nicht allgemein rechtsseitige Distributivität

$$(\alpha + \beta) \cdot \gamma = \alpha \cdot \gamma + \beta \cdot \gamma;$$

z. B. ist

$$(1 + 1) \cdot \boldsymbol{\omega} = 2 \cdot \boldsymbol{\omega} = \boldsymbol{\omega} < \boldsymbol{\omega} + \boldsymbol{\omega} = 1 \cdot \boldsymbol{\omega} + 1 \cdot \boldsymbol{\omega}.$$

Im Gegensatz zur Arithmetik der natürlichen Zahlen und Kardinalzahlen gilt nicht allgemein das Potenzgesetz

$$\alpha^\gamma \cdot \beta^\gamma = (\alpha \cdot \beta)^\gamma;$$

z. B. ist

$$(2 \cdot 2)^{\boldsymbol{\omega}} = 4^{\boldsymbol{\omega}} = \boldsymbol{\omega} < \boldsymbol{\omega} \cdot \boldsymbol{\omega} = 2^{\boldsymbol{\omega}} \cdot 2^{\boldsymbol{\omega}}.$$

Wir wenden uns nun den allgemeinen Summen und Produkten zu. Schreibweisen wie $\sum_{\beta \leqq \xi \leqq \gamma} \alpha_\xi$, $\prod_{\beta < \xi < \gamma} \alpha_\xi$ sind stets im Sinne der Definitionen 3, 6 zu verstehen.

Satz 17. *Für Ordinalzahlen* α, β *gilt*:

$$\alpha = \sum_{\xi < \alpha} 1, \qquad \alpha \cdot \beta = \sum_{\xi < \beta} \alpha, \qquad \alpha^\beta = \prod_{\xi < \beta} \alpha.$$

Beweis. Unter Verwendung der Sätze 3, 7 zeigt man die erste Behauptung induktiv über α und die zweite und dritte Behauptung bei festem α induktiv über β. Wir beweisen etwa die erste Behauptung.

Es ist $0 = \sum_{\xi < 0} 1$. Ist $\alpha = \sum_{\xi < \alpha} 1$, so ist

$$\alpha' = \alpha + 1 = \sum_{\xi < \alpha} 1 + 1 = \sum_{\xi < \alpha'} 1.$$

Ist α Limeszahl und $\nu = \sum_{\xi < \nu} 1$ für alle $\nu < \alpha$, so ist

$$\alpha = \lim_{\nu < \alpha} \nu = \lim_{\nu < \alpha} \sum_{\xi < \nu} 1 = \sum_{\xi < \alpha} 1. \ \blacksquare$$

Satz 17 liefert die Iterationsaussagen: α entsteht durch α-malige Addition von 1, $\alpha \cdot \beta$ durch β-malige Addition von α und α^β durch β-malige Multiplikation von α.

Aus Satz 17 folgt speziell für Ordinalzahlen α und natürliche Zahlen $n \geqq 1$:

$$\alpha \cdot n = \sum_{1 \leqq i \leqq n} \alpha = \sum_{i=1}^{n} \alpha = \underbrace{\alpha + \ldots + \alpha}_{n\text{-mal}},$$

$$\alpha^n = \prod_{1 \leqq i \leqq n} \alpha = \prod_{i=1}^{n} \alpha = \underbrace{\alpha \cdot \ldots \cdot \alpha}_{n\text{-mal}}$$

(wobei natürlich $\sum_{i<n} \alpha$ und $\prod_{i<n} \alpha$ die Bedeutung der angeschriebenen Summen und Produkte ist),

$$\alpha \cdot 2 = \alpha + \alpha, \qquad \alpha \cdot 3 = \alpha + \alpha + \alpha, \ldots,$$

$$\alpha^2 = \alpha \cdot \alpha, \qquad \alpha^3 = \alpha \cdot \alpha \cdot \alpha, \ldots;$$

ebenso ist (bei ∞ für $\boldsymbol{\omega}$):

$$\alpha \cdot \boldsymbol{\omega} = \sum_{i<\infty} \alpha = \sum_{i=0}^{\infty} \alpha = \alpha + \alpha + \alpha + \ldots,$$

$$\alpha^{\boldsymbol{\omega}} = \prod_{i<\infty} \alpha = \prod_{i=0}^{\infty} \alpha = \alpha \cdot \alpha \cdot \alpha \cdot \ldots.$$

Satz 18. a) *Für Ordinalzahlfolgen* $(\alpha_\xi)_{\xi<\beta}$ *und Ordinalzahlen* η *gilt*:

$$\sum_{\xi<\beta} \alpha_\xi = 0 \leftrightarrow \forall \xi(\xi < \beta \rightarrow \alpha_\xi = 0),$$

$$\prod_{\xi<\beta} \alpha_\xi = 0 \leftrightarrow \exists \xi(\xi < \beta \wedge \alpha_\xi = 0),$$

$$\prod_{\xi<\beta} \alpha_\xi = 1 \leftrightarrow \forall \xi(\xi < \beta \rightarrow \alpha_\xi = 1),$$

$$\eta < \beta \rightarrow \alpha_\eta \leqq \sum_{\xi<\beta} \alpha_\xi,$$

$$\eta < \beta \wedge \prod_{\xi<\beta} \alpha_\xi \neq 0 \rightarrow \alpha_\eta \leqq \prod_{\xi<\beta} \alpha_\xi.$$

b) *Für Ordinalzahlfolgen* $(\alpha_\xi)_{\xi<\beta}$ *und Mengen* $J \subseteq \boldsymbol{O}(\beta)$ *mit* $\alpha_\xi = 0$ *für alle* $\xi \in \boldsymbol{O}(\beta) \setminus J$ *bzw. mit* $\alpha_\xi = 1$ *für alle* $\xi \in \boldsymbol{O}(\beta) \setminus J$ *gilt*:

$$\sum_{\xi<\beta} \alpha_\xi = \sum_{\xi\in(J,\leqq)}^{\cdot} \alpha_\xi \quad \textit{bzw.} \quad \prod_{\xi<\beta} \alpha_\xi = \prod_{\xi\in(J,\leqq)} \alpha_\xi.$$

Beweis. Man zeigt alle Behauptungen durch transfinite gemischte Induktion über β. Die beiden letzten Behauptungen von a) folgen auch unmittelbar aus Satz 19b). Wir beweisen etwa die erste Behauptung von a) und von b).

Sei $\mathbf{B}(\beta)$ für Ordinalzahlen β die Behauptung, daß

$$\sum_{\xi<\beta} \alpha_\xi = 0 \leftrightarrow \forall \xi(\xi < \beta \rightarrow \alpha_\xi = 0)$$

für alle Ordinalzahlfolgen $(\alpha_\xi)_{\xi<\beta}$ vom Typ β gilt. Dann gilt trivial $\mathbf{B}(0)$. Gilt $\mathbf{B}(\beta)$ für ein β, so gilt auch $\mathbf{B}(\beta')$

wegen (unter Verwendung von Satz 13a))

$$\sum_{\xi<\beta'} \alpha_\xi = 0 \leftrightarrow \sum_{\xi<\beta} \alpha_\xi + \alpha_\beta = 0 \leftrightarrow \sum_{\xi<\beta} \alpha_\xi = 0 \wedge \alpha_\beta = 0$$

$$\leftrightarrow \forall \xi(\xi < \beta' \to \alpha_\xi = 0).$$

Ist β Limeszahl und gilt $\mathbf{B}(\nu)$ für alle $\nu < \beta$, so gilt auch $\mathbf{B}(\beta)$ wegen

$$\sum_{\xi<\beta} \alpha_\xi = 0 \leftrightarrow \lim_{\nu<\beta} \sum_{\xi<\nu} \alpha_\xi = 0 \leftrightarrow \forall \nu(\nu < \beta \to \sum_{\xi<\nu} \alpha_\xi = 0)$$

$$\leftrightarrow \forall \xi(\xi < \beta \to \alpha_\xi = 0).$$

Damit ist die erste Behauptung von a) bewiesen. Nun die erste Behauptung von b).

Sei $\mathbf{B}(\beta)$ für Ordinalzahlen β die Behauptung, daß

$$\sum_{\xi<\beta} \alpha_\xi = \sum_{\xi\in(J,\leqq)} \alpha_\xi$$

gilt für alle Ordinalzahlfogen $(\alpha_\xi)_{\xi<\beta}$ vom Typ β und alle Mengen $J \subseteq \boldsymbol{O}(\beta)$ mit $\alpha_\xi = 0$ für jedes $\xi \in \boldsymbol{O}(\beta) \setminus J$. Dann gilt trivial $\mathbf{B}(0)$. Gilt $\mathbf{B}(\beta)$ für ein β, so gilt auch $\mathbf{B}(\beta')$; denn ist $J' \subseteq \boldsymbol{O}(\beta')$ mit $\alpha_\xi = 0$ für alle $\xi \in \boldsymbol{O}(\beta') \setminus J'$ und $J = J' \setminus \{\beta\}$, so ist (unter Verwendung von $\alpha_\beta \neq 0 \to \beta \in J'$)

$$\sum_{\xi<\beta'} \alpha_\xi = \sum_{\xi<\beta} \alpha_\xi + \alpha_\beta = \sum_{\xi\in(J,\leqq)} \alpha_\xi + \alpha_\beta = \sum_{\xi\in(J',\leqq)} \alpha_\xi.$$

Ist β Limeszahl und gilt $\mathbf{B}(\nu)$ für alle $\nu < \beta$, so gilt auch $\mathbf{B}(\beta)$; denn ist $J \subseteq \boldsymbol{O}(\beta)$ mit $\alpha_\xi = 0$ für jedes $\xi \in \boldsymbol{O}(\beta) \setminus J$ und $J_\nu = J \cap \boldsymbol{O}(\nu)$ für alle $\nu < \beta$, so ist (unter Verwendung von Satz 19b))

$$\sum_{\xi<\beta} \alpha_\xi = \lim_{\nu<\beta} \sum_{\xi<\nu} \alpha_\xi = \lim_{\nu<\beta} \sum_{\xi\in(J_\nu,\leqq)} \alpha_\xi \leqq \sum_{\xi\in(J,\leqq)} \alpha_\xi \leqq \sum_{\xi<\beta} \alpha_\xi. \blacksquare$$

Satz 19. *Für Ordinalzahlfolgen* $(\alpha_\xi)_{\xi<\gamma}$, $(\beta_\xi)_{\xi<\gamma}$ *und Mengen* J *gilt:*

a) $\forall \xi(\xi < \gamma \to \alpha_\xi \leqq \beta_\xi) \to \sum_{\xi<\gamma} \alpha_\xi \leqq \sum_{\xi<\gamma} \beta_\xi \wedge \prod_{\xi<\gamma} \alpha_\xi \leqq \prod_{\xi<\gamma} \beta_\xi$

(*Allgemeine Monotonie*),

b) $J \subseteq \boldsymbol{O}(\gamma) \rightarrow \sum_{\xi \in (J, \leqq)} \alpha_\xi \leqq \sum_{\xi < \gamma} \alpha_\xi$

$J \subseteq \boldsymbol{O}(\gamma) \wedge \prod_{\gamma > \xi \notin J} \alpha_\xi \neq 0 \rightarrow \prod_{\xi \in (J, \leqq)} \alpha_\xi \leqq \prod_{\xi < \gamma} \alpha_\xi$

(*Monotonie in bezug auf den Indexbereich*).

Beweis. Die Behauptungen werden induktiv über γ bewiesen.

a) $\mathbf{B}(\gamma)$ bedeute für Ordinalzahlen γ, daß a) gilt für beliebige Ordinalzahlfolgen $(\alpha_\xi)_{\xi<\gamma}$ und $(\beta_\xi)_{\xi<\gamma}$. Man zeigt ohne Schwierigkeiten (unter Verwendung der Monotonie von $+$ und $\cdot$):

$\mathbf{B}(0)$,

$\mathbf{B}(\gamma) \rightarrow \mathbf{B}(\gamma')$,

γ *Limeszahl* $\wedge \forall \nu(\nu < \gamma \rightarrow \mathbf{B}(\nu)) \rightarrow \mathbf{B}(\gamma)$.

b) $\mathbf{B}(\gamma)$ bedeute für Ordinalzahlen γ, daß

$$J \subseteq \boldsymbol{O}(\gamma) \rightarrow \sum_{\xi \in (J, \leqq)} \alpha_\xi \leqq \sum_{\xi < \gamma} \alpha_\xi$$

gelte für jede Ordinalzahlfolge $(\alpha_\xi)_{\xi<\gamma}$ und jede Menge J. Trivial gilt $\mathbf{B}(0)$. Gilt $\mathbf{B}(\gamma)$ für ein γ, so gilt auch $\mathbf{B}(\gamma')$; denn ist $J' \subseteq \boldsymbol{O}(\gamma')$ und $J = J' \setminus \{\gamma\}$, so ist (unter Verwendung der Monotonie von $+$)

$$\sum_{\xi \in (J', \leqq)} \alpha_\xi \leqq \sum_{\xi \in (J, \leqq)} \alpha_\xi + \alpha_\gamma \leqq \sum_{\xi < \gamma} \alpha_\xi + \alpha_\gamma = \sum_{\xi < \gamma'} \alpha_\xi .$$

Ist γ Limeszahl und gilt $\mathbf{B}(\nu)$ für alle $\nu < \gamma$, so gilt auch $\mathbf{B}(\gamma)$; denn ist $J \subseteq \boldsymbol{O}(\gamma)$ und $J_\nu = J \cap \boldsymbol{O}(\nu)$ für alle $\nu < \gamma$, so ist im Falle der Existenz eines $\nu_0 < \gamma$ mit $J \subseteq \boldsymbol{O}(\nu_0)$:

$$\sum_{\xi \in (J, \leqq)} \alpha_\xi = \sum_{\xi \in (J_{\nu_0}, \leqq)} \alpha_\xi \leqq \sum_{\xi < \nu_0} \alpha_\xi \leqq \lim_{\nu < \gamma} \sum_{\xi < \nu} \alpha_\xi = \sum_{\xi < \gamma} \alpha_\xi$$

und andernfalls unter Vermittlung eines Isomorphismus f von $(\boldsymbol{O}(\delta), \leqq)$ auf $(J, \leqq)$, wobei δ Limeszahl mit $\delta \leqq \gamma$

und $\lim\limits_{\xi<\delta} f(\xi) = \gamma$ ist:

$$\sum_{\xi\in(J,\leqq)} \alpha_\xi = \sum_{\xi<\delta} \alpha_{f(\xi)} = \lim_{\mu<\delta} \sum_{\xi<\mu} \alpha_{f(\xi)} = \lim_{\mu<\delta} \sum_{\xi\in(J_{f(\mu)},\leqq)} \alpha_\xi$$
$$\leqq \lim_{\mu<\delta} \sum_{\xi<f(\mu)} \alpha_\xi \leqq \lim_{\nu<\gamma} \sum_{\xi<\nu} \alpha_\xi = \sum_{\xi<\gamma} \alpha_\xi .$$

Nach demselben Verfahren zeigt man die zweite Behauptung von b). ∎

Aus Satz 19b) folgt speziell für Ordinalzahlfolgen $(\alpha_\xi)_{\xi<\gamma}$ und Zahlen $\beta \leqq \gamma$:

$$\sum_{\xi<\beta} \alpha_\xi \leqq \sum_{\xi<\gamma} \alpha_\xi , \qquad \prod_{\beta\leqq\xi<\gamma} \alpha_\xi \neq 0 \rightarrow \prod_{\xi<\beta} \alpha_\xi \leqq \prod_{\xi<\gamma} \alpha_\xi .$$

Ebenso erhält man aus Satz 19b) unmittelbar für Ordinalzahlfamilien $(\alpha_i)_{i\in I}$ über wohlgeordnetem Indexbereich (I, τ), Mengen $J \subseteq I$ und $\sigma = \tau \parallel J$:

$$\sum_{i\in(J,\sigma)} \alpha_i \leqq \sum_{i\in(I,\tau)} \alpha_i , \qquad 0 \notin \{\alpha_i\}_{i\in I\setminus J} \rightarrow \prod_{i\in(J,\sigma)} \alpha_i \leqq \prod_{i\in(I,\tau)} \alpha_i ;$$

denn ist f Isomorphismus von $(\boldsymbol{O}(\gamma), \leqq)$ auf (I, τ), $J' = f^{-1}\langle J\rangle$ und g Isomorphismus von $(\boldsymbol{O}(\beta), \leqq)$ auf $(J', \leqq)$, so ist $f \circ g$ Isomorphismus von $(\boldsymbol{O}(\beta), \leqq)$ auf (J, σ) und damit insgesamt:

$$\sum_{i\in(J,\sigma)} \alpha_i = \sum_{\xi<\beta} \alpha_{f(g(\xi))} = \sum_{\xi\in(J',\leqq)} \alpha_{f(\xi)} \leqq \sum_{\xi<\gamma} \alpha_{f(\xi)} = \sum_{i\in(I,\tau)} \alpha_i ,$$

analog beim allgemeinen Produkt.

Satz 20. *Für Ordinalzahlfolgen* $(\alpha_\xi)_{\xi<\gamma}$ *und Ordinalzahlen* β *gilt*:

$$\forall \xi(\xi < \gamma \rightarrow \alpha_\xi \leqq \beta) \rightarrow \sum_{\xi<\gamma} \alpha_\xi \leqq \beta \cdot \gamma \wedge \prod_{\xi<\gamma} \alpha_\xi \leqq \beta^\gamma ,$$

$$\forall \xi(\xi < \gamma \rightarrow \beta \leqq \alpha_\xi) \rightarrow \beta \cdot \gamma \leqq \sum_{\xi<\gamma} \alpha_\xi \wedge \beta^\gamma \leqq \prod_{\xi<\gamma} \alpha_\xi .$$

Beweis. Die Behauptungen folgen unmittelbar aus den Sätzen 17 und 19a). ∎

Satz 21. *Für Ordinalzahlfolgen* $(\alpha_\xi)_{\xi<\lambda}$ *und Halbnormalfolgen* $(\varkappa_\nu)_{\nu\leqq\mu}$ *mit* $\varkappa_0 = 0$ *und* $\varkappa_\mu = \lambda$ *gilt:*

$$\sum_{\xi<\lambda}\alpha_\xi = \sum_{\nu<\mu}\left(\sum_{\varkappa_\nu\leqq\xi<\varkappa_{\nu+1}}\alpha_\xi\right) \qquad \prod_{\xi<\lambda}\alpha_\xi = \prod_{\nu<\mu}\left(\prod_{\varkappa_\nu\leqq\xi<\varkappa_{\nu+1}}\alpha_\xi\right).$$

(*Allgemeine Assoziativität*).

Beweis. *Hilfssatz. Für Ordinalzahlfolgen* $(\alpha_\xi)_{\xi<\gamma}$ *und Zahlen* $\beta \leqq \gamma$ *gilt:*

$$\sum_{\xi<\gamma}\alpha_\xi = \sum_{\xi<\beta}\alpha_\xi + \sum_{\beta\leqq\xi<\gamma}\alpha_\xi .$$

Beweis. Induktion über γ. $\mathbf{B}(\gamma)$ bedeute, daß die Behauptung des Hilfssatzes für jede Ordinalzahlfolge $(\alpha_\xi)_{\xi<\gamma}$ und jedes $\beta \leqq \gamma$ gilt. Dann gilt trivial $\mathbf{B}(0)$. Gilt $\mathbf{B}(\gamma)$ für ein γ, so gilt auch $\mathbf{B}(\gamma')$; denn für $\beta = \gamma'$ ist dies trivial, und für $\beta < \gamma'$ ist

$$\sum_{\xi<\gamma'}\alpha_\xi = \sum_{\xi<\gamma}\alpha_\xi + \alpha_\gamma = \sum_{\xi<\beta}\alpha_\xi + \sum_{\beta\leqq\xi<\gamma}\alpha_\xi + \alpha_\gamma$$
$$= \sum_{\xi<\beta}\alpha_\xi + \sum_{\beta\leqq\xi<\gamma'}\alpha_\xi .$$

Ist γ Limeszahl und gilt $\mathbf{B}(\nu)$ für alle $\nu < \gamma$, so gilt auch $\mathbf{B}(\gamma)$; denn für $\beta = \gamma$ ist dies trivial, und für $\beta < \gamma$ ist (über die Sätze 19b) und 15b))

$$\sum_{\xi<\gamma}\alpha_\xi = \lim_{\nu<\gamma}\sum_{\xi<\nu}\alpha_\xi = \sup_{\beta\leqq\nu<\gamma}\sum_{\xi<\nu}\alpha_\xi = \sup_{\beta\leqq\nu<\gamma}\left(\sum_{\xi<\beta}\alpha_\xi + \sum_{\beta\leqq\xi<\nu}\alpha_\xi\right)$$
$$= \sum_{\xi<\beta}\alpha_\xi + \sup_{\beta\leqq\nu<\gamma}\sum_{\beta\leqq\xi<\nu}\alpha_\xi = \sum_{\xi<\beta}\alpha_\xi + \sum_{\beta\leqq\xi<\gamma}\alpha_\xi .$$

Damit ist der Hilfssatz bewiesen.

Wir zeigen nun unter den Voraussetzungen von Satz 21 die allgemeine Assoziativität für $\sum$ induktiv über μ. $\mathbf{B}(\mu)$ bedeute, daß

$$\sum_{\xi<\lambda}\alpha_\xi = \sum_{\nu<\mu}\left(\sum_{\varkappa_\nu\leqq\xi<\varkappa_{\nu+1}}\alpha_\xi\right)$$

gilt für alle Ordinalzahlfolgen $(\alpha_\xi)_{\xi<\lambda}$ und alle Halbnormalfolgen $(\varkappa_\nu)_{\nu\leqq\mu}$ mit $\varkappa_0 = 0$ und $\varkappa_\mu = \lambda$. Es gilt trivial $\mathbf{B}(0)$, da mit $\mu = 0$ auch $\lambda = 0$ ist. Gilt $\mathbf{B}(\mu)$ für ein μ, so gilt nach obigem Hilfssatz auch $\mathbf{B}(\mu')$ wegen

$$\sum_{\xi<\lambda} \alpha_\xi = \sum_{\xi<\varkappa_{\mu'}} \alpha_\xi = \sum_{\xi<\varkappa_\mu} \alpha_\xi + \sum_{\varkappa_\mu \leqq \xi < \varkappa_{\mu'}} \alpha_\xi$$

$$= \sum_{\nu<\mu} \Bigl(\sum_{\varkappa_\nu \leqq \xi < \varkappa_{\nu+1}} \alpha_\xi \Bigr) + \sum_{\varkappa_\mu \leqq \xi < \varkappa_{\mu'}} \alpha_\xi = \sum_{\nu<\mu'} \Bigl(\sum_{\varkappa_\nu \leqq \xi < \varkappa_{\nu+1}} \alpha_\xi \Bigr).$$

Ist μ Limeszahl und gilt $\mathbf{B}(\nu)$ für alle $\nu < \mu$, so gilt auch $\mathbf{B}(\mu)$, wofür zu zeigen ist

$$\sum_{\xi<\lambda} \alpha_\xi = \lim_{\nu<\mu} \sum_{\tau<\nu} \Bigl(\sum_{\varkappa_\tau \leqq \xi < \varkappa_{\tau+1}} \alpha_\xi \Bigr)$$

bei $\lambda = \varkappa_\mu = \lim_{\nu<\mu} \varkappa_\nu$ (nach Satz 14c)), also nach Induktionsvoraussetzung zu zeigen:

$$\sum_{\xi<\lambda} \alpha_\xi = \lim_{\nu<\mu} \sum_{\xi<\varkappa_\nu} \alpha_\xi \quad \text{bei} \quad \lambda = \lim_{\nu<\mu} \varkappa_\nu. \quad (+)$$

Wegen $\varkappa_\nu \leqq \lambda$ für alle $\nu < \mu$ ist nach Satz 19b) stets $\sum_{\xi<\varkappa_\nu} \alpha_\xi \leqq \sum_{\xi<\lambda} \alpha_\xi$, womit $\geqq$ in (+) gilt. Nun zu $\leqq$. Gibt es ein $\nu_0 < \mu$ mit $\varkappa_{\nu_0} = \lambda$, so ist $\varkappa_\nu = \lambda$ für alle ν mit $\nu_0 \leqq \nu < \mu$, also

$$\sum_{\xi<\lambda} \alpha_\xi = \sum_{\xi<\varkappa_{\nu_0}} \alpha_\xi = \lim_{\nu<\mu} \sum_{\xi<\varkappa_\nu} \alpha_\xi.$$

Gibt es kein $\nu_0 < \mu$ mit $\varkappa_{\nu_0} = \lambda$, so ist λ Limeszahl, und es ist noch zu zeigen:

$$\lim_{\eta<\lambda} \sum_{\xi<\eta} \alpha_\xi \leqq \lim_{\nu<\mu} \sum_{\xi<\varkappa_\nu} \alpha_\xi.$$

Dies gilt aber sofort; denn für jedes $\eta < \lambda$ existiert ein $\nu < \mu$ mit $\eta < \varkappa_\nu$, also mit $\sum_{\xi<\eta} \alpha_\xi \leqq \sum_{\xi<\varkappa_\nu} \alpha_\xi$. (+) ist damit bewiesen.

Nach demselben Verfahren zeigt man die allgemeine Assoziativität für $\prod$. Da $(\varkappa_\nu)_{\nu \leqq \mu}$ eine Halbnormalfolge mit $\varkappa_0 = 0$ und $\varkappa_\mu = \lambda$ ist, gibt es nach Satz 14b) für jedes $\xi < \lambda$ ein $\nu < \mu$ mit $\varkappa_\nu \leqq \xi < \varkappa_{\nu+1}$. Ist also $\alpha_\xi = 0$ für ein $\xi < \lambda$, so ist das assoziative Gesetz für $\prod$ trivial erfüllt, und man darf für den Beweis $\alpha_\xi \neq 0$ für alle $\xi < \lambda$ voraussetzen. Unter dieser Voraussetzung läßt sich dann der für $\sum$ geführte Beweis ohne Schwierigkeiten auf $\prod$ übertragen. ∎

Aus Satz 21 folgt etwa bei $(\alpha_\xi)_{\xi<\lambda}$ und $\varkappa_1 \leqq \varkappa_2 \leqq \lambda$ (also $\mu = 3$):

$$\sum_{\xi<\lambda} \alpha_\xi = \sum_{\xi<\varkappa_1} \alpha_\xi + \sum_{\varkappa_1 \leqq \xi < \varkappa_2} \alpha_\xi + \sum_{\varkappa_2 \leqq \xi < \lambda} \alpha_\xi,$$

$$\prod_{\xi<\lambda} \alpha_\xi = \prod_{\xi<\varkappa_1} \alpha_\xi \cdot \prod_{\varkappa_1 \leqq \xi < \varkappa_2} \alpha_\xi \cdot \prod_{\varkappa_2 \leqq \xi < \lambda} \alpha_\xi.$$

Satz 22. *Für Ordinalzahlen α und Ordinalzahlfolgen $(\beta_\xi)_{\xi<\gamma}$ gilt:*

a) $\alpha \cdot \sum_{\xi<\gamma} \beta_\xi = \sum_{\xi<\gamma} (\alpha \cdot \beta_\xi)$

(*Allgemeine linksseitige Distributivität*),

b) $\alpha^{\left(\sum_{\xi<\gamma} \beta_\xi\right)} = \prod_{\xi<\gamma} (\alpha^{\beta_\xi})$.

Beweis. Transfinite gemischte Induktion über γ. ∎

Damit haben wir parallel zur Kardinalzahlarithmetik die elementaren Rechengesetze für Ordinalzahlen zusammengestellt. Es gilt kein Analogon des Satzes von Hessenberg; denn für jede Ordinalzahl $\alpha \geqq 2$ ist $\alpha < \alpha^2$ entgegen $\mathfrak{a} = \mathfrak{a}^2$ für alle Alephs $\mathfrak{a}$.

7. Differenz. Im Gegensatz zur Kardinalzahlarithmetik hat man für Ordinalzahlen die Möglichkeit wenigstens linksseitiger eindeutiger Subtraktion und Division mit Rest, was wir jetzt beweisen wollen (Abschnitte 7, 8).

Satz 23 (Subtraktionssatz). *Für Ordinalzahlen α, β gilt:*

$$\beta \leqq \alpha \leftrightarrow \exists \xi(\beta + \xi = \alpha) \leftrightarrow \exists!! \, \xi(\beta + \xi = \alpha).$$

Beweis. $(\rightarrow)$ Ist $\beta \leqq \alpha$, so gibt es höchstens ein ξ mit $\beta + \xi = \alpha$; denn ist $\beta + \xi_1 = \beta + \xi_2 = \alpha$, so ist $\xi_1 = \xi_2$. Die Existenz eines ξ mit $\beta + \xi = \alpha$ zeigt man bei festem

β induktiv über $\alpha \geqq \beta$. Für $\alpha = \beta$ ist $\beta + 0 = \alpha$. Existiert für ein $\alpha \geqq \beta$ ein ξ mit $\beta + \xi = \alpha$, so ist $\beta + \xi' = (\beta + \xi)' = \alpha'$. Ist $\alpha > \beta$ und α Limeszahl und gibt es für jedes ξ mit $\beta \leqq \xi < \alpha$ ein η_ξ mit $\beta + \eta_\xi = \xi$, so definiere man noch $\eta_\xi = 0$ für $\xi < \beta$, und $(\eta_\xi)_{\xi<\alpha}$ ist eine wachsende Folge wegen

$$\beta \leqq \xi_1 \leqq \xi_2 < \alpha \to \beta + \eta_{\xi_1} = \xi_1 \leqq \xi_2 = \beta + \eta_{\xi_2}$$
$$\to \eta_{\xi_1} \leqq \eta_{\xi_2}.$$

Nach Satz 15b) wird dann

$$\beta + \lim_{\xi<\alpha} \eta_\xi = \lim_{\xi<\alpha} (\beta + \eta_\xi) = \lim_{\xi<\alpha} \xi = \alpha.$$

($\leftarrow$) Ist $\beta + \xi = \alpha$, so ist $\beta = \beta + 0 \leqq \beta + \xi = \alpha$, also $\beta \leqq \alpha$. ∎

Aus Satz 23 folgt unmittelbar für Ordinalzahlen α, β, n:

$$\beta < \alpha \leftrightarrow \exists \xi(\xi \neq 0 \wedge \beta + \xi = \alpha)$$
$$\leftrightarrow \exists!!\, \xi(\xi \neq 0 \wedge \beta + \xi = \alpha),$$
$$n < \boldsymbol{\omega} \leqq \alpha \to n + \alpha = \alpha;$$

denn für die letzte Behauptung existiert im Falle $n < \boldsymbol{\omega} \leqq \alpha$ ein ξ mit $\boldsymbol{\omega} + \xi = \alpha$, woraus folgt

$$n + \alpha = n + (\boldsymbol{\omega} + \xi) = (n + \boldsymbol{\omega}) + \xi = \boldsymbol{\omega} + \xi = \alpha.$$

Ist $\beta + \xi = \alpha$, so ist ξ dadurch aus α entstanden, daß man von α von links β subtrahiert hat. Satz 23 besagt also die Möglichkeit linksseitiger Subtraktion. Dagegen ist rechtsseitige Subtraktion nicht immer oder nicht immer eindeutig möglich, wie die Beispiele $\alpha = \boldsymbol{\omega}$, $\beta = 1$ und $\alpha = \beta = \boldsymbol{\omega}$ zeigen: Es ist $\beta \leqq \alpha$, und es gibt im ersten Beispiel kein ξ mit $\xi + \beta = \alpha$ wegen $\xi + 1 \neq \boldsymbol{\omega}$ ($\xi + 1$ ist isoliert, $\boldsymbol{\omega}$ Limeszahl), und im zweiten Beispiel gilt $\xi + \beta = \alpha$ für alle $\xi \in \boldsymbol{N}$. Innerhalb $\boldsymbol{N}$, wo das kommutative Gesetz der Addition gilt, ist auch rechtsseitige

Subtraktion möglich, die dann wegen $\beta + \xi = \xi + \beta = \alpha$ mit der linksseitigen übereinstimmt.

Definition 9. Für Ordinalzahlen α, β mit $\beta \leqq \alpha$ heißt die Zahl ξ mit $\beta + \xi = \alpha$ die *Differenz* von α, β, bezeichnet mit: $\alpha - \beta$. Im Falle $\gamma = \alpha - \beta$ heißt α ein *Minuend* und β ein *Subtrahend* von γ. ∎

$-$ soll stärker trennen als $\cdot$ und Hochschreibweise. Für $\beta \leqq \alpha$ ist $\alpha - \beta$ diejenige Zahl, die, zu β addiert, α ergibt:

$$\beta + (\alpha - \beta) = \alpha, \qquad \alpha - \beta \leqq \alpha.$$

Satz 24. *Für Ordinalzahlen* α, β, γ *gilt:*

a) $\gamma \leqq \alpha < \beta \to \alpha - \gamma < \beta - \gamma,$
$\gamma \leqq \beta \leqq \alpha \to \alpha - \beta \leqq \alpha - \gamma,$

b) $\gamma \leqq \beta \to \alpha \cdot (\beta - \gamma) = \alpha \cdot \beta - \alpha \cdot \gamma.$

Beweis. a) Ist $\gamma \leqq \alpha < \beta$, so ist $\gamma \leqq \alpha, \beta$, und $\alpha - \gamma$, $\beta - \gamma$ existieren. Wäre $\beta - \gamma \leqq \alpha - \gamma$, so wäre

$$\beta = \gamma + (\beta - \gamma) \leqq \gamma + (\alpha - \gamma) = \alpha.$$

Ist $\gamma \leqq \beta \leqq \alpha$, so existieren $\alpha - \beta$, $\alpha - \gamma$. Wäre $\alpha - \gamma < \alpha - \beta$, so wäre

$$\alpha = \gamma + (\alpha - \gamma) < \gamma + (\alpha - \beta) \leqq \beta + (\alpha - \beta) = \alpha.$$

b) Im Falle $\gamma \leqq \beta$ existieren die auftretenden Differenzen. Es ist

$$\alpha \cdot \beta = \alpha \cdot [\gamma + (\beta - \gamma)] = \alpha \cdot \gamma + \alpha \cdot (\beta - \gamma),$$

also nach Definition 9

$$\alpha \cdot (\beta - \gamma) = \alpha \cdot \beta - \alpha \cdot \gamma. \text{ ∎}$$

8. Quotient mit Rest. Gibt es für Ordinalzahlen α, β bei $\beta \neq 0$ ein ξ mit $\beta \cdot \xi = \alpha$, so existiert genau ein solches ξ; denn aus $\beta \cdot \xi_1 = \beta \cdot \xi_2 = \alpha$ folgt $\xi_1 = \xi_2$. Man nennt ξ dann den *Quotienten* $\alpha : \beta$ oder $\frac{\alpha}{\beta}$ von α, β. Im Falle $\gamma = \alpha : \beta$ heißt α ein *Dividend* und β ein *Divisor* von γ.

Das Beispiel $\alpha = \beta = \boldsymbol{\omega}$ zeigt, daß im Falle der Existenz eines ξ mit $\xi \cdot \beta = \alpha$ dieses ξ nicht eindeutig bestimmt zu sein braucht. Bereits innerhalb $\boldsymbol{N}$ besteht keine generelle Teilbarkeit natürlicher Zahlen α durch natürliche Zahlen $\beta \neq 0$, wohl aber eindeutige Division mit Rest. Und das läßt sich linksseitig auf beliebige Ordinalzahlen ausdehnen.

Satz 25 (Divisionssatz). *Für Ordinalzahlen α, β mit $\beta \neq 0$ gibt es genau ein Paar (ξ, ϱ) von Ordinalzahlen mit*

$$\alpha = \beta \cdot \xi + \varrho \quad \textit{bei} \quad \varrho < \beta .$$

Beweis. Für Ordinalzahlen α, β gibt es höchstens ein derartiges Paar (ξ, ϱ). Denn ist

$$\alpha = \beta \cdot \xi_1 + \varrho_1 = \beta \cdot \xi_2 + \varrho_2 \quad \text{bei} \quad \varrho_1, \varrho_2 < \beta$$

und wäre etwa $\xi_1 < \xi_2$, so wäre $\xi_1 + 1 \leqq \xi_2$, also

$$\begin{aligned} \beta \cdot \xi_1 + \varrho_1 = \beta \cdot \xi_2 + \varrho_2 &\geqq \beta \cdot (\xi_1 + 1) + \varrho_2 \\ &= \beta \cdot \xi_1 + \beta + \varrho_2 , \end{aligned}$$

woraus $\varrho_1 \geqq \beta + \varrho_2 \geqq \beta$ folgt im Widerspruch zu $\varrho_1 < \beta$; analog gelangt man bei $\xi_2 < \xi_1$ zum Widerspruch. Damit gilt $\xi_1 = \xi_2$, also auch $\beta \cdot \xi_1 = \beta \cdot \xi_2$, $\varrho_1 = \varrho_2$, und es gibt höchstens ein gewünschtes Paar (ξ, ϱ) für α, β.

Nun zur Existenz eines Paares (ξ, ϱ) für α, β bei $\beta \neq 0$. Nach Satz 15a) gibt es eine Zahl ξ mit $\beta \cdot \xi \leqq \alpha < \beta \cdot \xi'$. Nach dem Subtraktionssatz (Satz 23) existiert ein ϱ mit $\beta \cdot \xi + \varrho = \alpha$. Dabei ist $\varrho < \beta$; denn sonst wäre

$$\alpha < \beta \cdot \xi' = \beta \cdot \xi + \beta \leqq \beta \cdot \xi + \varrho = \alpha .$$

Damit ist (ξ, ϱ) ein gewünschtes Zahlenpaar für α, β. ∎

Es gilt sofort:

$$\alpha = \beta \cdot \xi + \varrho \wedge \varrho < \beta \rightarrow \xi, \varrho \leqq \alpha$$

wegen $\xi \leqq \beta \cdot \xi \leqq \beta \cdot \xi + \varrho = \alpha$. Ist $\alpha = \beta \cdot \xi + \varrho$ bei $\varrho < \beta$, so ist ξ dadurch entstanden, daß man α von links durch β mit Rest ϱ dividiert hat. Satz 25 besagt also die Möglichkeit linksseitiger Division mit Rest. Dagegen ist rechtsseitige Division mit Rest nicht immer oder nicht immer eindeutig möglich, wie die Beispiele $\alpha = \boldsymbol{\omega}$, $\beta = 2$ und $\alpha = \beta = \boldsymbol{\omega}$ zeigen: Es ist $\beta \neq 0$, und es gibt im ersten Beispiel keine ξ, ϱ mit $\alpha = \xi \cdot \beta + \varrho$ bei $\varrho < \beta$ (für $\varrho = 0$ wäre $\boldsymbol{\omega} = \xi \cdot 2$, also $0 \neq \xi < \xi \cdot 2 = \boldsymbol{\omega}$, also auch $\xi \cdot 2 < \boldsymbol{\omega}$, für $\varrho = 1$ wäre $\boldsymbol{\omega}$ isoliert), und im zweiten Beispiel gilt $\alpha = \xi \cdot \beta$ für alle ξ mit $0 < \xi < \boldsymbol{\omega}$. Innerhalb $\boldsymbol{N}$, wo das kommutative Gesetz der Multiplikation gilt, ist auch rechtsseitige Division mit Rest möglich, die dann wegen $\beta \cdot \xi + \varrho = \xi \cdot \beta + \varrho = \alpha$ mit der linksseitigen übereinstimmt.

Definition 10. Für Ordinalzahlen α, β mit $\beta \neq 0$ heißt das Zahlenpaar (ξ, ϱ) mit $\alpha = \beta \cdot \xi + \varrho$ bei $\varrho < \beta$ der *Quotient mit Rest* von α, β; ξ heißt der *Quotient* und ϱ der *Rest* bei der Division von α durch β. ∎

Ist (ξ, ϱ) der Quotient mit Rest von α, β und $\varrho = 0$, so ist $\xi = \alpha : \beta$.

Satz 26. a) *Für Ordinalzahlen λ gilt:*

$$\lambda \textit{ Limeszahl} \leftrightarrow \exists \xi (\xi \neq 0 \wedge \lambda = \boldsymbol{\omega} \cdot \xi)$$
$$\leftrightarrow \exists!!\, \xi (\xi \neq 0 \wedge \lambda = \boldsymbol{\omega} \cdot \xi).$$

b) *Für jede Ordinalzahl α gibt es genau ein Paar (λ, n) von Ordinalzahlen mit:*

$$\alpha = \lambda + n, \qquad \lambda = 0 \vee \lambda \textit{ Limeszahl}, \qquad n < \boldsymbol{\omega}.$$

c) *Für Ordinalzahlen α, ordinale Limeszahlen λ und natürliche Zahlen n gilt:*

$$\alpha \neq 0 \rightarrow \alpha \cdot \lambda = (\alpha + n) \cdot \lambda, \qquad n \neq 0 \rightarrow \lambda = n \cdot \lambda.$$

Beweis. a) Nach dem Divisionssatz gibt es für λ ein Paar (ξ, n) mit

$$\lambda = \boldsymbol{\omega} \cdot \xi + n \quad \text{bei} \quad n < \boldsymbol{\omega}.$$

Ist λ Limeszahl, so muß $n = 0$ sein, da im Falle $n = m'$ doch $\lambda = (\boldsymbol{\omega} \cdot \xi + m)'$ eine isolierte Zahl wäre. Also ist $\lambda = \boldsymbol{\omega} \cdot \xi$ für ein $\xi \neq 0$, und aus $\boldsymbol{\omega} \cdot \xi_1 = \boldsymbol{\omega} \cdot \xi_2$ folgt $\xi_1 = \xi_2$, womit ξ auch eindeutig bestimmt ist. Ist umgekehrt $\lambda = \boldsymbol{\omega} \cdot \xi$ für ein $\xi \neq 0$ und $\xi = \eta'$, so ist

$$\lambda = \boldsymbol{\omega} \cdot \eta' = \boldsymbol{\omega} \cdot \eta + \boldsymbol{\omega} = \lim_{n<\boldsymbol{\omega}} (\boldsymbol{\omega} \cdot \eta + n);$$

ist ξ Limeszahl, so ist

$$\lambda = \lim_{\nu<\xi} (\boldsymbol{\omega} \cdot \nu);$$

in beiden Fällen ist λ als Grenzwert einer Fundamentalfolge eine Limeszahl.

b) Nach dem Divisionssatz gibt es zu α genau ein Paar (ξ, n) mit

$$\alpha = \boldsymbol{\omega} \cdot \xi + n \quad \text{bei} \quad n < \boldsymbol{\omega},$$

woraus nach a) die Behauptung folgt.

c) Zunächst gilt für $n < \boldsymbol{\omega}$:

$$\alpha \neq 0 \rightarrow \alpha \cdot \boldsymbol{\omega} = (\alpha + n) \cdot \boldsymbol{\omega}; \quad (+)$$

denn für $0 < \alpha < \boldsymbol{\omega}$ ist

$$\alpha \cdot \boldsymbol{\omega} = \boldsymbol{\omega} = (\alpha + n) \cdot \boldsymbol{\omega},$$

und für $\boldsymbol{\omega} \leqq \alpha$ ist

$$\alpha \cdot \boldsymbol{\omega} = \lim_{\xi<\boldsymbol{\omega}} (\alpha \cdot \xi) = \lim_{\xi<\boldsymbol{\omega}} [(\alpha + n) \cdot \xi] = (\alpha + n) \cdot \boldsymbol{\omega}$$

wegen

$$\xi < \boldsymbol{\omega} \rightarrow \alpha \cdot \xi \leqq (\alpha + n) \cdot \xi \leqq (\alpha + \alpha) \cdot \xi = \alpha \cdot 2 \cdot \xi$$
$$\wedge\, 2 \cdot \xi < \boldsymbol{\omega}.$$

Ist jetzt λ eine Limeszahl, so ist nach a) $\lambda = \boldsymbol{\omega} \cdot \xi$ für ein ξ, also nach $(+)$:

$$\alpha \neq 0 \rightarrow \alpha \cdot \lambda = \alpha \cdot \boldsymbol{\omega} \cdot \xi = (\alpha + n) \cdot \boldsymbol{\omega} \cdot \xi = (\alpha + n) \cdot \lambda.$$

Damit gilt die erste Behauptung von c), aus der sofort die zweite folgt. ∎

Für Ordinalzahlen α und ordinale Limeszahlen λ sind stets

$$\alpha + \lambda,$$
$$\alpha \cdot \lambda, \lambda \cdot \alpha \text{ im Falle } \alpha \geqq 1,$$
$$\alpha^\lambda \text{ im Falle } \alpha \geqq 2 \text{ und } \lambda^\alpha \text{ im Falle } \alpha \geqq 1$$

wieder Limeszahlen; denn $\alpha + \lambda$, $\alpha \cdot \lambda$ und α^λ sind Limites von Fundamentalfolgen, nach Satz 26a) ist $\lambda \cdot \alpha = \boldsymbol{\omega} \cdot \xi \cdot \alpha$, und für $1 + \beta = \alpha$ ist $\lambda^\alpha = \lambda \cdot \lambda^\beta$.

9. Anwendungen. In Anwendung der bisher erzielten Ergebnisse wollen wir einige speziellere Aussagen machen.

Für (allgemeine) Summe und (allgemeines) Produkt von Kardinalzahlen gilt (vgl. hinter Satz 17, § 8):

$$\sum_{n<\omega} n = \mathfrak{a}, \qquad \prod_{1 \leqq n < \omega} n = 2^{\mathfrak{a}} = \mathfrak{c}.$$

Für Summe und Produkt von Ordinalzahlen hat man dagegen:

$$\sum_{n<\omega} n = \boldsymbol{\omega} = \prod_{1 \leqq n < \omega} n;$$

denn bei $\boldsymbol{\omega} = \lim\limits_{m<\omega} m$ ist

$$\lim_{m<\omega} \sum_{n<m} n = \lim_{m<\omega} m = \lim_{m<\omega} \prod_{n<m} (n+1)$$

wegen

$$\sum_{n<m} n, \prod_{n<m} (n+1) < \boldsymbol{\omega}, \qquad m \leqq \sum_{n<m+1} n, \prod_{n<m} (n+1).$$

$\prod\limits_{1 \leqq n < \omega} n$ ist das Beispiel eines Ordinalzahlproduktes $\prod\limits_{\xi<\beta} \alpha_\xi$ mit

$$\left|\prod_{\xi<\beta} \alpha_\xi\right| < \prod_{\xi<\beta} |\alpha_\xi|.$$

Satz 27. *Für Ordinalzahlen* α, λ *mit* $\alpha \geqq \boldsymbol{\omega}$ *gilt*:

$$\lambda \text{ Limeszahl} \rightarrow \sum_{\xi<\lambda} \alpha^{\xi} = \alpha^{\lambda},$$

$$\lambda \text{ isolierte Zahl} \rightarrow \sum_{\xi\leqq\lambda} \alpha^{\xi} = \alpha^{\lambda}.$$

Beweis. Für festes $\alpha \geqq \boldsymbol{\omega}$ sei $\mathbf{B}(\lambda)$ die Konjunktion dieser beiden Behauptungen. Es gilt trivial $\mathbf{B}(0)$. Gilt $\mathbf{B}(\lambda)$ für ein λ, so gilt auch $\mathbf{B}(\lambda')$, d. h. $\sum_{\xi\leqq\lambda'} \alpha^{\xi} = \alpha^{(\lambda')}$; denn ist λ Limeszahl, so ist

$$\sum_{\xi\leqq\lambda'} \alpha^{\xi} = \sum_{\xi<\lambda} \alpha^{\xi} + \alpha^{\lambda} + \alpha^{\lambda+1} = \alpha^{\lambda} \cdot (2 + \alpha) = \alpha^{\lambda} \cdot \alpha = \alpha^{(\lambda')}$$

(aus dem Subtraktionssatz folgte $n + \alpha = \alpha$ für natürliche Zahlen n), und ist λ isoliert, so ist

$$\sum_{\xi\leqq\lambda'} \alpha^{\xi} = \sum_{\xi\leqq\lambda} \alpha^{\xi} + \alpha^{\lambda+1} = \alpha^{\lambda} \cdot (1 + \alpha) = \alpha^{\lambda} \cdot \alpha = \alpha^{(\lambda')}.$$

Ist λ Limeszahl und gilt $\mathbf{B}(\mu)$ für alle $\mu < \lambda$, so gilt auch $\mathbf{B}(\lambda)$, d. h. $\sum_{\xi<\lambda} \alpha^{\xi} = \alpha^{\lambda}$, wegen

$$\lim_{\mu<\lambda} \sum_{\xi<\mu} \alpha^{\xi} = \lim_{\mu<\lambda} \alpha^{\mu}.$$

Damit ist Satz 27 induktiv über λ bewiesen. ∎

Speziell folgt etwa aus Satz 27 für $n < \boldsymbol{\omega}$:

$$\sum_{\nu<\boldsymbol{\omega}} \boldsymbol{\omega}^{\nu} = \boldsymbol{\omega}^{\boldsymbol{\omega}}, \qquad \sum_{\nu\leqq n} \boldsymbol{\omega}^{\nu} = \boldsymbol{\omega}^{n}.$$

Satz 28. *Für Ordinalzahlen* α, β *gilt*:

$$\alpha < \boldsymbol{\omega}^{\beta} \rightarrow \alpha + \boldsymbol{\omega}^{\beta} = \boldsymbol{\omega}^{\beta}.$$

Beweis. Induktion über β bei festem α. Ist $\alpha < \boldsymbol{\omega}^{0}$, so ist $\alpha = 0$ und die Behauptung trivial. Ist

$$\alpha < \boldsymbol{\omega}^{\beta+1} = \boldsymbol{\omega}^{\beta} \cdot \boldsymbol{\omega} = \lim_{n<\boldsymbol{\omega}} (\boldsymbol{\omega}^{\beta} \cdot n),$$

so gibt es ein $n < \boldsymbol{\omega}$ mit $\alpha < \boldsymbol{\omega}^\beta \cdot n$ und damit

$$\alpha + \boldsymbol{\omega}^{\beta+1} \leqq \boldsymbol{\omega}^\beta \cdot n + \boldsymbol{\omega}^\beta \cdot \boldsymbol{\omega} = \boldsymbol{\omega}^\beta \cdot (n + \boldsymbol{\omega}) = \boldsymbol{\omega}^\beta \cdot \boldsymbol{\omega}$$
$$= \boldsymbol{\omega}^{\beta+1} \leqq \alpha + \boldsymbol{\omega}^{\beta+1}.$$

Ist β Limeszahl und gilt $\alpha + \boldsymbol{\omega}^\xi = \boldsymbol{\omega}^\xi$ für alle $\xi < \beta$ mit $\alpha < \boldsymbol{\omega}^\xi$, so gilt auch $\alpha + \boldsymbol{\omega}^\beta = \boldsymbol{\omega}^\beta$ unter der Voraussetzung $\alpha < \boldsymbol{\omega}^\beta = \lim\limits_{\xi<\beta} \boldsymbol{\omega}^\xi$; denn im Falle $\alpha < \boldsymbol{\omega}^\beta$ ist $\alpha < \boldsymbol{\omega}^\xi$ für ein $\xi < \beta$, und nach dem Subtraktionssatz gibt es ein η mit $\boldsymbol{\omega}^\xi + \eta = \boldsymbol{\omega}^\beta$; damit wird

$$\alpha + \boldsymbol{\omega}^\beta = \alpha + \boldsymbol{\omega}^\xi + \eta = \boldsymbol{\omega}^\xi + \eta = \boldsymbol{\omega}^\beta. \blacksquare$$

Unter die Zahlen $\boldsymbol{\omega}^\beta$ fallen alle Anfangszahlen $\boldsymbol{\omega}_\sigma$; denn neben $\boldsymbol{\omega}_0 = \boldsymbol{\omega}^1$ ist nach Satz 29a), d) $\boldsymbol{\omega}_\sigma = \boldsymbol{\omega}^{\boldsymbol{\omega}_\sigma}$ für $\sigma > 0$.

Satz 29. *Für Ordinalzahlen α, β und Alephindizes σ gilt:*

a) $\alpha \geqq 2 \wedge \alpha^\beta = \beta \rightarrow$
β *Limeszahl* $\wedge \forall \xi (2 \leqq \xi < \beta \rightarrow \xi^\beta = \beta)$,

b) $\beta > 2 \wedge \forall \xi (2 \leqq \xi < \beta \rightarrow \xi^\beta = \beta) \rightarrow$
β *Limeszahl* $\wedge \forall \xi (1 \leqq \xi < \beta \rightarrow \xi \cdot \beta = \beta)$,

c) $\beta > 2 \wedge \forall \xi (1 \leqq \xi < \beta \rightarrow \xi \cdot \beta = \beta) \rightarrow$
β *Limeszahl* $\wedge \forall \xi (0 \leqq \xi < \beta \rightarrow \xi + \beta = \beta)$,

d) $2^{\boldsymbol{\omega}_\sigma} = \boldsymbol{\omega}_\sigma$,

e) $\alpha, \beta < \boldsymbol{\omega}_\sigma \rightarrow \alpha + \beta, \alpha \cdot \beta, \alpha^\beta < \boldsymbol{\omega}_\sigma$.

Beweis. a) Es sei $2^\beta = \beta$. Dann ist $\beta \neq 0$ und $\beta \neq 1$. Wäre $\beta = \gamma + 1$, so wäre $0 < \gamma$, $1 < 2^\gamma$ und damit

$$\beta = \gamma + 1 < 2^\gamma + 2^\gamma = 2^\gamma \cdot 2 = 2^{\gamma+1} = 2^\beta.$$

Also muß β Limeszahl sein. Wir zeigen jetzt $\xi^\beta = \beta$ für alle ξ mit $2 \leqq \xi < \beta$. Nach Satz 26a) existiert ein γ mit $\beta = \boldsymbol{\omega} \cdot \gamma$, woraus

$$\beta = 2^\beta = 2^{\boldsymbol{\omega} \cdot \gamma} = (2^{\boldsymbol{\omega}})^\gamma = \boldsymbol{\omega}^\gamma$$

folgt, also nach Satz 28 $\xi + \beta = \beta$ für alle $\xi < \beta$. Für jedes $\xi < \beta$ ist somit

$$2^\xi \cdot \beta = 2^\xi \cdot 2^\beta = 2^{\xi+\beta} = 2^\beta = \beta .$$

Dabei ist $(2^\xi)_{\xi<\beta}$ eine Fundamentalfolge mit dem Limes $2^\beta = \beta$. Für jedes $\xi < \beta$ existiert also ein $\eta < \beta$ mit $\xi < 2^\eta$, woraus bei $\xi \geqq 1$

$$\beta \leqq \xi \cdot \beta \leqq 2^\eta \cdot \beta = \beta$$

folgt, also $\xi \cdot \beta = \beta$ für alle ξ mit $1 \leqq \xi < \beta$. Für diese ξ ist schließlich

$$(2^\xi)^\beta = 2^{\xi \cdot \beta} = 2^\beta = \beta ,$$

und es existiert wieder für jedes $\xi < \beta$ ein η mit $1 \leqq \eta < \beta$ und $\xi < 2^\eta$, woraus bei $\xi \geqq 2$

$$\beta \leqq \xi^\beta \leqq (2^\eta)^\beta = \beta$$

folgt, also $\xi^\beta = \beta$ für alle ξ mit $2 \leqq \xi < \beta$. Damit haben wir a) für den Fall $\alpha = 2$ bewiesen. Ist aber $\alpha \geqq 2$ und $\alpha^\beta = \beta$, so gilt sofort

$$\beta \leqq 2^\beta \leqq \alpha^\beta = \beta ,$$

also $2^\beta = \beta$, womit der allgemeine Fall auf den Fall $\alpha = 2$ zurückgeführt ist.

b) und c) folgen aus Satz 13b), wonach für $\xi, \beta \geqq 2$ gilt:

$$\beta \leqq \xi + \beta \leqq \xi \cdot \beta \leqq \xi^\beta .$$

Die Limeszahleigenschaft von β folgt dabei für b) aus a) und für c) so: Ist $\beta > 2, 2 \cdot \beta = \beta$, so kann nicht $\beta = \gamma + 1$ sein wegen sonst

$$\beta = \gamma + 1 < 2 \cdot \gamma + 2 = 2 \cdot (\gamma + 1) = 2 \cdot \beta .$$

d) Nach Satz 15a) existiert eine Ordinalzahl ε mit

$$2^\varepsilon \leqq \omega_\sigma < 2^{\varepsilon+1} .$$

Es wird

$$\aleph_\sigma \leqq |2^{\varepsilon+1}| = |2^\varepsilon \cdot 2| = |2^\varepsilon| \cdot 2 = |2^\varepsilon| \leqq \aleph_\sigma,$$

also $|2^\varepsilon| = \aleph_\sigma$ und damit $2^\varepsilon = \omega_\sigma$. Wir zeigen $\varepsilon = \omega_\sigma$, woraus dann $2^{\omega_\sigma} = \omega_\sigma$ folgt. Es ist $\varepsilon \leqq 2^\varepsilon = \omega_\sigma$, also $\varepsilon \leqq \omega_\sigma$. Für $\varepsilon = \omega_\sigma$ ist noch $|\varepsilon| = \aleph_\sigma$ zu zeigen, also noch $|\varepsilon| = |2^\varepsilon|$ (wegen $|2^\varepsilon| = \aleph_\sigma$). Ist aber $|\varepsilon| = \aleph_\tau$, so gilt $\omega_\tau \leqq \varepsilon < \omega_{\tau+1}$, also auf Grund der Abgeschlossenheit von $O(\omega_{\tau+1})$ gegenüber Potenzbildung (nach e)) auch $\omega_\tau \leqq 2^\varepsilon < \omega_{\tau+1}$ und damit $|2^\varepsilon| = \aleph_\tau = |\varepsilon|$.

e) Wie von der Einführung der drei elementaren arithmetischen Operationen her bekannt (vgl. Abschnitte 1, 3, 5), sind $O(\omega_0) = N$ und alle $O(\omega_{\sigma+1})$ gegenüber Summen-, Produkt- und Potenzbildung abgeschlossen, also alle $O(\omega_\sigma)$ mit isoliertem Alephindex σ. Ist der Alephindex σ eine Limeszahl, so ist nach Satz 8b), § 10

$$\lim_{\xi < \sigma} \omega_\xi = \omega_\sigma .$$

Für $\alpha, \beta < \omega_\sigma$ gibt es also ein $\xi < \sigma$ mit $\alpha, \beta < \omega_\xi < \omega_{\xi+1} < \omega_\sigma$. Da $\xi + 1$ isolierte Zahl ist, gilt:

$$\alpha + \beta, \alpha \cdot \beta, \alpha^\beta < \omega_{\xi+1} < \omega_\sigma . \blacksquare$$

Satz 29e) besagt die Abgeschlossenheit der Abschnitte der Anfangszahlen ω_σ gegenüber den drei elementaren arithmetischen Operationen. (Für die Abgeschlossenheit gegenüber allgemeiner Summen- und Produktbildung vgl. Satz 6, § 13.) Satz 29a)—d) liefert in Verallgemeinerung von Satz 12a) auf beliebige Anfangszahlen ω_σ die Absorptionseigenschaften:

$$\begin{aligned} 0 \leqq \alpha < \omega_\sigma &\to \alpha + \omega_\sigma = \omega_\sigma, \\ 1 \leqq \alpha < \omega_\sigma &\to \alpha \cdot \omega_\sigma = \omega_\sigma, \\ 2 \leqq \alpha < \omega_\sigma &\to \alpha^{\omega_\sigma} = \omega_\sigma. \end{aligned}$$

Nach Cantor definiert man:

Definition 11. Die ε-*Zahlen* (*Epsilon-Zahlen*) sind die Ordinalzahlen ε mit $\omega^\varepsilon = \varepsilon$. $\boldsymbol{\epsilon}$ sei die kleinste ε-Zahl. ■

Jede ε-Zahl ε ist eine Limeszahl (nach Satz 29a)) mit $\varepsilon > \omega$. Alle Anfangszahlen ω_σ mit $\sigma > 0$ sind ε-Zahlen, womit es auch oberhalb jeder Ordinalzahl eine ε-Zahl gibt.

Satz 30. *Es existieren die ordinalen Fundamentalfolgen $(\alpha_n)_{n<\omega}$ und $(\beta_n)_{n<\omega}$ mit für jedes $n < \omega$:*

$$\alpha_0 = \beta_0 = \omega, \qquad \alpha_{n+1} = (\alpha_n)^\omega, \qquad \beta_{n+1} = \omega^{(\beta_n)}.$$

Es gilt:

$$\omega < \lim_{n<\omega} \alpha_n = \omega^{(\omega^\omega)} = \beta_2 < \lim_{n<\omega} \beta_n = \epsilon < \omega_1.$$

Beweis. Auf Grund der Abgeschlossenheit von $O(\omega_1)$ gegenüber Potenzbildung existieren sofort nach dem Rechtfertigungssatz für Definitionen durch vollständige Induktion (Satz 12, Bd. II, § 7) die Funktionen $(\alpha_n)_{n<\omega}$ und $(\beta_n)_{n<\omega}$ von N in $O(\omega_1)$ mit den gewünschten Rekursionsgleichungen. Das sind also die Folgen

$$\omega, \omega^\omega, (\omega^\omega)^\omega, ((\omega^\omega)^\omega)^\omega, \ldots,$$

$$\omega, \omega^\omega, \omega^{(\omega^\omega)}, \omega^{(\omega^{(\omega^\omega)})}, \ldots.$$

Durch vollständige Induktion über n erhält man $\alpha_n = \omega^{(\omega^n)}$, womit $(\alpha_n)_{n<\omega}$ echt wächst, also Fundamentalfolge ist, und

$$\omega = \alpha_0 < \lim_{n<\omega} \alpha_n = \lim_{n<\omega} (\omega^{(\omega^n)}) = \omega^{\left(\lim_{n<\omega} \omega^n\right)} = \omega^{(\omega^\omega)} = \beta_2$$

gilt. Durch vollständige Induktion über n erhält man $\beta_n < \beta_{n+1}$, womit $(\beta_n)_{n<\omega}$ Fundamentalfolge ist mit $\beta_2 < \lambda$ für $\lambda = \lim_{n<\omega} \beta_n$. Auf Grund der Abgeschlossenheit von $O(\omega_1)$ gegenüber abzählbarer Limesbildung (vgl. Satz 9, § 10) ist $\lambda < \omega_1$. Es verbleibt noch zu zeigen $\lambda = \epsilon$. λ ist eine ε-Zahl wegen

$$\omega^\lambda = \omega^{\left(\lim_{n<\omega} \beta_n\right)} = \lim_{n<\omega} (\omega^{\beta_n}) = \lim_{n<\omega} \beta_{n+1} = \lim_{n<\omega} \beta_n = \lambda.$$

λ ist schließlich die kleinste ε-Zahl und damit $\lambda = \boldsymbol{\epsilon}$; denn ist ε eine ε-Zahl, so ist $\boldsymbol{\omega} < \varepsilon$ und $\boldsymbol{\omega}^{\varepsilon} = \varepsilon$, woraus man $\beta_n \leqq \varepsilon$ durch vollständige Induktion über n erhält ($\beta_0 = \boldsymbol{\omega} < \varepsilon$, ist $\beta_n \leqq \varepsilon$, so $\beta_{n+1} = \boldsymbol{\omega}^{\beta_n} \leqq \boldsymbol{\omega}^{\varepsilon} = \varepsilon$), also

$$\lambda = \lim_{n<\omega} \beta_n \leqq \varepsilon. \blacksquare$$

Wir verschaffen uns jetzt einen Überblick über die Aufeinanderfolge der Ordinalzahlen am Anfang der ersten und zweiten Zahlklasse $\mathfrak{Z}$, nämlich bis zur ersten ε-Zahl $\boldsymbol{\epsilon}$, und führen uns damit die Vorstellung CANTORS noch einmal vor Augen, wie der Zählprozeß über das Endliche hinaus ins Transfinite fortzusetzen ist. Die natürlichen Zahlen

$$0, 1, 2, \ldots,$$

also alle Zahlen $n \in \boldsymbol{N}$, bilden den Anfang. Die auf alle natürlichen Zahlen unmittelbar folgende Zahl ist

$$\lim_{n<\omega} n = \boldsymbol{\omega}.$$

Die natürlichen Zahlen sind alle Zahlen unterhalb $\boldsymbol{\omega}$. Von $\boldsymbol{\omega}$ aus folgen die Zahlen

$$\boldsymbol{\omega}, \boldsymbol{\omega} + 1, \boldsymbol{\omega} + 2, \ldots,$$

also alle Zahlen $\boldsymbol{\omega} + n$ mit $n \in \boldsymbol{N}$. Die auf diese Zahlen $\boldsymbol{\omega} + n$ folgende Zahl ist

$$\lim_{n<\omega} (\boldsymbol{\omega} + n) = \boldsymbol{\omega} + \boldsymbol{\omega} = \boldsymbol{\omega} \cdot 2.$$

Die Zahlen $\boldsymbol{\omega} + n$ sind alle Zahlen ξ mit $\boldsymbol{\omega} \leqq \xi < \boldsymbol{\omega} \cdot 2$; denn für jedes solche ξ existiert nach dem Subtraktionssatz eine Zahl n mit $\boldsymbol{\omega} + n = \xi < \boldsymbol{\omega} \cdot 2 = \boldsymbol{\omega} + \boldsymbol{\omega}$ und damit auch $n < \boldsymbol{\omega}$. Von $\boldsymbol{\omega} \cdot 2$ aus folgen die Zahlen

$$\boldsymbol{\omega} \cdot 2, \quad \boldsymbol{\omega} \cdot 2 + 1, \quad \boldsymbol{\omega} \cdot 2 + 2, \ldots,$$

also alle Zahlen $\boldsymbol{\omega} \cdot 2 + n$ mit $n \in \boldsymbol{N}$. Die auf diese Zahlen folgende Zahl ist

$$\lim_{n<\omega} (\boldsymbol{\omega} \cdot 2 + n) = \boldsymbol{\omega} \cdot 2 + \boldsymbol{\omega} = \boldsymbol{\omega} \cdot 3.$$

Man erhält wieder, daß die Zahlen $\omega \cdot 2 + n$ alle Zahlen ξ mit $\omega \cdot 2 \leqq \xi < \omega \cdot 3$ sind. Fährt man so fort, so erhält man die Zahlen

$$\begin{array}{lll} \omega \cdot 3, & \omega \cdot 3 + 1, & \omega \cdot 3 + 2, \ldots, \\ \omega \cdot 4, & \omega \cdot 4 + 1, & \omega \cdot 4 + 2, \ldots, \\ \ldots & \ldots & \ldots \end{array}$$

Alle bisher aufgeführten Zahlen sind von der Form $\omega \cdot m + n$ mit $m, n \in \boldsymbol{N}$. Die darauf folgende Zahl ist wegen

$$\omega \cdot m + n < \omega \cdot m + \omega = \omega \cdot m'$$

offenbar

$$\lim_{m<\omega} (\omega \cdot m) = \omega \cdot \omega = \omega^2.$$

Die Zahlen $\omega \cdot m + n$ sind alle Zahlen $\xi < \omega^2$; denn für jedes solche ξ existiert nach Satz 15a) eine Zahl m mit $\omega \cdot m \leqq \xi < \omega \cdot m'$, mit $m < \omega$ wegen $\xi < \omega^2 = \omega \cdot \omega$ und existiert nach dem Subtraktionssatz eine Zahl n mit $\omega \cdot m + n = \xi < \omega \cdot m' = \omega \cdot m + \omega$ und damit auch $n < \omega$. Von ω^2 aus folgen die Zahlen

$$\omega^2 + \omega \cdot m + n$$

mit $m, n \in \boldsymbol{N}$. Auf diese Zahlen folgt wegen

$$\omega^2 + \omega \cdot m + n < \omega^2 + \omega \cdot m'$$

offenbar

$$\lim_{m<\omega} (\omega^2 + \omega \cdot m) = \omega^2 + \omega \cdot \omega = \omega^2 + \omega^2 = \omega^2 \cdot 2.$$

Die Zahlen $\omega^2 + \omega \cdot m + n$ sind alle Zahlen ξ mit $\omega^2 \leqq \xi < \omega^2 \cdot 2$. Fährt man so fort, so erhält man die Zahlen

$$\begin{array}{l} \omega^2 \cdot 2 + \omega \cdot m + n, \\ \omega^2 \cdot 3 + \omega \cdot m + n, \\ \ldots \end{array}$$

mit $m, n \in \boldsymbol{N}$. Alle bisher aufgeführten Zahlen sind von der Form $\omega^2 \cdot l + \omega \cdot m + n$ mit $l, m, n \in \boldsymbol{N}$. Die darauf folgende Zahl ist wegen

$$\omega^2 \cdot l + \omega \cdot m + n < \omega^2 \cdot l + \omega \cdot m' < \omega^2 \cdot l + \omega^2 = \omega^2 \cdot l'$$

offenbar

$$\lim_{l<\omega} (\omega^2 \cdot l) = \omega^2 \cdot \omega = \omega^3,$$

und die Zahlen $\omega^2 \cdot l + \omega \cdot m + n$ sind alle Zahlen $\xi < \omega^3$. Von ω^3 aus folgen die Zahlen

$$\begin{array}{l} \omega^3 \quad\;\; + \omega^2 \cdot l + \omega \cdot m + n, \\ \omega^3 \cdot 2 + \omega^2 \cdot l + \omega \cdot m + n, \\ \omega^3 \cdot 3 + \omega^2 \cdot l + \omega \cdot m + n, \\ \cdots\cdots\cdots\cdots\cdots \end{array}$$

mit $l, m, n \in \boldsymbol{N}$. Alle bisherigen Zahlen sind von der Form $\omega^3 \cdot k + \omega^2 \cdot l + \omega \cdot m + n$ mit $k, l, m, n \in \boldsymbol{N}$, auf die

$$\lim_{k<\omega} (\omega^3 \cdot k) = \omega^4$$

folgt, und die Zahlen $\omega^3 \cdot k + \omega^2 \cdot l + \omega \cdot m + n$ sind alle Zahlen $\xi < \omega^4$. Von ω^4 aus folgen die Zahlen

$$\begin{array}{l} \omega^4 \quad\;\; + \omega^3 \cdot k + \omega^2 \cdot l + \omega \cdot m + n, \\ \omega^4 \cdot 2 + \omega^3 \cdot k + \omega^2 \cdot l + \omega \cdot m + n, \\ \omega^4 \cdot 3 + \omega^3 \cdot k + \omega^2 \cdot l + \omega \cdot m + n, \\ \cdots\cdots\cdots\cdots\cdots\cdots \end{array}$$

mit $k, l, m, n \in \boldsymbol{N}$,

$$\begin{array}{l} \omega^5 \quad\;\; + \omega^4 \cdot i + \omega^3 \cdot k + \omega^2 \cdot l + \omega \cdot m + n, \\ \omega^5 \cdot 2 + \omega^4 \cdot i + \omega^3 \cdot k + \omega^2 \cdot l + \omega \cdot m + n, \\ \omega^5 \cdot 3 + \omega^4 \cdot i + \omega^3 \cdot k + \omega^2 \cdot l + \omega \cdot m + n, \\ \cdots\cdots\cdots\cdots\cdots\cdots\cdots \end{array}$$

mit $i, k, l, m, n \in \boldsymbol{N}$,

$$\omega^6, \ldots, \omega^7, \ldots, \omega^8, \ldots .$$

Alle bisher aufgeführten Zahlen sind von der Form

$$\sum_{i \leqq n} \omega^{n-i} a_i = \omega^n a_0 + \omega^{n-1} a_1 + \ldots + \omega^1 a_{n-1} + \omega^0 a_n,$$

wo $(a_i)_{i \leqq n}$ eine endliche Folge natürlicher Zahlen ist. Durch vollständige Induktion über n zeigt man für diese Summen:

$$\sum_{i \leqq n} \omega^{n-i} a_i < \omega^{n+1}$$

und die Darstellbarkeit jeder Zahl $\xi < \omega^{n+1}$ als eine derartige Summe. (Ist im Induktionsschritt für die letzte Behauptung $\omega^{n+1} \leqq \xi < \omega^{n+2}$, so gibt es ein m mit $\omega^{n+1} \cdot m \leqq \xi < \omega^{n+1} \cdot m + \omega^{n+1}$ bei $m < \omega$ wegen $\xi < \omega^{n+1} \cdot \omega$; ist $\omega^{n+1} \cdot m + \eta = \xi$, so ist $\eta < \omega^{n+1}$, also mit Induktionsvoraussetzung insgesamt $\xi = \omega^{n+1} \cdot m + \eta$ als gewünschte Summe mit einer Koeffizientenfolge $(a_i)_{i \leqq n+1}$ bei $a_0 = m$ darstellbar.) Damit ist

$$\lim_{n < \omega} \omega^n = \omega^\omega$$

die auf alle Summen folgende Zahl, und jede Zahl $\xi < \omega^\omega$ ist eine derartige Summe. Von ω^ω aus folgen schließlich mit den entsprechenden Zwischenzahlen die Zahlen (bei $2 \leqq n \in \boldsymbol{N}$):

$$\omega^\omega \; \omega^\omega + 1 \; \omega^\omega + 2 \ldots \omega^\omega + n \ldots \omega^\omega + \omega \ldots \omega^\omega + \omega \cdot 2 \ldots$$

$$\omega^\omega + \omega \cdot n \ldots \omega^\omega + \omega^2 \ldots \omega^\omega + \omega^n \ldots \omega^\omega \cdot 2 \ldots \omega^\omega \cdot n \ldots$$

$$\omega^{\omega+1} \ldots \omega^{\omega+2} \ldots \omega^{\omega+n} \ldots \omega^{\omega \cdot 2} \ldots \omega^{\omega \cdot n} \ldots \omega^{(\omega^2)} \ldots$$

$$\omega^{(\omega^n)} \ldots \omega^{(\omega^\omega)} \ldots \omega^{\left(\omega^{(\omega^\omega)}\right)} \ldots \epsilon.$$

Trotz der beträchtlichen Größe von ϵ ist $\epsilon < \omega_1$, also $|\epsilon| = \mathfrak{a} = \text{card}\, \boldsymbol{O}(\epsilon)$.

Während im Rahmen des erweiterten Axiomensystems (vgl. Kapitel III) jede Ordinalzahl ein Alephindex wird, kann man bis jetzt nur behaupten den

Satz 31. *Jede Ordinalzahl* $\alpha < \omega^2$ *ist ein Alephindex.*

Beweis. Zu jedem Alephindex α gibt es einen Alephindex $\lambda > \alpha$, welcher Limeszahl ist (vgl. hinter Satz 5, § 10). Ist dann nach dem Subtraktionssatz $\alpha + \mu = \lambda$, so ist auch μ Limeszahl, also $\boldsymbol{\omega} \leqq \mu$ und damit $\alpha + \boldsymbol{\omega} \leqq \lambda$, also $\alpha + \boldsymbol{\omega}$ Alephindex. Durch vollständige Induktion über m erhält man jetzt, daß $\boldsymbol{\omega} \cdot m$ für jede natürliche Zahl m ein Alephindex ist, also auch $\boldsymbol{\omega} \cdot m + n$ für beliebige natürliche Zahlen m, n wegen $\boldsymbol{\omega} \cdot m + n < \boldsymbol{\omega} \cdot (m + 1)$. Und diese Zahlen sind genau die Zahlen $\alpha < \boldsymbol{\omega}^2$. ∎

Unter Verwendung der Ordinalzahlsumme verallgemeinerte Tarski die Hausdorffsche Rekursionsformel und den Bernsteinschen Alephsatz (Sätze 16, 17, § 10) zu folgendem

Satz 32. *Für Alephindizes α, β, γ, wobei auch $\alpha + \gamma$ ein Alephindex sei, gilt:*

$$|\gamma| \leqq \aleph_\beta \to \aleph_{\alpha+\gamma}^{\aleph_\beta} = \aleph_\alpha^{\aleph_\beta} \cdot \aleph_{\alpha+\gamma}^{|\gamma|}.$$

Beweis. Transfinite gemischte Induktion über γ. Für feste Alephindizes α, β sei $\mathbf{B}(\gamma)$ für jeden Alephindex γ, für den auch $\alpha + \gamma$ Alephindex ist, die Behauptung unseres Satzes. (Der Bereich der Alephindizes γ, für die bei festem Alephindex α auch $\alpha + \gamma$ Alephindex ist, ist der Bereich aller Ordinalzahlen oder ein Abschnitt $\boldsymbol{O}(\lambda)$ für eine Limeszahl λ). Trivial gilt $\mathbf{B}(0)$. Gilt $\mathbf{B}(\gamma)$ für ein γ, wobei $\alpha + \gamma$ Alephindex ist, so gilt auch $\mathbf{B}(\gamma + 1)$; denn ist $|\gamma + 1| \leqq \aleph_\beta$, so auch $|\gamma| \leqq \aleph_\beta$, und durch zweimalige Anwendung von Satz 16, § 10 erhält man für $\alpha^* = \alpha + \gamma$:

$$\begin{aligned} \aleph_{\alpha^*+1}^{\aleph_\beta} &= \aleph_{\alpha^*}^{\aleph_\beta} \cdot \aleph_{\alpha^*+1} = \aleph_\alpha^{\aleph_\beta} \cdot \aleph_{\alpha^*}^{|\gamma|} \cdot \aleph_{\alpha^*+1} \\ &= \aleph_\alpha^{\aleph_\beta} \cdot \aleph_{\alpha^*}^{|\gamma+1|} \cdot \aleph_{\alpha^*+1} = \aleph_\alpha^{\aleph_\beta} \cdot \aleph_{\alpha^*+1}^{|\gamma+1|}. \end{aligned}$$

Ist γ Limeszahl, $\alpha + \gamma$ Alephindex und gilt $\mathbf{B}(\xi)$ für alle $\xi < \gamma$, so gilt auch $\mathbf{B}(\gamma)$; denn ist $|\gamma| \leqq \aleph_\beta$, so auch $|\xi| \leqq \aleph_\beta$ für alle $\xi < \gamma$, und nach den Sätzen 18a), § 10 und 19a), § 8 ist

$$\aleph_{\alpha+\gamma} = \sum_{\xi<\gamma} \aleph_{\alpha+\xi} < \prod_{\xi<\gamma} \aleph_{\alpha+\xi},$$

woraus über die allgemeine Assoziativität von $\prod$ (vgl. hinter Satz 12, § 8) folgt:

$$\aleph_{\alpha+\gamma}^{\aleph_\beta} \leqq \Big(\prod_{\xi<\gamma} \aleph_{\alpha+\xi}\Big)^{\aleph_\beta} = \prod_{\xi<\gamma} \aleph_{\alpha+\xi}^{\aleph_\beta} = \prod_{\xi<\gamma} \Big(\aleph_\alpha^{\aleph_\beta} \cdot \aleph_{\alpha+\xi}^{|\xi|}\Big)$$

$$= \prod_{\xi<\gamma} \aleph_\alpha^{\aleph_\beta} \cdot \prod_{\xi<\gamma} \aleph_{\alpha+\xi}^{|\xi|} = \big(\aleph_\alpha^{\aleph_\beta}\big)^{|\gamma|} \cdot \prod_{\xi<\gamma} \aleph_{\alpha+\xi}^{|\xi|}$$

$$\leqq \aleph_\alpha^{\aleph_\beta \cdot |\gamma|} \cdot \aleph_{\alpha+\gamma}^{|\gamma| \cdot |\gamma|} = \aleph_\alpha^{\aleph_\beta} \cdot \aleph_{\alpha+\gamma}^{|\gamma|}$$

$$\leqq \aleph_{\alpha+\gamma}^{\aleph_\beta} \cdot \aleph_{\alpha+\gamma}^{\aleph_\beta} = \aleph_{\alpha+\gamma}^{\aleph_\beta}. \;\blacksquare$$

Aus Satz 32 folgt sofort für Ordinalzahlen α, γ, für die $\alpha + \gamma$ Alephindex ist, und für Kardinalzahlen $\mathfrak{b}$:

$$|\gamma| \leqq \mathfrak{b} \to \aleph_{\alpha+\gamma}^{\mathfrak{b}} = \aleph_\alpha^{\mathfrak{b}} \cdot \aleph_{\alpha+\gamma}^{|\gamma|}.$$

Speziell folgt aus Satz 32 für Alephindizes α, β und natürliche Zahlen n:

$$\aleph_{\alpha+n}^{\aleph_\beta} = \aleph_\alpha^{\aleph_\beta} \cdot \aleph_{\alpha+n};$$

für $n = 1$ ist dies die HAUSDORFFsche Rekursionsformel. Setzt man in Satz 32 $\alpha = 0$ und ersetzt γ durch α, so ergibt sich für Alephindizes α, β wegen $\aleph_0^{\aleph_\beta} = 2^{\aleph_\beta}$:

$$|\alpha| \leqq \aleph_\beta \to \aleph_\alpha^{\aleph_\beta} = 2^{\aleph_\beta} \cdot \aleph_\alpha^{|\alpha|};$$

für endliches $\alpha = n$ ist dies der BERNSTEINsche Alephsatz.

Die Darstellbarkeit jeder natürlichen Zahl $a \neq 0$ als eine Summe von Potenzen einer vorgegebenen Basis $g \geqq 2$ (speziell Dezimalschreibweise für $g = 10$) läßt sich auf Ordinalzahlen erweitern und ergibt den

Satz 33 (Satz der Polynomdarstellung). *Für Ordinalzahlen* $\alpha \neq 0$ *und* $\gamma \geqq 2$ *gibt es genau ein Tripel*

(n, ε, ν), wo n eine natürliche Zahl ist und $\varepsilon = (\varepsilon_i)_{i \leqq n}$, $\nu = (\nu_i)_{i \leqq n}$ endliche Ordinalzahlfolgen sind mit:

$$\varepsilon_i > \varepsilon_j \text{ für jedes } i, j \text{ mit } i < j \leqq n,$$
$$1 \leqq \nu_i < \gamma \text{ für jedes } i \leqq n,$$
$$\alpha = \sum_{i \leqq n} \gamma^{\varepsilon_i} \nu_i \left(= \sum_{i \leqq n} (\gamma^{\varepsilon_i} \cdot \nu_i)\right).$$

Beweis. *Hilfssatz. Für Ordinalzahlen $\alpha \neq 0$ und $\gamma \geqq 2$ gibt es genau ein Tripel $(\varepsilon, \nu, \varrho)$ von Ordinalzahlen mit*

$$\alpha = \gamma^\varepsilon \cdot \nu + \varrho \quad \text{bei} \quad 1 \leqq \nu < \gamma, \qquad \varrho < \gamma^\varepsilon.$$

Beweis. Nach Satz 15a) existiert ein ε mit $\gamma^\varepsilon \leqq \alpha < \gamma^{\varepsilon+1}$, und nach dem Divisionssatz gibt es Zahlen ν, ϱ mit $\alpha = \gamma^\varepsilon \cdot \nu + \varrho$ bei $\varrho < \gamma^\varepsilon$. Es ist $1 \leqq \nu$ wegen sonst

$$\alpha = \varrho < \gamma^\varepsilon \leqq \alpha;$$

es ist $\nu < \gamma$ wegen sonst

$$\gamma^{\varepsilon+1} \leqq \gamma^{\varepsilon+1} + \varrho = \gamma^\varepsilon \cdot \gamma + \varrho \leqq \gamma^\varepsilon \cdot \nu + \varrho = \alpha < \gamma^{\varepsilon+1}.$$

Damit existiert für α, γ ein gewünschtes Tripel $(\varepsilon, \nu, \varrho)$. Dieses Tripel ist auch eindeutig bestimmt. Sei hierfür

$$\alpha = \gamma^{\varepsilon_1} \cdot \nu_1 + \varrho_1 = \gamma^{\varepsilon_2} \cdot \nu_2 + \varrho_2$$

bei

$$1 \leqq \underbrace{\nu_1, \nu_2} < \gamma, \qquad \varrho_1 < \gamma^{\varepsilon_1}, \qquad \varrho_2 < \gamma^{\varepsilon_2}.$$

Dann ist $\varepsilon_1 = \varepsilon_2$; denn wäre etwa $\varepsilon_1 < \varepsilon_2$, so wäre

$$\alpha = \gamma^{\varepsilon_1} \cdot \nu_1 + \varrho_1 < \gamma^{\varepsilon_1} \cdot \nu_1 + \gamma^{\varepsilon_1} = \gamma^{\varepsilon_1} \cdot (\nu_1 + 1)$$
$$\leqq \gamma^{\varepsilon_1} \cdot \gamma = \gamma^{\varepsilon_1 + 1} \leqq \gamma^{\varepsilon_2} \cdot \nu_2 + \varrho_2 = \alpha.$$

Aus $\varepsilon_1 = \varepsilon_2$ folgt $\nu_1 = \nu_2$; denn wäre etwa $\nu_1 < \nu_2$, so wäre

$$\alpha = \gamma^{\varepsilon_1} \cdot \nu_1 + \varrho_1 < \gamma^{\varepsilon_1} \cdot \nu_1 + \gamma^{\varepsilon_1} = \gamma^{\varepsilon_1} \cdot (\nu_1 + 1)$$
$$\leqq \gamma^{\varepsilon_2} \cdot \nu_2 + \varrho_2 = \alpha.$$

Aus $\varepsilon_1 = \varepsilon_2$ und $\nu_1 = \nu_2$ folgt schließlich $\varrho_1 = \varrho_2$. Damit ist der Hilfssatz bewiesen.

Die behauptete Existenz eines Tripels (n, ε, ν) zu α, γ erhält man nun, indem man nach dem Hilfssatz fortgesetzt dividiert α durch eine Potenz γ^{ε_0} mit Rest ϱ_0, dann ϱ_0 durch eine Potenz γ^{ε_1} mit Rest ϱ_1 usw. Das Verfahren bricht mit einem Rest $\varrho_n = 0$ ab, da sonst $\varrho_0 > \varrho_1 > \ldots$ (oder auch $\varepsilon_0 > \varepsilon_1 > \ldots$) eine echt fallende unendliche Ordinalzahlfolge wäre, die es nicht gibt. Das wollen wir jetzt exakt durchführen. Sei also $\alpha \neq 0$ und $\gamma \geqq 2$. Nach dem Rechtfertigungssatz für Definitionen durch vollständige Induktion (Satz 12, Bd. II, § 7) existiert (als Funktion von $\boldsymbol{N}$ in $[0, \alpha]^3$) die Tripelfolge $(\varepsilon_i, \nu_i, \varrho_i)_{i<\omega}$ mit gemäß unserem Hilfssatz:

$$\alpha = \gamma^{\varepsilon_0} \cdot \nu_0 + \varrho_0,$$

$$\varrho_i = \gamma^{\varepsilon_{i+1}} \cdot \nu_{i+1} + \varrho_{i+1} \quad \text{für} \quad \varrho_i \neq 0,$$

$$\varepsilon_{i+1} = \nu_{i+1} = \varrho_{i+1} = 0 \quad \text{für} \quad \varrho_i = 0.$$

Wären alle $\varrho_i \neq 0$, so hätte man stets $\varrho_{i+1} < \varrho_i$ wegen $\varrho_{i+1} < \gamma^{\varepsilon_{i+1}}$, womit $(\varrho_i)_{i<\omega}$ eine echt fallende Ordinalzahlfolge vom Typ $\boldsymbol{\omega}$ wäre im Widerspruch zu Satz 18b), § 9. Damit existiert die kleinste natürliche Zahl n mit $\varrho_n = 0$. Man zeigt leicht durch vollständige Induktion über k:

$$k \leqq n \rightarrow \alpha = \sum_{i \leqq k} \gamma^{\varepsilon_i} \nu_i + \varrho_k,$$

woraus für $k = n$ wegen $\varrho_n = 0$ folgt:

$$\alpha = \sum_{i \leqq n} \gamma^{\varepsilon_i} \nu_i .$$

Dabei ist nach Konstruktion der ν_i stets $1 \leqq \nu_i < \gamma$ für alle $i \leqq n$. Ebenso ist $\varepsilon_i > \varepsilon_{i+1}$ für alle $i < n$ wegen sonst

$$\gamma^{\varepsilon_i} \leqq \gamma^{\varepsilon_{i+1}} \cdot \nu_{i+1} + \varrho_{i+1} = \varrho_i < \gamma^{\varepsilon_i}.$$

Damit existiert für α, γ ein gewünschtes Tripel (n, ε, ν). Für jedes zu α, γ gehörige Tripel (n, ε, ν) gilt zusätzlich

$$\alpha = \sum_{i \leqq n} \gamma^{\varepsilon_i} \nu_i < \gamma^{\varepsilon_0}(\nu_0 + 1) \leqq \gamma^{\varepsilon_0 + 1},$$

wie man durch vollständige Induktion über n zeigt (und im Induktionsschritt

$$\sum_{i \leqq n+1} \gamma^{\varepsilon_i} \nu_i = \gamma^{\varepsilon_0} \nu_0 + \sum_{1 \leqq i \leqq n+1} \gamma^{\varepsilon_i} \nu_i$$

ansetzt).

Nun zur eindeutigen Bestimmtheit des Tripels (n, ε, ν). Sei $\alpha \neq 0$, $\gamma \geqq 2$ und seien (n, ε, ν), (m, δ, μ) zugehörige Tripel mit etwa $n \leqq m$. Wir zeigen durch ordnungstheoretische Induktion über k:

$$k \leqq n \rightarrow \varepsilon_k = \delta_k \wedge \nu_k = \mu_k .$$

Ist $k \leqq n$ und $\varepsilon_i = \delta_i \wedge \nu_i = \mu_i$ für alle $i < k$, so ist zu zeigen $\varepsilon_k = \delta_k$ und $\nu_k = \mu_k$. Es ist aber dann

$$\alpha = \sum_{i \leqq n} \gamma^{\varepsilon_i} \nu_i = \sum_{i<k} \gamma^{\varepsilon_i} \nu_i + \sum_{k \leqq i \leqq n} \gamma^{\varepsilon_i} \nu_i ,$$

$$\alpha = \sum_{i \leqq m} \gamma^{\delta_i} \mu_i = \sum_{i<k} \gamma^{\delta_i} \mu_i + \sum_{k \leqq i \leqq m} \gamma^{\delta_i} \mu_i$$

bei

$$\sum_{i<k} \gamma^{\varepsilon_i} \nu_i = \sum_{i<k} \gamma^{\delta_i} \mu_i$$

und damit auch

$$\sum_{k \leqq i \leqq n} \gamma^{\varepsilon_i} \nu_i = \sum_{k \leqq i \leqq m} \gamma^{\delta_i} \mu_i .$$

Ist σ der gemeinsame Wert dieser beiden letzten Summen, so ist

$$\gamma^{\varepsilon_k} \leqq \sigma < \gamma^{\varepsilon_k+1}, \qquad \gamma^{\delta_k} \leqq \sigma < \gamma^{\delta_k+1},$$

also $\varepsilon_k = \delta_k$, und es ist

$$\gamma^{\varepsilon_k} \nu_k \leqq \sigma < \gamma^{\varepsilon_k}(\nu_k + 1), \qquad \gamma^{\delta_k} \mu_k \leqq \sigma < \gamma^{\delta_k}(\mu_k + 1)$$

bei $\gamma^{\varepsilon_k} = \gamma^{\delta_k}$, also $\nu_k = \mu_k$. Damit stimmen für alle $i \leqq n$ die ε_i und die ν_i mit den δ_i und den μ_i überein. Es ist dann

$$\alpha = \sum_{i \leqq m} \gamma^{\delta_i} \mu_i = \sum_{i \leqq n} \gamma^{\delta_i} \mu_i + \sum_{n < i \leqq m} \gamma^{\delta_i} \mu_i$$
$$= \sum_{i \leqq n} \gamma^{\varepsilon_i} \nu_i + \sum_{n < i \leqq m} \gamma^{\delta_i} \mu_i = \alpha + \sum_{n < i \leqq m} \gamma^{\delta_i} \mu_i ,$$

woraus $\sum_{n<i\leqq m} \gamma^{\delta_i}\mu_i = 0$ folgt, also $n = m$ wegen $\gamma^{\delta_i}\mu_i \neq 0$ für alle i mit $n < i \leqq m$. Insgesamt haben wir $(n, \varepsilon, \nu) = (m, \delta, \mu)$ erhalten. ∎

Das nach Satz 33 zu $\alpha \neq 0$ und $\gamma \geqq 2$ eindeutig zugehörige Tripel (n, ε, ν) heißt die *γ-Entwicklung* von α oder die *γ-Darstellung* von α, die *Polynomdarstellung von α zur Basis γ*; die $\boldsymbol{\omega}$-Entwicklung von α heißt auch die *Cantorsche Normalform* von α. Für die Basen 2, 10, $\boldsymbol{\omega}$ erhält man die speziellen Darstellungsmöglichkeiten für $\alpha \neq 0$:

$$\alpha = \sum_{i\leqq n} 2^{\varepsilon_i} = 2^{\varepsilon_0} + \ldots + 2^{\varepsilon_n},$$

$$\alpha = \sum_{i\leqq n} 10^{\varepsilon_i}\nu_i = 10^{\varepsilon_0}\nu_0 + \ldots + 10^{\varepsilon_n}\nu_n \quad \text{bei} \quad 1 \leqq \nu_i \leqq 9,$$

$$\alpha = \sum_{i\leqq n} \boldsymbol{\omega}^{\varepsilon_i}\nu_i = \boldsymbol{\omega}^{\varepsilon_0}\nu_0 + \ldots + \boldsymbol{\omega}^{\varepsilon_n}\nu_n \quad \text{bei} \quad 1 \leqq \nu_i \in \boldsymbol{N}.$$

Die Cantorschen Normalformen finden Verwendung beim detaillierteren Studium der Ordinalzahlen.

10. Zusammenfassung der Begriffe. Für Ordinalzahlen α, β und wohlgeordnete Mengen (A, ϱ), (B, σ) mit $\alpha = \operatorname{ord}(A, \varrho)$, $\beta = \operatorname{ord}(B, \sigma)$ gilt:

$$A \cap B = \emptyset \rightarrow \alpha + \beta = \operatorname{ord}(V, R)$$

bei

$$V = A \cup B, \qquad R = \varrho \cup \sigma \cup (A \times B),$$

$$\alpha \cdot \beta = \operatorname{ord}(P, R)$$

bei

$$P = A \times B,$$

$$R = \left\{((a,b), (a',b')) \in P \times P \,\middle|\, b = b' \wedge a \underset{\varrho}{\leqq} a' \,.\vee.\, b \underset{\sigma}{<} b'\right\},$$

$$\alpha^{\beta} = \operatorname{ord}(P, R)$$

bei

$$P = \{x \in A^{\mathbf{O}(\beta)} \mid \{\xi < \beta \mid x_\xi \neq \min A\} \text{ ist endlich}\},$$

$$R = \left\{(x,y) \in P \times P \,\middle|\, x = y \vee \exists k \left(k < \beta \wedge x_k \underset{\varrho}{<} y_k \wedge \forall \xi (k < \xi < \beta \to x_\xi = y_\xi)\right)\right\},$$

$\beta \leqq \alpha \to \alpha - \beta = \iota \xi(\beta + \xi = \alpha)$.

Für Ordinalzahlfolgen $(\alpha_\xi)_{\xi<\beta}$ und Folgen $(A_\xi, \varrho_\xi)_{\xi<\beta}$ wohlgeordneter Mengen mit $\alpha_\xi = \operatorname{ord}(A_\xi, \varrho_\xi)$ für jedes $\xi < \beta$ gilt:

$(A_\xi)_{\xi<\beta}$ *disjunkt* $\to \sum_{\xi<\beta} \alpha_\xi = \operatorname{ord}(V, R)$

bei

$$V = \bigcup_{\xi<\beta} A_\xi, \qquad R = \bigcup_{\xi<\beta} \varrho_\xi \cup \bigcup_{\xi<\eta<\beta} (A_\xi \times A_\eta),$$

$\prod_{\xi<\beta} \alpha_\xi = \operatorname{ord}(P, R)$

bei

$$P = \left\{x \in \bigtimes_{\xi<\beta} A_\xi \,\middle|\, \{\xi<\beta \mid x_\xi \neq \min A_\xi\} \text{ ist endlich}\right\},$$

$$R = \left\{(x, y) \in P \times P \,\middle|\, x = y \vee \exists k \left(k < \beta \wedge x_k \underset{\varrho_k}{<} y_k \wedge \forall \xi (k < \xi < \beta \to x_\xi = y_\xi)\right)\right\}.$$

Für Ordinalzahlfamilien $(\alpha_i)_{i \in I}$, Wohlordnungen τ in I und den Isomorphismus f von $(\mathbf{O}(\beta), \leqq)$ auf (I, τ) gilt:

$$\sum_{i \in (I,\tau)} \alpha_i = \sum_{\xi<\beta} \alpha_{f(\xi)}, \qquad \prod_{i \in (I,\tau)} \alpha_i = \prod_{\xi<\beta} \alpha_{f(\xi)}.$$

Für Ordinalzahlfolgen $f = (f_\xi)_{\xi<\gamma}$ und Limeszahlen λ gilt:

f *an der Stelle* λ *stetig* $\leftrightarrow \lambda < \gamma \wedge f(\lambda) = \lim_{\xi<\lambda} f(\xi)$,

f *stetig* $\leftrightarrow \forall \xi(\xi$ *Limeszahl* $\wedge\ \xi < \gamma \to f$ *an der Stelle* ξ *stetig*$)$, *f Halbnormalfolge (Halbnormalfunktion)* $\leftrightarrow$ *f wachsend* $\wedge$ *f stetig,*

f Normalfolge (Normalfunktion) $\leftrightarrow$ *f echt wachsend* $\wedge$ *f stetig.*

Für Ordinalzahlen ε gilt:

ε *ε-Zahl* $\leftrightarrow \omega^{\varepsilon} = \varepsilon$,

$\boldsymbol{\epsilon}$ = *kleinste ε-Zahl.*

KAPITEL III

Das erweiterte Axiomensystem

§ 12. Universen

1. Erweiterung des Objektebereiches. Es soll der Bereich der bisherigen Objekte durch transfinite Fortsetzung der Stufung erweitert werden. Wir nennen deshalb von jetzt ab die bisherigen Mengen und Objekte bzw. Elemente wieder *elementare Mengen* und *elementare Objekte* bzw. *elementare Elemente,* wie ursprünglich in Bd. I, § 1, Abschn. 3. Die Erweiterung des elementaren Objektebereiches wird angestrebt, um Allmengen $\mathfrak{U}$ beliebig hoher Stufen zur Verfügung zu haben, in denen das Ersetzungspostulat von Fraenkel erfüllt ist:

$$\forall f(f \textit{ Funktion aus } \mathfrak{U} \textit{ in } \mathfrak{U} \wedge \mathrm{D}(f) \in \mathfrak{U} \rightarrow \mathrm{W}(f) \in \mathfrak{U});$$

d. h. der Definitionsbereich einer Funktion aus $\mathfrak{U}$ in $\mathfrak{U}$ kann hinsichtlich seiner Eigenschaft, eine Menge aus $\mathfrak{U}$ zu sein, ersetzt werden durch den Wertebereich. Vom Urbereich $\boldsymbol{U}$ verschiedene Allmengen mit dem Ersetzungspostulat — im folgenden „Universen" genannt — sind, wie sich herausstellen wird, gegenüber allen möglichen mengentheoretischen Prozessen abgeschlossen. Diese Abgeschlossenheit wird mit Vorteil für moderne strukturtheoretische Untersuchungen verwendet, etwa in der

Kategorientheorie. Universen stehen in unmittelbarem Zusammenhang mit den exorbitanten Kardinal- und Ordinalzahlen (vgl. § 13), der Grund für den exorbitanten Umfang der Universen selbst.

Inhaltlich stelle man sich die Erweiterung des elementaren Objektebereiches folgendermaßen vor: Man setze die in Bd. I, § 1, Abschn. 3 entwickelte Stufung über die elementaren Objekte hinaus in endloser Wohlordnung transfinit fort. Den bescheidenen Anfang der Gesamtstufung machen also die Stufen mit den Indizes

$$0 \; 1 \ldots \boldsymbol{\omega} \ldots \boldsymbol{\omega}^2 \ldots \boldsymbol{\omega}^{\omega} \ldots \boldsymbol{\epsilon} \ldots \boldsymbol{\omega}_1 \ldots \boldsymbol{\omega}_2 \ldots \boldsymbol{\omega}_{\omega} \ldots \ldots$$

(wobei die Stufen der elementaren Objekte die Indizes $\xi < \boldsymbol{\omega}^2$ besitzen und die Stufung auch nach Ausschöpfen sämtlicher Ordinalzahlen der elementaren wohlgeordneten Mengen endlos weiterläuft). Es entsteht der Bereich $\mathfrak{U}_1$ aller jetzt insgesamt vorhandenen Objekte$_1$, darunter die Mengen$_1$, und es entstehen eine entsprechend erweiterte Elementbeziehung $\in_1$ und Stufenbeziehung $\sqsubset_1$ zwischen den Objekten$_1$. Die Mengen$_1$ sind offenbar alle überhaupt denkbaren Gesamtheiten, die über dem Urbereich $\boldsymbol{U}$ in bezug auf eine Elementbeziehung, eben $\in_1$, existieren. Mit Fraenkel nehme man an, daß zu jeder im anschaulichen Sinne gebildeten Funktion aus $\mathfrak{U}_1$ in $\mathfrak{U}_1$, deren Definitionsbereich eine Menge$_1$ ist, auch der Wertebereich widerspruchsfrei als Menge$_1$ existiert. Der Bereich $\mathfrak{U}_1$ (als Gesamtheit) liegt in einer Anschauungsebene über den Objekten$_1$, welche in bezug auf eine neue Elementbeziehung $\in_2$ Elemente von $\mathfrak{U}_1$ sind und in bezug auf eine neue Stufenbeziehung $\sqsubset_2$ stufenkleiner als $\mathfrak{U}_1$ sind, wobei $\in_2$ und $\sqsubset_2$ zwischen Objekten$_1$ mit $\in_1$ und $\sqsubset_1$ übereinstimmen. Man setze die mit $\in_1$, $\sqsubset_1$ entwickelte Stufung der Objekte$_1$ durch $\in_2$, $\sqsubset_2$ über $\mathfrak{U}_1$ hinaus wieder in endloser Wohlordnung transfinit fort, wobei der umfassendere Bereich $\mathfrak{U}_2$ der Objekte$_2$ entsteht, darunter die Mengen$_2$. $\mathfrak{U}_1$ ist jetzt ein Universum$_2$. Die Mengen$_2$ sind in bezug auf $\in_2$ alle überhaupt denkbaren Gesamtheiten über $\boldsymbol{U}$, und man nehme an, daß zu jeder im anschaulichen

Sinne gebildeten Funktion aus $\mathfrak{U}_2$ in $\mathfrak{U}_2$, deren Definitionsbereich eine Menge$_2$ ist, auch der Wertebereich widerspruchsfrei als Menge$_2$ existiert. In dieser Weise fahre man fort und erhält abzählbar unendlich viele einander echt umfassende Objektebereiche

$$\mathfrak{U}_1 \subset \mathfrak{U}_2 \subset \mathfrak{U}_3 \subset \ldots,$$

deren Elementbeziehungen $\in_1, \in_2, \in_3, \ldots$ und Stufenbeziehungen $\sqsubset_1, \sqsubset_2, \sqsubset_3, \ldots$ ebenfalls Fortsetzungen voneinander sind. Stets ist $\mathfrak{U}_n$ ein Universum$_{n+1}$. Betrachtet man den Gesamtbereich $\mathfrak{U}_\infty$ aller Objekte$_n$ ($n = 1, 2, 3, \ldots$) mit der aus den $\in_n$ und $\sqsubset_n$ zusammengesetzten Elementbeziehung $\in_\infty$ und Stufenbeziehung $\sqsubset_\infty$, so erfüllen die Objekte$_\infty$ in Verbindung mit $\in_\infty$, $\sqsubset_\infty$ das elementare Axiomensystem der Mengenlehre (vgl. Bd. I, § 4), wenn man die Variablen als Variable für Objekte$_\infty$, $\in$ als $\in_\infty$ und $\sqsubset$ als $\sqsubset_\infty$ uminterpretiert. Zusätzlich gibt es noch für jedes Objekt$_\infty$ a ein Universum$_\infty$ $\mathfrak{U}$ mit $a \in \mathfrak{U}$. Das bleibt gültig, wenn man innerhalb $\mathfrak{U}_\infty$ an Stelle der Universen$_\infty$ $\mathfrak{U}_n$ die Universen$_\infty$ $\mathfrak{U}_n^*$ (für $0 \leqq n < \omega$) nimmt, wo $\mathfrak{U}_0^*$ das kleinste Universum$_\infty$ ist (jedes Universum$_\infty$ ist ein Allbereich$_\infty$, und bei endlichem Urbereich ist $\mathfrak{U}_0^*$ der kleinste Allbereich$_\infty$) und $\mathfrak{U}_{n+1}^*$ das kleinste auf $\mathfrak{U}_n^*$ folgende Universum$_\infty$ ist, wenn man an Stelle von $\mathfrak{U}_\infty$ den Bereich $\mathfrak{U}_\infty^*$ aller Objekte$_\infty$ aus den $\mathfrak{U}_n^*$ nimmt und wenn $\in_\infty$, $\sqsubset_\infty$ schließlich nur innerhalb $\mathfrak{U}_\infty^*$ betrachtet werden.

Wir vereinbaren von jetzt ab folgende Terminologie: Die Elemente$_\infty$ von $\mathfrak{U}_\infty^*$ heißen *Objekte* oder *Elemente* oder auch die *Dinge der Mengenlehre* (*Mathematik*), die Mengen$_\infty$ von $\mathfrak{U}_\infty^*$ heißen *Mengen*. $\in$ bedeute stets die *Elementbeziehung* $\in_\infty$ innerhalb $\mathfrak{U}_\infty{}^*$ und $\sqsubset$ die *Stufenbeziehung* $\sqsubset_\infty$ innerhalb $\mathfrak{U}_\infty^*$. In dieser neuen Terminologie denke man sich alle bisherigen Untersuchungen (von Band I an) nachvollzogen, und ausschließlich in dieser neuen Terminologie finden alle weiteren Untersuchungen statt! Dabei sind also die bisherigen Variablen als Variable für Objekte (aus $\mathfrak{U}_\infty^*$) aufzufassen und alle bisherigen mengentheoretischen Begriffe gemäß der Uminterpretation der Ausdrucksmittel (Atomzeichen) ebenfalls umzuinterpretieren.

Die ursprünglichen elementaren Objekte bilden (als Teilbereich von $\mathfrak{U}_1^*$) einen Teilbereich E des neuen Objektebereiches, und ursprüngliche Elementbeziehung und Stufenbeziehung in E sind die Einschränkungen der neuen Beziehungen $\in$, $\sqsubset$ auf E. Damit fällt die neue Bedeutung mengentheoretischer Begriffe, sofern man sich ausschließlich in E bewegt, mit der ursprünglichen Bedeutung für elementare Objekte zusammen. Der entwickelten Anschauung gemäß hat das elementare Axiomensystem der Mengenlehre auch für Objekte in Verbindung mit $\in$, $\sqsubset$ Gültigkeit, so daß die gesamte bisherige Theorie trotz erfolgter Uminterpretation der mengentheoretischen Begriffe automatisch erhalten bleibt. Man hat aber jetzt zusätzlich die Berechtigung zur Aufstellung des Universenaxiomes (vgl. Abschn. 2).

2. Das Universenaxiom.

Definition 1. Ein *Universum* ist eine Allmenge $\mathfrak{U} \neq U$ mit

$$\forall f(f \text{ Funktion aus } \mathfrak{U} \text{ in } \mathfrak{U} \wedge \mathrm{D}(f) \in \mathfrak{U} \rightarrow \mathrm{W}(f) \in \mathfrak{U}). \blacksquare$$

Die in Definition 1 geforderte Funktioneneigenschaft heißt das *Ersetzungspostulat* für die Allmenge $\mathfrak{U}$.

Axiom VI: Universenaxiom

$$\forall a \, \exists \mathfrak{U}(\mathfrak{U} \text{ Universum} \wedge a \in \mathfrak{U}).$$

Axiom VI fordert nicht nur schlechthin die Existenz mindestens eines Universums, sondern gestattet — zum Vorteil eines symmetrischen Ablaufes der Theorie — die Einbettung jedes Objektes in ein Universum. Dem Universenaxiom kommt bei Vergleich mit dem Unendlichkeitsaxiom (Bd. I, § 4, Abschn. 5) die Bedeutung eines zweiten (und stärkeren) Unendlichkeitsaxiomes zu.

Die Axiome I—VI (vgl. Bd. I, § 4) heißen die *erweiterten Axiome der Mengenlehre*, ihre Gesamtheit ist das *erweiterte Axiomensystem der Mengenlehre*, auch einfach: die *Axiome der Mengenlehre*, das *Axiomensystem der Mengenlehre*. Von jetzt an liege allen Untersuchungen das erweiterte Axiomensystem zugrunde:

3. Eigenschaften der Universen.

Satz 1. *Für Allmengen* $\mathfrak{U}$ *gilt*:

a) $\mathfrak{U}$ *Universum* $\rightarrow$ $\mathfrak{U}$ *Allbereich*,

b) $\mathfrak{U}$ *Allbereich* $\rightarrow$

$$\exists R(R \textit{ Wohlordnung in } \mathfrak{U} \wedge \{\mathrm{Ab}\, x \mid x \in \mathfrak{U}\} \subseteq \mathfrak{U}),$$

c) $\mathfrak{U}$ *Universum* $\leftrightarrow$

$$\mathfrak{U} \neq \boldsymbol{U} \wedge \forall X(X \subseteq \mathfrak{U} \wedge X \not\sim \mathfrak{U} \rightarrow X \in \mathfrak{U}).$$

Beweis. a) Ist $\mathfrak{U}$ ein Universum, so ist $\mathfrak{U}$ eine Allmenge mit $\mathfrak{U} \neq \boldsymbol{U}$, und es gibt keine Allmenge X mit $X' = \mathfrak{U}$; denn sonst wäre die konstante Funktion f über X, welche jedem $x \in X$ die Allmenge $f(x) = X$ zuordnet, eine Funktion aus $\mathfrak{U}$ in $\mathfrak{U}$ mit $\mathrm{D}(f) \in \mathfrak{U}$, womit auch $\mathrm{W}(f) = \{X\} \in \mathfrak{U}$ wäre, also $X \subset Y \subset \mathfrak{U}$ für die Allmenge $Y = \{y \mid y \sqsubset \{X\}\}$ im Widerspruch zu $X' = \mathfrak{U}$. Damit ist $\mathfrak{U}$ nach Satz 8c), Bd. I, § 5 ein Allbereich.

b) Sei $\mathfrak{U}$ ein Allbereich. Nach Satz 13, Bd. I, § 5 ist

$$\mathfrak{U} = \bigcup I \quad \text{bei} \quad I = \{i \in \mathfrak{U} \mid i \textit{ Stufe}\},$$

und I ist eine Zerlegung von $\mathfrak{U}$. τ sei die durch $\sqsubset$ in I erzeugte Wohlordnung, also $\tau \subseteq I \times I$ und $i\tau j \leftrightarrow i \sqsubset j$ für alle $i, j \in I$. Für jedes $i \in I$ sei $A_i = i$ und sei ϱ_i eine nach dem Wohlordnungssatz in A_i existierende Wohlordnung (ϱ ist eine Auswahlfunktion der Abbildung F über I, welche jedem $i \in I$ alle Wohlordnungen in A_i zuordnet). Dann ist

$$\mathfrak{U} = \bigcup_{i \in I} A_i,$$

und

$$R = \bigcup_{i \in I} \varrho_i \cup \bigcup_{\substack{i,j \in I \\ i<j}} (A_i \times A_j)$$

ist nach Satz 26c), § 4 eine Wohlordnung in $\mathfrak{U}$. Es bleibt noch zu zeigen, daß in bezug auf R alle Abschnitte Ab x für $x \in \mathfrak{U}$ Elemente von $\mathfrak{U}$ sind. Ist aber $x \in \mathfrak{U}$, $x \in A_j$ und yRx, so ist nach Definition von R entweder $y \in A_j = j$ oder $y \in A_i = i$ für ein $i \sqsubset j$, also stets $y \sqsubset j$; damit ist nach Satz 1g), Bd. I, § 5 Ab $x \sqsubseteq j \in \mathfrak{U}$, also Ab $x \in \mathfrak{U}$.

c) ($\rightarrow$) Ist $\mathfrak{U}$ ein Universum und R eine nach a), b) existierende Wohlordnung in $\mathfrak{U}$, deren Abschnitte Elemente von $\mathfrak{U}$ sind, so gilt zunächst $\mathfrak{U} \neq \boldsymbol{U}$ und für jede Teilmenge $X \subseteq \mathfrak{U}$:

$$(X, R \parallel X) \leq (\mathfrak{U}, R).$$

Ist noch $X \nsim \mathfrak{U}$, so ist X einem Abschnitt Y von $\mathfrak{U}$ (bzgl. R) isomorph. Es ist dann $Y \in \mathfrak{U}$ und $Y \sim X$, woraus nach dem Ersetzungspostulat $X \in \mathfrak{U}$ folgt. ($\leftarrow$) Sei $\mathfrak{U}$ eine von $\boldsymbol{U}$ verschiedene Allmenge, welche sämtliche Teilmengen als Elemente enthält, die nicht mit $\mathfrak{U}$ gleichmächtig sind. Zu zeigen ist das Ersetzungspostulat:

$$\forall f(f \textit{ Funktion aus } \mathfrak{U} \textit{ in } \mathfrak{U} \wedge \mathrm{D}(f) \in \mathfrak{U} \rightarrow \mathrm{W}(f) \in \mathfrak{U}).$$

Ist aber f eine solche Funktion mit $\mathrm{D}(f) \in \mathfrak{U}$ und $\mathrm{W}(f) \subseteq \mathfrak{U}$, so ist

$$\mathrm{W}(f) \leq \mathrm{D}(f) < \mathfrak{P}\mathrm{D}(f) \subseteq \mathfrak{U},$$

also $\mathrm{W}(f) \nsim \mathfrak{U}$ und damit nach Voraussetzung $\mathrm{W}(f) \in \mathfrak{U}$. ∎

Nach Satz 1a) und Satz 6e), Bd. II, § 9 ist jedes Universum eine unendliche Menge. Nach Satz 1b) gibt es auch in jeder Teilmenge A eines Allbereiches $\mathfrak{U}$ eine Wohlordnung R, deren Abschnitte Elemente von $\mathfrak{U}$ sind. In Satz 1c) kann man $\mathfrak{U} \neq \boldsymbol{U}$ gleichwertig ersetzen durch $\mathfrak{U} \neq \emptyset$, und im Falle $\boldsymbol{U} \neq \emptyset$ ist $\mathfrak{U} \neq \boldsymbol{U}$ ganz entbehrlich.

Für Allbereiche $\mathfrak{U}$ und wohlgeordnete Mengen (A, R) gilt

$$A \in \mathfrak{U} \leftrightarrow (A, R) \in \mathfrak{U};$$

ist dann $\mathfrak{U}$ ein Universum und $A \subseteq \mathfrak{U}$, so gilt nach Satz 1 c):

$$A \in \mathfrak{U} \leftrightarrow A \prec \mathfrak{U} \leftrightarrow (A, R) \in \mathfrak{U}.$$

Sind (A, R), $(\mathfrak{U}, T)$ wohlgeordnete Mengen, wobei $A \subseteq \mathfrak{U}$ gilt, $\mathfrak{U}$ ein Universum ist und die Abschnitte von (A, R) Elemente von $\mathfrak{U}$ sind, so gilt

$$(A, R) \lesssim (\mathfrak{U}, T),$$

da sonst nach dem Hauptsatz der Wohlordnungstheorie (Satz 23, § 4) $(\mathfrak{U}, T) \prec (A, R)$ wäre, also $\mathfrak{U}$ einem Abschnitt X von A gleichmächtig wäre bei $X \in \mathfrak{U}$, also $\mathfrak{U} \in \mathfrak{U}$ nach dem Ersetzungspostulat. Es gilt weiterhin

$$A \in \mathfrak{U} \to (A, R) \prec (\mathfrak{U}, T),$$

da im Falle $A \in \mathfrak{U}$ nicht $A \sim \mathfrak{U}$ sein kann wegen sonst wieder $\mathfrak{U} \in \mathfrak{U}$. Sind an Stelle der Abschnitte von (A, R) die Abschnitte von $(\mathfrak{U}, T)$ Elemente von $\mathfrak{U}$, so gilt:

$$A \in \mathfrak{U} \leftrightarrow (A, R) \prec (\mathfrak{U}, T).$$

Satz 2. *Für Universen* $\mathfrak{U}$, *Teilmengen* $A, B \subseteq \mathfrak{U}$ *und Wohlordnungen* R *in* A, S *in* B, T *in* $\mathfrak{U}$, *für welche die Abschnitte von* (A, R), (B, S), $(\mathfrak{U}, T)$ *Elemente von* $\mathfrak{U}$ *sind, gilt*:

a) $A \notin \mathfrak{U} \leftrightarrow A \sim \mathfrak{U} \leftrightarrow (A, R) \simeq (\mathfrak{U}, T)$,

b) $A \notin \mathfrak{U} \wedge B \notin \mathfrak{U} \to A \sim B \wedge (A, R) \simeq (B, S)$.

Für Universen $\mathfrak{U}$, *Mengen* X, A *mit* $X \subseteq A \subseteq \mathfrak{U}$ *und* $A \notin \mathfrak{U}$ *und Wohlordnungen* R *in* A, *für welche die Abschnitte von* (A, R) *Elemente von* $\mathfrak{U}$ *sind, gilt*:

c) $X \notin \mathfrak{U} \leftrightarrow X \sim A \leftrightarrow (X, R \parallel X) \simeq (A, R) \leftrightarrow A \text{ cf } X$.

Beweis. a) Ist $A \notin \mathfrak{U}$, so folgt $A \sim \mathfrak{U}$ aus Satz 1 c). Ist $A \sim \mathfrak{U}$, so ist $(A, R) \simeq (\mathfrak{U}, T)$; denn nach dem Hauptsatz der Wohlordnungstheorie gilt

$$(A, R) \lesssim (\mathfrak{U}, T),$$

wobei aber nicht A gleichmächtig einem Abschnitt von $\mathfrak{U}$ ist, da sonst insgesamt $\mathfrak{U}$ einem Abschnitt X von sich gleichmächtig wäre bei $X \in \mathfrak{U}$, also $\mathfrak{U} \in \mathfrak{U}$ nach dem Ersetzungspostulat. Ist umgekehrt $(A, R) \simeq (\mathfrak{U}, T)$, so ist $A \sim \mathfrak{U}$ und damit $A \notin \mathfrak{U}$, da sonst

$$A < \mathfrak{P}A \subseteq \mathfrak{U}$$

wäre, also $A \nsim \mathfrak{U}$.

b) folgt unmittelbar aus a).

c) Ist $X \notin \mathfrak{U}$, so folgt $X \sim A$ und $(X, R \,\|\, X) \simeq (A, R)$ wegen auch $A \notin \mathfrak{U}$ direkt aus b). Ist umgekehrt eine dieser beiden Beziehungen erfüllt, so gilt $X \sim A$, also wegen $A \notin \mathfrak{U}$ nach a) $A \sim \mathfrak{U}$ und somit $X \sim \mathfrak{U}$, $X \notin \mathfrak{U}$. Ist $X \notin \mathfrak{U}$, so muß A cf X sein, da es sonst ein $a \in A$ gibt mit $X \subseteq \mathrm{Ab}\, a \in \mathfrak{U}$, also $X \in \mathfrak{U}$. Ist umgekehrt A cf X, so muß $X \notin \mathfrak{U}$ gelten, da sonst nach dem Ersetzungspostulat auch die Menge $\mathfrak{A}$ aller Abschnitte $\mathrm{Ab}\, x$ von (A, R) mit $x \in X$ Element von $\mathfrak{U}$ wäre, also $A \in \mathfrak{U}$ wäre wegen $A \sqsubset \mathfrak{A}$. $A \sqsubset \mathfrak{A}$ folgt so: A besitzt bzgl. R kein letztes Element m, da sonst $A = \mathrm{Ab}\, m \cup \{m\} \in \mathfrak{U}$ wäre; wegen A cf X gibt es also zu jedem $a \in A$ ein $x \in X$ mit $a \in \mathrm{Ab}\, x$, woraus $a \sqsubset \mathfrak{A}$ für jedes $a \in A$ folgt und damit $A \sqsubset \mathfrak{A}$. ∎

Für jede Allmenge $\mathfrak{U}$ und Teilmenge $A \subseteq \mathfrak{U}$ gilt:

$$A \in \mathfrak{U} \leftrightarrow A \sqsubset \mathfrak{U}, \qquad A \notin \mathfrak{U} \leftrightarrow A \sqsubset \mathfrak{U},$$

woraus für Universen $\mathfrak{U}$ mit Satz 2a) auch folgt:

$$A \sqsubset \mathfrak{U} \leftrightarrow A \sim \mathfrak{U}, \qquad A \sqsubset \mathfrak{U} \leftrightarrow A < \mathfrak{U}.$$

Nach Axiom VI ist $\boldsymbol{N}$ Element eines Universums, womit auch das kleinste Universum $\mathfrak{U}$ mit $\boldsymbol{N} \in \mathfrak{U}$ existiert.

Definition 2. $\mathfrak{U}_0$ sei das kleinste Universum, $\mathfrak{U}_1$ sei das kleinste Universum $\mathfrak{U}$ mit $\boldsymbol{N} \in \mathfrak{U}$. ∎

Satz 3. a) *Ist* $\mathfrak{U}_0 \neq \mathfrak{U}_1$, *so ist* $\mathfrak{U}_1$ *das kleinste auf* $\mathfrak{U}_0$ *folgende Universum.*

b) *Ist* $\mathfrak{B}_0$ *der kleinste Allbereich, so gilt:*

$$\mathbf{N} \subseteq \mathfrak{B}_0 \subseteq \mathfrak{U}_0, \qquad \mathbf{N} \sqsubset\!\!\sqsupset \mathfrak{B}_0 \subset \mathfrak{U}_1,$$

$$\mathfrak{U}_0 \neq \mathfrak{U}_1 \leftrightarrow \mathfrak{U}_0 = \mathfrak{B}_0 \leftrightarrow \mathfrak{B}_0 \textit{ Universum},$$

$$\mathfrak{U}_0 \neq \mathfrak{U}_1 \leftrightarrow \boldsymbol{U} \textit{ endlich} \leftrightarrow \mathfrak{B}_0 \textit{ abzählbar unendlich}.$$

Beweis. a) Nach Satz 8f), Bd. II, § 10 ist $\mathbf{N} \subseteq \mathfrak{U}_0$. Ist also $\mathfrak{U}$ ein Universum mit $\mathfrak{U}_0 \subset \mathfrak{U}$, so ist $\mathbf{N} \subset \mathfrak{U}$, also $\mathbf{N} \in \mathfrak{U}$. Ist dann $\mathfrak{U}_0 \neq \mathfrak{U}_1$, so ist $\mathfrak{U}_0 \subset \mathfrak{U}_1$, und $\mathfrak{U}_1$ muß das kleinste auf $\mathfrak{U}_0$ folgende Universum sein.

b) Trivial ist $\mathbf{N} \subseteq \mathfrak{B}_0 \subseteq \mathfrak{U}_0$ und $\mathbf{N} \sqsubseteq \mathfrak{B}_0$. $\mathbf{N}$ ist nach den ersten beiden Peanoschen Axiomen und unter Rückgang auf die Definition der Nachfolgerfunktion (vgl. Definitionen 1, 3 und Satz 2 aus Bd. II, § 7) ein Grenzbereich. Ist dann $\mathfrak{B}$ die Allmenge aller $x \sqsubset \mathbf{N}$, so ist $\mathfrak{B} \neq \emptyset$, und für jedes $x \in \mathfrak{B}$ gibt es ein $y \in \mathbf{N}$ mit $x \sqsubseteq y$ (wäre für eine Menge $x \in \mathfrak{B}$ stets $y \sqsubset x$ für alle $y \in \mathbf{N}$, so wäre $\mathbf{N} \sqsubseteq x$ im Widerspruch zu $x \sqsubset \mathbf{N}$) und weiter ein $z \in \mathbf{N}$ mit $x \sqsubseteq y \sqsubset z$, also insgesamt ein $z \in \mathfrak{B}$ mit $x \sqsubset z$. Damit ist $\mathfrak{B}$ ein Grenzbereich, also ein Allbereich, woraus insgesamt $\mathfrak{B}_0 \subseteq \mathfrak{B} \sqsubseteq \mathbf{N}$ folgt, also $\mathfrak{B}_0 \sqsubseteq \mathbf{N}$. $\mathbf{N} \sqsubseteq \mathfrak{B}_0 \sqsubseteq \mathbf{N}$ ergibt schließlich $\mathbf{N} \sqsubset\!\!\sqsupset \mathfrak{B}_0$ und wegen $\mathbf{N} \in \mathfrak{U}_1$ auch $\mathfrak{B}_0 \sqsubset \mathfrak{U}_1$, $\mathfrak{B}_0 \subset \mathfrak{U}_1$.

Es gilt sofort

$$\mathfrak{U}_0 \neq \mathfrak{U}_1 \leftrightarrow \mathfrak{U}_0 = \mathfrak{B}_0;$$

denn ist $\mathfrak{U}_0 \neq \mathfrak{U}_1$, so ist $\mathbf{N} \subseteq \mathfrak{B}_0 \subseteq \mathfrak{U}_0 \subset \mathfrak{U}_1$, woraus $\mathfrak{U}_0 = \mathfrak{B}_0$ folgt, da sonst $\mathfrak{U}_0$ ein kleineres Universum als $\mathfrak{U}_1$ ist, welches $\mathbf{N}$ als Element enthält, und ist umgekehrt $\mathfrak{U}_0 = \mathfrak{B}_0$, so ist $\mathfrak{U}_0 = \mathfrak{B}_0 \subset \mathfrak{U}_1$, also $\mathfrak{U}_0 \neq \mathfrak{U}_1$. Trivial gilt

$$\mathfrak{U}_0 = \mathfrak{B}_0 \leftrightarrow \mathfrak{B}_0 \textit{ Universum}.$$

Nun zu

$$\mathfrak{B}_0 \textit{ Universum} \leftrightarrow \boldsymbol{U} \textit{ endlich}.$$

$\mathfrak{B}_0$ ist als Allbereich gegenüber Nachfolgerbildung für Allmengen abgeschlossen (Satz 8c), Bd. I, § 5). Also existiert mittels Definition durch vollständige Induktion die Folge $(A_n)_{n<\infty}$ von Allmengen aus $\mathfrak{B}_0$ mit $A_0 = U$ und $A_{n+1} = A_n'$ für jedes $n \in \boldsymbol{N}$. $\mathfrak{B} = \bigcup_{n<\infty} A_n$ ist Allmenge (Satz 10a), Bd. I, § 5) und Grenzbereich; denn ist $x \in \mathfrak{B}$ und $x \in A_n$, so ist $x \sqsubset A_n \in \mathfrak{B}$. Damit ist $\mathfrak{B}$ Allbereich und $\mathfrak{B} \subseteq \mathfrak{B}_0$, also $\mathfrak{B} = \mathfrak{B}_0$, und wir haben

$$\mathfrak{B}_0 = \bigcup_{n<\infty} A_n. \quad (+)$$

Ist jetzt U unendlich, so gibt es eine abzählbar unendliche Teilmenge $N \subseteq U \subset \mathfrak{B}_0$ und eine eineindeutige Abbildung f von N auf $\boldsymbol{N}$ mit

$$\mathfrak{B}_0 = \bigcup_{i \in N} A_{f(i)}.$$

Für die Funktion $F = (A_{f(i)})_{i \in N}$ aus $\mathfrak{B}_0$ in $\mathfrak{B}_0$ ist dann $D(F) = N \in \mathfrak{B}_0$, aber $W(F) \notin \mathfrak{B}_0$ wegen sonst $\mathfrak{B}_0 = \bigcup W(F) \in \mathfrak{B}_0$ (Satz 8d), Bd. II, § 10); also ist $\mathfrak{B}_0$ kein Universum. Ist umgekehrt U endlich, so folgt induktiv über n die Endlichkeit aller A_n, womit nach (+) jede Menge $X \in \mathfrak{B}_0$ endlich ist wegen $X \in A_n$ und damit $X \subseteq A_n$ für ein n. Es ist auch jede endliche Teilmenge $X \subseteq \mathfrak{B}_0$ Element von $\mathfrak{B}_0$ (Satz 8e), Bd. II, § 10). Damit ist das Ersetzungspostulat für $\mathfrak{B}_0$ erfüllt, und $\mathfrak{B}_0$ ist Universum. (+) ergibt auch sofort die letzte Behauptung

U endlich $\leftrightarrow$ $\mathfrak{B}_0$ abzählbar unendlich. ∎

Nach Satz 3 sind die Universen $\mathfrak{U} \supseteq \mathfrak{U}_1$ — also die Universen $\mathfrak{U}$ mit $\boldsymbol{N} \in \mathfrak{U}$ — die eigentlich interessierenden Universen; denn wegen $\mathfrak{B}_0 \subset \mathfrak{U}_1$ enthalten sie (nach Satz 8g), Bd. II, § 10) alle Zahlbereiche als Elemente, was zusammen mit der Abgeschlossenheit der Universen gegenüber allen möglichen mengentheoretischen Prozessen (vgl. Satz 4) erst die richtige Vorstellung eines noch als Menge existierenden Objektebereiches $\mathfrak{U}$ realisiert, in welchem Mathematik betrieben werden kann.

Satz 4. a) *Für Universen gilt erst recht der für Allbereiche ausgesprochene* Satz 8, Bd. II, § 10.

b) *Für Universen* $\mathfrak{U}$, *Abbildungen* f, *Mengen* M, N, *Mengenfamilien* $(A_i)_{i\in I}$ *und Folgen* $(a_n)_{n<\infty}$ *gilt:*

f *Funktion aus* $\mathfrak{U}$ *in* $\mathfrak{U} \wedge \mathrm{D}(f) \in \mathfrak{U} \rightarrow \mathrm{W}(f), f \in \mathfrak{U}$,

$M \in \mathfrak{U} \wedge M \sim N \subseteq \mathfrak{U} \rightarrow N \in \mathfrak{U}$,

$M \subseteq \mathfrak{U} \wedge M \nsim \mathfrak{U} \rightarrow M \in \mathfrak{U}$,

$I < \mathfrak{U} \wedge \{A_i\}_{i\in I} \subseteq \mathfrak{U} \rightarrow \bigcup_{i\in I} A_i \in \mathfrak{U}$,

$I \in \mathfrak{U} \wedge \{A_i\}_{i\in I} \subseteq \mathfrak{U} \rightarrow \bigtimes_{i\in I} A_i \in \mathfrak{U}$,

$\boldsymbol{U} \subset \mathfrak{U} \wedge \mathfrak{U}$ *unendlich*,

$\mathfrak{U}$ *überabzählbar* $\leftrightarrow \boldsymbol{\mathfrak{U}}_1 \subseteq \mathfrak{U}$,

$\boldsymbol{\mathfrak{U}}_1 \subseteq \mathfrak{U} \rightarrow \boldsymbol{N}, \boldsymbol{Z}, \boldsymbol{Q}, \boldsymbol{R}, \boldsymbol{C} \in \mathfrak{U}$,

$\boldsymbol{\mathfrak{U}}_1 \subseteq \mathfrak{U} \wedge \{a_n\}_{n<\infty} \subseteq \mathfrak{U} \rightarrow \{a_n\}_{n<\infty}, (a_n)_{n<\infty} \in \mathfrak{U}$.

c) *Für Universen* $\mathfrak{U}$ *oder für Allbereiche* $\mathfrak{U}$ *mit* $\boldsymbol{N} \in \mathfrak{U}$, *für Kardinalzahlen* $\mathfrak{a}, \mathfrak{b}$ *und Ordinalzahlen* α, β *gilt:*

$\mathfrak{a} \in \mathfrak{U} \leftrightarrow \exists X(\mathfrak{a} = \mathrm{card}\, X \wedge X \in \mathfrak{U})$,

$\alpha \in \mathfrak{U} \leftrightarrow \exists \mathfrak{X}(\alpha = \mathrm{ord}\, \mathfrak{X} \wedge \mathfrak{X} \in \mathfrak{U})$,

$\mathfrak{a} \in \mathfrak{U} \rightarrow \boldsymbol{C}(\mathfrak{a}) \in \mathfrak{U}, \qquad \alpha \in \mathfrak{U} \rightarrow \boldsymbol{O}(\alpha) \in \mathfrak{U}$,

$\mathfrak{a}, \mathfrak{b} \in \mathfrak{U} \rightarrow \mathfrak{a} + \mathfrak{b}, \mathfrak{a} \cdot \mathfrak{b}, \mathfrak{a}^{\mathfrak{b}} \in \mathfrak{U}$,

$\alpha, \beta \in \mathfrak{U} \rightarrow \alpha + \beta, \alpha \cdot \beta, \alpha^{\beta} \in \mathfrak{U}$,

$\mathfrak{a}, \alpha \in \mathfrak{U} \rightarrow \mathfrak{a}', \alpha' \in \mathfrak{U}$.

d) *Für Universen* $\mathfrak{U}$, *Wohlordnungen* T *in* $\mathfrak{U}$, *so daß alle Abschnitte von* $(\mathfrak{U}, T)$ *Elemente von* $\mathfrak{U}$ *sind, für Kardinalzahlen* $\mathfrak{a}$, *Ordinalzahlen* α, *Mengen* $M \in \mathfrak{U}$ *von Kardinalzahlen und Mengen* $N \in \mathfrak{U}$ *von Ordinalzahlen gilt:*

$$\mathfrak{a} \in \mathfrak{U} \leftrightarrow \mathfrak{a} < \mathrm{card}\, \mathfrak{U}, \qquad \alpha \in \mathfrak{U} \leftrightarrow \alpha < \mathrm{ord}\,(\mathfrak{U}, T),$$

$$\alpha \in \mathfrak{U} \leftrightarrow |\alpha| \in \mathfrak{U},$$

$$\sup M \in \mathfrak{U}, \qquad \sup N \in \mathfrak{U},$$

α *Alephindex*,

$$\alpha \in \mathfrak{U} \supseteq \boldsymbol{\mathfrak{U}}_1 \leftrightarrow \aleph_\alpha, \boldsymbol{\omega}_\alpha \in \mathfrak{U},$$

$$\mathfrak{a} \in \mathfrak{U} \leftrightarrow \mathfrak{Z}(\mathfrak{a}) \in \mathfrak{U}.$$

e) *Für Universen* $\mathfrak{U}$, *Folgen* $(a_\xi)_{\xi<\beta}$ *von Kardinal- bzw. Ordinalzahlen, Kardinalzahlfamilien* $(\mathfrak{a}_i)_{i\in I}$ *und Ordinalzahlfolgen* $(\alpha_\xi)_{\xi<\beta}$ *gilt*:

$$\beta \in \mathfrak{U} \wedge \{a_\xi\}_{\xi<\beta} \subseteq \mathfrak{U} \to \lim_{\xi<\beta} a_\xi \in \mathfrak{U},$$

$$I < \mathfrak{U} \wedge \{\mathfrak{a}_i\}_{i\in I} \subseteq \mathfrak{U} \to \sum_{i\in I} \mathfrak{a}_i, \prod_{i\in I} \mathfrak{a}_i \in \mathfrak{U},$$

$$\beta \in \mathfrak{U} \wedge \{\alpha_\xi\}_{\xi<\beta} \subseteq \mathfrak{U} \to \sum_{\xi<\beta} \alpha_\xi, \prod_{\xi<\beta} \alpha_\xi \in \mathfrak{U}.$$

Beweis. a) folgt trivial aus Satz 1a).

b) Ist f eine Funktion aus $\mathfrak{U}$ in $\mathfrak{U}$ mit $D(f) \in \mathfrak{U}$, so ist nach dem Ersetzungspostulat $W(f) \in \mathfrak{U}$, woraus nach a) auch $f \in \mathfrak{U}$ folgt. Die zweite Behauptung von b) folgt aus der ersten. Die dritte Behauptung folgt aus Satz 1c). Ist $I < \mathfrak{U}$, so gibt es eine Menge $J \subseteq \mathfrak{U}$ mit $J \nsim \mathfrak{U}$ und eine eineindeutige Abbildung g von J auf I mit

$$\{A_i\}_{i\in I} = \{A_{g(j)}\}_{j\in J}.$$

Dann ist $J \in \mathfrak{U}$, und mit der Voraussetzung $\{A_i\}_{i\in I} \subseteq \mathfrak{U}$ ist unter Vermittlung der Funktion $(A_{g(j)})_{j\in J}$ auch $\{A_i\}_{i\in I} \in \mathfrak{U}$, woraus nach a) $\bigcup_{i\in I} A_i \in \mathfrak{U}$ folgt. Ist $I \in \mathfrak{U}$ und $\{A_i\}_{i\in I} \subseteq \mathfrak{U}$, so ist $I < \mathfrak{U}$ und nach eben $\bigcup_{i\in I} A_i \in \mathfrak{U}$, woraus wegen

$$\bigtimes_{i\in I} A_i \subseteq \Big(\bigcup_{i\in I} A_i\Big)^I$$

über a) $\bigtimes_{i\in I} A_i \in \mathfrak{U}$ folgt. Die restlichen Behauptungen von b) folgen unmittelbar aus Satz 3, aus a) und der ersten Behauptung von b).

c) Sei zunächst $\mathfrak{U}$ ein Allbereich mit $\boldsymbol{N} \in \mathfrak{U}$. Die erste Behauptung folgt aus Satz 3, § 7, die zweite aus Satz 3, § 9. Ist $\mathfrak{a} \in \mathfrak{U}$ und $\mathfrak{a} = \operatorname{card} X$ bei $X \in \mathfrak{U}$, so gibt es (nach Satz 10d), Bd. I, § 5) eine Allmenge L mit $X \in L \in \mathfrak{U}$, für die wir früher (im Beweis zu Satz 13, § 7)

$$\boldsymbol{C}(\mathfrak{a}) \subseteq Y \quad \text{bei} \quad Y = \boldsymbol{N} \cup (\{\boldsymbol{N}\} \times \mathfrak{P}L)$$

gezeigt haben. Wegen $\boldsymbol{N}, L \in \mathfrak{U}$ ist auch $Y \in \mathfrak{U}$ und damit $\boldsymbol{C}(\mathfrak{a}) \in \mathfrak{U}$. Ist entsprechend $\alpha \in \mathfrak{U}$ und $\alpha = \operatorname{ord} \mathfrak{X}$ bei $\mathfrak{X} \in \mathfrak{U}$, so gibt es eine Allmenge L mit $\mathfrak{X} \in L \in \mathfrak{U}$, für die wir früher (im Beweis zu Satz 14, § 9)

$$\boldsymbol{O}(\alpha) \subseteq \boldsymbol{N} \cup (\{\boldsymbol{N}\} \times \mathfrak{P}L)$$

gezeigt haben. Daraus folgt wieder $\boldsymbol{O}(\alpha) \in \mathfrak{U}$. Die weiteren Behauptungen von c) über die Abgeschlossenheit von $\mathfrak{U}$ gegenüber den elementaren arithmetischen Operationen folgen aus entsprechenden Bemerkungen im Anschluß an die Definitionen von Summe, Produkt und Potenz zweier Kardinal- bzw. Ordinalzahlen. Es ist $\alpha' = \alpha + 1 \in \mathfrak{U}$ für $\alpha \in \mathfrak{U}$. Für $\mathfrak{a} \in \mathfrak{U}$ bei $\mathfrak{a} = \operatorname{card} X$, $X \in \mathfrak{U}$ ist $\mathfrak{P}X \in \mathfrak{U}$ bei $\mathfrak{a}' \leqq \operatorname{card} \mathfrak{P}X$, womit $\mathfrak{a}' = \operatorname{card} Y$ für ein $Y \subseteq \mathfrak{P}X$ ist bei $Y \in \mathfrak{U}$, also $\mathfrak{a}' \in \mathfrak{U}$. Ist schließlich $\mathfrak{U}$ ein Universum, so gelten die Behauptungen von c) nach eben sofort für den Fall $\mathfrak{U}_1 \subseteq \mathfrak{U}$. Ist aber $\mathfrak{U} \subset \mathfrak{U}_1$, so ist $\mathfrak{U}_0 \subseteq \mathfrak{U} \subset \mathfrak{U}_1$, also $\mathfrak{U} = \mathfrak{U}_0$ nach Satz 3, wobei außerdem $\mathfrak{U}_0$ abzählbar unendlich ist, also nur endliche Mengen als Elemente besitzen kann (wegen $X \prec \mathfrak{U}_0$ für jede Menge $X \in \mathfrak{U}_0$). Weiter ist $\boldsymbol{N} \subseteq \mathfrak{U}_0$, jede endliche Teilmenge $X \subseteq \mathfrak{U}_0$ ist Element von $\mathfrak{U}_0$, und die Abschnitte von $\boldsymbol{N}$ sind endlich. Damit gelten unter Verwendung der Sätze 3a), § 7 und 3a), § 9 sämtliche Behauptungen von c) auch für $\mathfrak{U}_0$.

d) Es gilt über c):

$$\mathfrak{a} \in \mathfrak{U} \leftrightarrow \exists X(\mathfrak{a} = \operatorname{card} X \wedge X \in \mathfrak{U})$$
$$\leftrightarrow \exists Y(\mathfrak{a} = \operatorname{card} Y \wedge Y \prec \mathfrak{U}) \leftrightarrow \mathfrak{a} < \operatorname{card} \mathfrak{U};$$

denn ist X eine Menge mit $X \in \mathfrak{U}$, so ist $X \prec \mathfrak{U}$, und ist $Y \prec \mathfrak{U}$, so gibt es eine Menge X mit $Y \sim X \subseteq \mathfrak{U}$ und $X \prec \mathfrak{U}$, also mit $\mathfrak{a} = \operatorname{card} X$ und $X \in \mathfrak{U}$. Ebenso gilt:

$$\alpha \in \mathfrak{U} \leftrightarrow \exists \mathfrak{X}(\alpha = \operatorname{ord} \mathfrak{X} \wedge \mathfrak{X} \in \mathfrak{U})$$
$$\leftrightarrow \exists \mathfrak{Y}(\alpha = \operatorname{ord} \mathfrak{Y} \wedge \mathfrak{Y} \prec (\mathfrak{U}, T)) \leftrightarrow \alpha < \operatorname{ord}(\mathfrak{U}, T);$$

denn ist $\mathfrak{X}$ eine wohlgeordnete Menge mit $\mathfrak{X} \in \mathfrak{U}$, so ist $\mathfrak{X} \prec (\mathfrak{U}, T)$ (vgl. die Bemerkungen im Anschluß an Satz 1), und ist $\mathfrak{Y} < (\mathfrak{U}, T)$, so gibt es einen wohlgeordneten Abschnitt $\mathfrak{X}$ von $(\mathfrak{U}, T)$ mit $\mathfrak{Y} \simeq \mathfrak{X}$, also mit $\alpha = \operatorname{ord} \mathfrak{X}$ und $\mathfrak{X} \in \mathfrak{U}$. Es gilt:

$$\alpha \in \mathfrak{U} \leftrightarrow |\alpha| \in \mathfrak{U};$$

denn ist $\alpha \in \mathfrak{U}$ bei $\alpha = \operatorname{ord}(X, R)$, $X \in \mathfrak{U}$, so ist $|\alpha| = \operatorname{card} X \in \mathfrak{U}$, und ist umgekehrt $|\alpha| \in \mathfrak{U}$, so ist $|\alpha| < \operatorname{card} \mathfrak{U}$, also $\alpha < \operatorname{ord}(\mathfrak{U}, T)$, $\alpha \in \mathfrak{U}$. Es gilt:

$$\sup M \in \mathfrak{U}, \qquad \sup N \in \mathfrak{U};$$

denn ist X eine Funktion über M mit $X(\mathfrak{x}) \in \mathfrak{U}$ und $\mathfrak{x} = \operatorname{card} X(\mathfrak{x})$ für alle $\mathfrak{x} \in M$ und ist $V = \bigcup_{\mathfrak{x} \in M} X(\mathfrak{x})$, so ist stets $\mathfrak{x} \leqq \operatorname{card} V$ bei nach b) $V \in \mathfrak{U}$, also $\sup M \leqq \operatorname{card} V \in \mathfrak{U}$, $\sup M \in \mathfrak{U}$; ist N^* die Menge aller $|\xi|$ für $\xi \in N$, so ist $\sup N^* \in \mathfrak{U}$, $\mathfrak{m} = (\sup N^*)' \in \mathfrak{U}$, und für eine Ordinalzahl μ mit $|\mu| = \mathfrak{m}$ ist $\mu \in \mathfrak{U}$ und $\xi < \mu$ für alle $\xi \in N$ (wegen $|\xi| < |\mu|$), also $\sup N \leqq \mu$, $\sup N \in \mathfrak{U}$. Mit der bewiesenen Abgeschlossenheit von $\mathfrak{U}$ gegenüber Suprenumbildung erhält man nun die übrigen Behauptungen von d). Jede Ordinalzahl α ist nach Axiom VI Element eines Universums $\mathfrak{U} \supseteq \mathfrak{U}_1$, wobei $\mathfrak{U}$ nach b) überabzählbar ist, also $\aleph_0 < \operatorname{card} \mathfrak{U}$. Das Kardinalzahlintervall $C = [\aleph_0, \operatorname{card} \mathfrak{U}[$ ist die Menge aller Alephs $\mathfrak{x} \in \mathfrak{U}$ und bzgl. $\leqq$ wohlgeordnet. Die Abschnitte von $(C, \leqq)$ sind Elemente von $\mathfrak{U}$. Es ist $C \subseteq \mathfrak{U}$, aber $C \notin \mathfrak{U}$, da sonst $\aleph_0 \leqq \mathfrak{m} = (\sup C)' \in \mathfrak{U}$ wäre im Widerspruch zu $\mathfrak{m} \notin C$. Der Ordinalzahlabschnitt $O = \boldsymbol{O}(\operatorname{ord}(\mathfrak{U}, T))$ ist die Menge aller Ordinalzahlen $\xi \in \mathfrak{U}$ und bzgl. $\leqq$ wohlgeordnet. Die Abschnitte von $(O, \leqq)$ sind Elemente von $\mathfrak{U}$. Es ist $O \subseteq \mathfrak{U}$, aber $O \notin \mathfrak{U}$, da sonst $\mu = (\sup O)' \in \mathfrak{U}$ wäre im Widerspruch zu $\mu \notin O$. Damit gilt nach Satz 2b):

$$(O, \leqq) \simeq (C, \leqq).$$

Für den Isomorphismus f von O auf C und unser $\alpha \in \mathfrak{U}$ ist dann

$$(\boldsymbol{O}(\alpha), \leqq) \simeq ([\aleph_0, f(\alpha)[, \leqq),$$

womit α nach Definition 5, § 10 ein Alephindex ist mit $\aleph_\alpha = f(\alpha)$. Wegen $f(\alpha) \in C \subseteq \mathfrak{U}$ ist also $\aleph_\alpha \in \mathfrak{U}$, also auch $\boldsymbol{\omega}_\alpha \in \mathfrak{U}$ wegen $|\boldsymbol{\omega}_\alpha| = \aleph_\alpha$. Ist umgekehrt $\aleph_\alpha$ bzw. $\boldsymbol{\omega}_\alpha$ für eine Ordinalzahl α Element eines Universums $\mathfrak{U}$, so ist nach c) auch $\aleph_{\alpha+1} \in \mathfrak{U}$, womit $\mathfrak{U}$ überabzählbar ist, also $\mathfrak{U}_1 \subseteq \mathfrak{U}$ gilt; wegen $\alpha \leqq \boldsymbol{\omega}_\alpha \in \mathfrak{U}$ (Satz 5b) § 10) ist $\alpha \in \mathfrak{U}$. Nun zur letzten Behauptung

$$\mathfrak{a} \in \mathfrak{U} \leftrightarrow \mathfrak{Z}(\mathfrak{a}) \in \mathfrak{U}.$$

Ist die Kardinalzahl $\mathfrak{a}$ Element des Universums $\mathfrak{U}$, so ist $\mathfrak{Z}(\mathfrak{a}) = \{\mathfrak{a}\} \in \mathfrak{U}$ für $\mathfrak{a} \in \boldsymbol{N}$, und für $\mathfrak{a} = \aleph_\alpha$ ist (über Satz 6, § 10)

$$\mathfrak{Z}(\mathfrak{a}) = [\boldsymbol{\omega}_\alpha, \boldsymbol{\omega}_{\alpha+1}[\in \mathfrak{U}.$$

Umgekehrt folgt aus $\mathfrak{Z}(\mathfrak{a}) \in \mathfrak{U}$ trivial $\mathfrak{a} \in \mathfrak{U}$.

e) Ist $\beta \in \mathfrak{U}$ und $\{a_\xi\}_{\xi<\beta} \subseteq \mathfrak{U}$, so ist wegen $\boldsymbol{O}(\beta) \in \mathfrak{U}$ nach a) $\{a_\xi\}_{\xi<\beta} \in \mathfrak{U}$, also nach d)

$$\lim_{\xi<\beta} a_\xi = \sup \{a_\xi\}_{\xi<\beta} \in \mathfrak{U}.$$

Ist $I < \mathfrak{U}$, so gibt es eine Menge J mit $I \sim J \in \mathfrak{U}$ und eine eineindeutige Abbildung f von J auf I mit

$$\sum_{i\in I} \mathfrak{a}_i = \sum_{j\in J} \mathfrak{a}_{f(j)} \qquad \prod_{i\in I} \mathfrak{a}_i = \prod_{j\in J} \mathfrak{a}_{f(j)}.$$

Ist noch $\{\mathfrak{a}_i\}_{i\in I} \subseteq \mathfrak{U}$, so gibt es nach c) eine Repräsentantenfamilie $(X_j)_{j\in J}$ zu $(\mathfrak{a}_{f(j)})_{j\in J}$ mit stets $X_j \in \mathfrak{U}$. Diese Familie kann noch disjunkt vorausgesetzt werden (wähle statt X_j durch Indizierung $X'_j = \{j\} \times X_j$). Dann ist nach b), c)

$$\sum_{i\in I} \mathfrak{a}_i = \operatorname{card} \bigcup_{j\in J} X_j \in \mathfrak{U}, \qquad \prod_{i\in I} \mathfrak{a}_i = \operatorname{card} \mathop{\times}_{j\in J} X_j \in \mathfrak{U}.$$

Ist $\beta \in \mathfrak{U}$ und $\{\alpha_\xi\}_{\xi<\beta} \subseteq \mathfrak{U}$, so ist auch $\{|\alpha_\xi|\}_{\xi<\beta} \subseteq \mathfrak{U}$, also

$$|\sum_{\xi<\beta} \alpha_\xi| = \sum_{\xi<\beta} |\alpha_\xi| \in \mathfrak{U}, \qquad \sum_{\xi<\beta} \alpha_\xi \in \mathfrak{U},$$

$$|\prod_{\xi<\beta} \alpha_\xi| \leqq \prod_{\xi<\beta} |\alpha_\xi| \in \mathfrak{U}, \qquad \prod_{\xi<\beta} \alpha_\xi \in \mathfrak{U}. \blacksquare$$

Aus Satz 4a) folgt u. a. für ein Universum $\mathfrak{U} \supseteq \mathfrak{U}_1$ und alle in Bd. II, § 11 aufgeführten Strukturbeispiele, daß jede dieser Strukturen Element von $\mathfrak{U}$ ist genau dann, wenn ihre Grundmenge Element von $\mathfrak{U}$ ist. Der Beweis der Behauptung aus Satz 4d), daß jede Ordinalzahl ein Alephindex ist, bestätigt die Zweckmäßigkeit der Formulierung des Universenaxiomes. Hätte man in Axiom VI nur schlechthin die Existenz eines Universums $\mathfrak{U}$ gefordert (mit $\boldsymbol{N} \in \mathfrak{U}$), so wäre nach Satz 4d) nicht jede Ordinalzahl Element von $\mathfrak{U}$, und die Alephindex-Eigenschaft träfe wieder nur auf ein Bruchstück des Bereiches der Ordinalzahlen zu. Indem jetzt alle Ordinalzahlen Alephindizes sind, kann in allen früheren Satzformulierungen (von Satz 5, § 10 ab) der Begriff „Alephindex" durch „Ordinalzahl" ersetzt werden. Die durch Satz 4 ausgedrückte Abgeschlossenheit der Universen gegenüber allen üblichen mengentheoretischen Prozessen ist auch für die Anwendung der Rechtfertigungssätze für Definitionen durch transfinite Induktion von Bedeutung (vgl. § 5, Abschnitte 3, 4), da man jetzt in den Universen besonders geeignete Mengen B — wie sie in jenen Rechtfertigungssätzen auftraten — zur Verfügung hat.

4. Mengen, Klassen, Unmengen.

Definition 3. $\mathfrak{U}$ sei ein Universum:

$$\begin{aligned}
\mathfrak{M}(\mathfrak{U}) &= \{X \in \mathfrak{U} \mid X \textit{ Menge}\} = \{X \subseteq \mathfrak{U} \mid X \in \mathfrak{U}\},\\
\mathfrak{A}(\mathfrak{U}) &= \{X \in \mathfrak{U} \mid X \textit{ Allmenge}\},\\
\mathfrak{B}(\mathfrak{U}) &= \{X \in \mathfrak{U} \mid X \textit{ Allbereich}\},\\
\mathfrak{C}(\mathfrak{U}) &= \{\mathfrak{x} \in \mathfrak{U} \mid \mathfrak{x} \textit{ Kardinalzahl}\},\\
\boldsymbol{\Omega}(\mathfrak{U}) &= \{\xi \in \mathfrak{U} \mid \xi \textit{ Ordinalzahl}\}.
\end{aligned}$$

Die Elemente von $\mathfrak{M}(\mathfrak{U})$ heißen die *Mengen von* $\mathfrak{U}$, die Elemente von $\mathfrak{P}\mathfrak{U}$ (die Teilmengen von $\mathfrak{U}$) die *Klassen von* $\mathfrak{U}$ und die Elemente von

$$\mathfrak{P}\mathfrak{U} \setminus \mathfrak{M}(\mathfrak{U}) = \{X \subseteq \mathfrak{U} \mid X \notin \mathfrak{U}\}$$

die *Unmengen von* $\mathfrak{U}$. ∎

Im Sinne des grundlegenden Satzes 4 ist jedes Universum $\mathfrak{U}$ gegenüber allen möglichen mengentheoretischen

Prozessen abgeschlossen, die man mit den Mengen von $\mathfrak{U}$ vornehmen kann. Damit sind die Universen $\mathfrak{U} \supseteq \boldsymbol{\mathfrak{U}}_1$ existierende Mengen von derart umfassender Größe, daß — von den Zahlbereichen ausgehend — die gesamte heutige Mathematik ausreichend in jedem dieser Universen entwickelt werden kann, indem man statt mit beliebigen Mengen nur mit den Mengen von $\mathfrak{U}$ operiert und indem man zunächst von solchen Strukturtheorien wie etwa der Kategorientheorie absieht, welche Gesamtheiten wie den Bereich aller Mengen, den Bereich aller Gruppen, den Bereich aller metrischen Räume usw. als exakt mengentheoretisch existierende Objekte verwenden. Doch gerade für solche Theorien sind die Universen eingeführt worden. Jedes Universum $\mathfrak{U} \supseteq \boldsymbol{\mathfrak{U}}_1$ ist eine Menge, so daß also auch stets die Bereiche aller Mengen aus $\mathfrak{U}$, aller Gruppen aus $\mathfrak{U}$, aller metrischen Räume aus $\mathfrak{U}$ usw. wieder als Mengen existieren, nämlich als Unmengen von $\mathfrak{U}$, und wobei diese Bereiche auf Grund der nach Satz 4 innerhalb $\mathfrak{U}$ gegebenen Darstellbarkeit der Mathematik alle für den mathematischen Gebrauch zunächst interessierenden Mengen, Gruppen, metrischen Räume usw. umfassen. Als Standard-Universum verwende man $\boldsymbol{\mathfrak{U}}_1$. Die Existenz eines weiteren Universums oberhalb jedes Universums erlaubt im Bedarfsfall eine Iteration der eben geschilderten Theorienbildung.

Nach Satz 2 sind alle Unmengen eines Universums $\mathfrak{U}$ untereinander gleichmächtig; für jede Menge A von $\mathfrak{U}$ und Unmenge B von $\mathfrak{U}$ ist $A \prec B$. Ebenso sind alle wohlgeordneten Unmengen von $\mathfrak{U}$, sofern ihre Abschnitte Elemente von $\mathfrak{U}$ sind, untereinander isomorph; für jede wohlgeordnete Menge (A, R) von $\mathfrak{U}$ und wohlgeordnete Unmenge (B, S) von $\mathfrak{U}$ ist $(A, R) \prec (B, S)$. Jede mit einer Menge bzw. Unmenge A von $\mathfrak{U}$ gleichmächtige Teilmenge $X \subseteq \mathfrak{U}$ ist nach Satz 4 b) wieder eine Menge bzw. Unmenge von $\mathfrak{U}$.

Satz 5. *Für jedes Universum* $\mathfrak{U}$ *sind die Mengen*

$$\mathfrak{U}, \boldsymbol{\mathfrak{M}}(\mathfrak{U}), \boldsymbol{\mathfrak{A}}(\mathfrak{U}), \boldsymbol{\mathfrak{C}}(\mathfrak{U}), \boldsymbol{\Omega}(\mathfrak{U})$$

Unmengen von $\mathfrak{U}$, *im Falle* $\mathfrak{U} \supseteq \mathfrak{U}_1$ *ist auch* $\mathfrak{B}(\mathfrak{U})$ *eine Unmenge von* $\mathfrak{U}$, *und es gilt*:

$$\mathfrak{U} = \bigcup \mathfrak{M}(\mathfrak{U}) = \bigcup \mathfrak{A}(\mathfrak{U}),$$
$$\mathfrak{U} \supseteq \mathfrak{U}_1 \rightarrow \mathfrak{U} = \bigcup \mathfrak{B}(\mathfrak{U}).$$

Beweis. Alle aufgeführten Mengen sind Teilmengen von $\mathfrak{U}$. Wir zeigen, daß sie nicht Element von $\mathfrak{U}$ sind. Trivial ist $\mathfrak{U} \notin \mathfrak{U}$. Für jedes $a \in \mathfrak{U}$ gibt es eine Menge $M \in \mathfrak{U}$ mit $a \in M$, etwa $M = \{a\}$, so daß $\mathfrak{U} = \bigcup \mathfrak{M}(\mathfrak{U})$ ist und $\mathfrak{M}(\mathfrak{U})$ nicht Element von $\mathfrak{U}$ sein kann, da es sonst eine Menge $M \in \mathfrak{U}$ gibt mit $\mathfrak{M}(\mathfrak{U}) \in M$ im Widerspruch zu $M \in \mathfrak{M}(\mathfrak{U})$. Da $\mathfrak{U}$ Allbereich ist, gibt es für jedes $a \in \mathfrak{U}$ eine Allmenge $A \in \mathfrak{U}$ mit $a \in A$ (Satz 10d), Bd. I, § 5), so daß $\mathfrak{U} = \bigcup \mathfrak{A}(\mathfrak{U})$ ist und $\mathfrak{A}(\mathfrak{U})$ nicht Element von $\mathfrak{U}$ sein kann. Nach Satz 4c), d) gibt es für jede Menge $M \in \mathfrak{U}$ von Kardinal- bzw. Ordinalzahlen aus $\mathfrak{U}$ eine Zahl $a \in \mathfrak{U}$, welche (echt) größer als alle Zahlen $x \in M$ ist. Damit sind $\mathfrak{C}(\mathfrak{U})$ und $\mathbf{\Omega}(\mathfrak{U})$ keine Elemente von $\mathfrak{U}$. Ist schließlich $\mathfrak{U} \supseteq \mathfrak{U}_1$, so gibt es zu jedem $a \in \mathfrak{U}$ einen Allbereich $B \in \mathfrak{U}$ mit $a \in B$, womit $\mathfrak{U} = \bigcup \mathfrak{B}(\mathfrak{U})$ ist und $\mathfrak{B}(\mathfrak{U})$ nicht Element von $\mathfrak{U}$ sein kann. Die Existenz von B zu a folgt so: Es ist $a \in A$ für eine Allmenge $A \in \mathfrak{U}$, $\mathfrak{A}(\mathfrak{U})$ ist gegenüber Nachfolgerbildung abgeschlossen (da es zu jedem $X \in \mathfrak{A}(\mathfrak{U})$ ein $Y \in \mathfrak{A}(\mathfrak{U})$ gibt mit $X \in Y$, $X \subset Y$), und es ist $\boldsymbol{N} \in \mathfrak{U}$. Damit ist für die durch vollständige Induktion definierte Folge $(f_n)_{n<\infty}$ von Allmengen $f_n \in \mathfrak{U}$ mit

$$f_0 = A, \qquad f_{n+1} = f_n'$$

nach Satz 4b) $B = \bigcup \mathrm{W}(f) \in \mathfrak{U}$. Es ist $a \in B$ und schließlich B ein Allbereich; denn B ist Allmenge (Satz 10a), Bd. I, § 5), und für jedes $x \in B$ bei $x \in f_n$ ist $x \sqsubset f_n \in B$, womit B auch Grenzbereich ist. ∎

In Erweiterung von Satz 5 kann man für jedes Universum $\mathfrak{U} \supseteq \mathfrak{U}_1$ beweisen, daß etwa die Menge aller Gruppen aus $\mathfrak{U}$, die Menge aller metrischen Räume aus $\mathfrak{U}$ usw. Unmengen von $\mathfrak{U}$ sind. Diese Unmengen spielen nach den Ausführungen hinter Definition 3 eine wichtige Rolle für moderne strukturtheoretische Untersuchungen. Damit erweist sich beim Betreiben von Mathematik innerhalb eines Universums $\mathfrak{U}$ der auf $\mathfrak{U}$ relativierte Klassenbegriff (Klasse von $\mathfrak{U}$) als unerläßlich, will man alle derzeit betriebenen mathematischen Strukturtheorien mit umfassen. Eine andere, universenfreie Methode, Klassen in die Mengenlehre einzuführen, besteht darin, ein axiomatisches System der Mengenlehre — einen *Klassenkalkül* — zu entwickeln, in dem neben den *Mengen* von vornherein *Unmengen* existieren als solche Gesamtheiten, welche nicht Element anderer Gesamtheiten sein können; Mengen und Unmengen zusammen bilden dann die (absoluten) *Klassen.* Mit solchen Klassen kann noch in beschränktem Umfange operiert werden. Der auf Universen $\mathfrak{U}$ relativierte Klassenbegriff leistet für die mengentheoretische Darstellung der (innerhalb $\mathfrak{U}$ betriebenen) Mathematik dasselbe wie der absolute Klassenbegriff und hat noch den Vorteil, daß mit ihm uneingeschränkt im Rahmen unserer axiomatischen Mengenlehre operiert werden kann; denn die Klassen von $\mathfrak{U}$ sind einfach gewisse (absolute) Mengen.

Die Abschnitte der wohlgeordneten Mengen $(\mathbf{C}(\mathfrak{U}), \leqq)$, $(\mathbf{C}(\mathfrak{U}) \setminus \boldsymbol{N}, \leqq)$ und $(\mathbf{\Omega}(\mathfrak{U}), \leqq)$ sind für jedes Universum $\mathfrak{U}$ nach Satz 4c) Elemente von $\mathfrak{U}$; ebenso sind die Abschnitte der wohlgeordneten Mengen $(\mathfrak{A}(\mathfrak{U}), \subseteq)$ und $(\mathfrak{B}(\mathfrak{U}), \subseteq)$ Elemente von $\mathfrak{U}$; denn ist $A \in \mathfrak{A}(\mathfrak{U})$, so ist der Abschnitt von A Teilmenge von $\mathfrak{P}A \in \mathfrak{U}$. Nach Satz 5 (und den Bemerkungen davor) sind also alle diese wohlgeordneten Mengen isomorph (bei $\mathfrak{U} \supseteqq \mathfrak{U}_1$ für $\mathbf{C}(\mathfrak{U}) \setminus \boldsymbol{N}$ und $\mathfrak{B}(\mathfrak{U})$). Für $\mathfrak{U} \supseteqq \mathfrak{U}_1$ ist nach Satz 4d) und Satz 5a), § 10

$$(\aleph_\xi)_{\xi \in \mathbf{\Omega}(\mathfrak{U})}$$

der Isomorphismus von $\mathbf{\Omega}(\mathfrak{U})$ auf die Unmenge $\mathbf{C}(\mathfrak{U}) \setminus \boldsymbol{N}$ der Alephs aus $\mathfrak{U}$ und

$$(\boldsymbol{\omega}_\xi)_{\xi \in \mathbf{\Omega}(\mathfrak{U})}$$

der Isomorphismus von $\mathbf{\Omega}(\mathfrak{U})$ auf die Unmenge Ω aller Anfangszahlen aus $\mathfrak{U}$ (Ω ist über die Funktion $(\boldsymbol{\omega}_\xi)$ gleichmächtig zu $\mathbf{\Omega}(\mathfrak{U})$, also Unmenge von $\mathfrak{U}$).

Satz 6. a) *Für jedes Universum* $\mathfrak{U}$, *den Isomorphismus* $(A_\xi)_{\xi\in\mathbf{\Omega}(\mathfrak{U})}$ *von* $\mathbf{\Omega}(\mathfrak{U})$ *auf* $\mathfrak{A}(\mathfrak{U})$, *jedes* $\alpha \in \mathbf{\Omega}(\mathfrak{U})$ *und jede Limeszahl* $\lambda \in \mathbf{\Omega}(\mathfrak{U})$ *gilt:*

$$A_\alpha \textit{ Allbereich} \leftrightarrow \alpha \textit{ Limeszahl},$$

$$A_0 = \boldsymbol{U}, \qquad A_{\alpha+1} = A_\alpha' = A_\alpha \cup \mathfrak{P} A_\alpha,$$

$$A_\lambda = \bigcup_{\xi<\lambda} A_\xi .$$

b) *Ist zusätzlich* $\mathfrak{B}$ *ein Universum mit* $\mathfrak{U} \subset \mathfrak{B}$ *und dem Isomorphismus* $(B_\xi)_{\xi\in\mathbf{\Omega}(\mathfrak{B})}$ *von* $\mathbf{\Omega}(\mathfrak{B})$ *auf* $\mathfrak{A}(\mathfrak{B})$, *so ist*

$$(A_\xi)_{\xi\in\mathbf{\Omega}(\mathfrak{U})} = (B_\xi)_{\xi\in\mathbf{\Omega}(\mathfrak{U})} .$$

Beweis. a) Nach Satz 4d) ist $\mathbf{\Omega}(\mathfrak{U})$ ein Abschnitt $\boldsymbol{O}(\varepsilon)$ für eine Ordinalzahl $\varepsilon \geqq \boldsymbol{\omega}_0$ (wegen $\boldsymbol{N} \subseteq \mathfrak{U}$) und nach Satz 4c) gegenüber Nachfolgerbildung abgeschlossen. Auf Grund der Isomorphieeigenschaft von A ist sofort A_0 die kleinste Allmenge $X \in \mathfrak{U}$, also $A_0 = \boldsymbol{U}$ wegen $\boldsymbol{U} \in \mathfrak{U}$. Ebenso ist $A_{\alpha+1}$ die kleinste auf A_α folgende Allmenge $X \in \mathfrak{U}$, also $A_{\alpha+1} = A_\alpha'$ wegen

$$A_\alpha' = A_\alpha \cup \mathfrak{P} A_\alpha \in \mathfrak{U}$$

(vgl. Satz 10c), Bd. I, § 5). Damit gilt auch (über Satz 8c), Bd. I, § 5):

$$A_\alpha \textit{ Allbereich} \leftrightarrow A_\alpha \neq \boldsymbol{U} \wedge \neg \exists X (X \textit{ Allmenge} \wedge X' = A_\alpha)$$

$$\leftrightarrow \alpha \neq 0 \wedge \neg \exists \xi (\xi + 1 = \alpha) \leftrightarrow \alpha \textit{ Limeszahl}$$

und (über Satz 10d), Bd. I, § 5):

$$A_\lambda = \bigcup \{X \mid X \textit{ Allmenge} \wedge X \subset A_\lambda\} = \bigcup_{\xi<\lambda} A_\xi .$$

b) Wegen $\mathfrak{U} \subset \mathfrak{B}$ ist nach Satz 4d), c) $\mathbf{\Omega}(\mathfrak{U})$ ein Abschnitt von $\mathbf{\Omega}(\mathfrak{B})$ bei nach a) für jedes $\alpha \in \mathbf{\Omega}(\mathfrak{U})$ und jede Limeszahl $\lambda \in \mathbf{\Omega}(\mathfrak{U})$:

$$A_0 = \boldsymbol{U}, \qquad A_{\alpha+1} = A_\alpha', \qquad A_\lambda = \bigcup_{\xi<\lambda} A_\xi ,$$

$$B_0 = \boldsymbol{U}, \qquad B_{\alpha+1} = B_\alpha', \qquad B_\lambda = \bigcup_{\xi<\lambda} B_\xi .$$

Durch transfinite gemischte Induktion über $\xi \in \mathbf{\Omega}(\mathfrak{U})$ folgt daraus sofort $A_\xi = B_\xi$ für jedes $\xi \in \mathbf{\Omega}(\mathfrak{U})$. ∎

Jede Ordinalzahl α ist nach Axiom VI Element eines Universums. Für beliebige Universen $\mathfrak{U}, \mathfrak{V}$ mit $\alpha \in \mathfrak{U} \cap \mathfrak{V}$ und die in Satz 6 verwendeten Isomorphismen $(A_\xi)_{\xi \in \mathbf{\Omega}(\mathfrak{U})}$, $(B_\xi)_{\xi \in \mathbf{\Omega}(\mathfrak{V})}$ gilt nach Satz 6b) $A_\alpha = B_\alpha$. Wir sind damit berechtigt zu folgender

Definition 4. Für jede Ordinalzahl α und jedes Universum $\mathfrak{U}$ mit $\alpha \in \mathfrak{U}$ und dem Isomorphismus $(A_\xi)_{\xi \in \mathbf{\Omega}(\mathfrak{U})}$ von $(\mathbf{\Omega}(\mathfrak{U}), \leqq)$ auf $(\mathbf{A}(\mathfrak{U}), \subseteq)$ sei

$$\mathbf{A}_\alpha = A_\alpha . \ ∎$$

Für jede Ordinalzahl α ist $\mathbf{A}_\alpha$ eine Allmenge, und für jede Allmenge X gibt es genau eine Ordinalzahl α mit $X = \mathbf{A}_\alpha$; denn ist X Element des Universums $\mathfrak{U}$ (nach Axiom VI) und $(A_\xi)_{\xi \in \mathbf{\Omega}(\mathfrak{U})}$ der Isomorphismus von $\mathbf{\Omega}(\mathfrak{U})$ auf $\mathbf{A}(\mathfrak{U})$, so gibt es ein $\alpha \in \mathbf{\Omega}(\mathfrak{U})$ mit $X = A_\alpha = \mathbf{A}_\alpha$, und ist $X = \mathbf{A}_\alpha = \mathbf{A}_\beta$ für gewisse Ordinalzahlen α, β, so wähle man ein Universum $\mathfrak{U}$ mit $\alpha, \beta \in \mathfrak{U}$, und man hat $A_\alpha = \mathbf{A}_\alpha = \mathbf{A}_\beta = A_\beta$, also $\alpha = \beta$ wegen der Eineindeutigkeit von A. Insgesamt durchläuft also $\mathbf{A}_\alpha$ ohne Wiederholung genau sämtliche Allmengen, sofern α alle Ordinalzahlen durchläuft. Wir haben die Allmengen mit Ordinalzahlindizes indiziert.

Satz 7. *Für Ordinalzahlen α, β und ordinale Limeszahlen λ gilt:*

$$\mathbf{A}_\alpha = \mathbf{A}_\beta \leftrightarrow \alpha = \beta, \qquad \mathbf{A}_\alpha \subset \mathbf{A}_\beta \leftrightarrow \alpha < \beta,$$

$$\mathbf{A}_\alpha \subseteq \mathbf{A}_\beta \leftrightarrow \alpha \leqq \beta,$$

$$\mathbf{A}_\alpha \textit{ Allbereich} \leftrightarrow \alpha \textit{ Limeszahl},$$

$$\mathbf{A}_0 = \boldsymbol{U}, \qquad \mathbf{A}_{\alpha+1} = \mathbf{A}_\alpha' = \mathbf{A}_\alpha \cup \mathfrak{P}\mathbf{A}_\alpha,$$

$$\mathbf{A}_\lambda = \bigcup_{\xi < \lambda} \mathbf{A}_\xi .$$

Beweis. Ist $\mathfrak{U}$ ein Universum mit $\alpha, \beta, \lambda \in \mathfrak{U}$ und $(A_\xi)_{\xi \in \mathbf{\Omega}(\mathfrak{U})}$ der Isomorphismus von $\mathbf{\Omega}(\mathfrak{U})$ auf $\mathfrak{A}(\mathfrak{U})$, so ist nach Definition 4 $\mathbf{A}_\xi = A_\xi$ für alle $\xi \in \mathbf{\Omega}(\mathfrak{U})$, womit die Behauptungen aus Satz 6a) folgen. ∎

Für jedes Universum $\mathfrak{U}$ ist

$$(\mathbf{A}_\xi)_{\xi \in \mathbf{\Omega}(\mathfrak{U})}$$

nach Definition 4 der Isomorphismus von $(\mathbf{\Omega}(\mathfrak{U}), \leqq)$ auf $(\mathfrak{A}(\mathfrak{U}), \subseteq)$.

5. Zusammenfassung der Begriffe. Für Allmengen $\mathfrak{U}$ gilt:

$\mathfrak{U}$ *Universum* $\leftrightarrow \mathfrak{U} \neq \boldsymbol{U} \wedge \forall f(f$ *Funktion aus* $\mathfrak{U}$ *in* $\mathfrak{U} \wedge \mathrm{D}(f) \in \mathfrak{U} \rightarrow \mathrm{W}(f) \in \mathfrak{U})$,
$\mathfrak{U}_0 =$ *kleinstes Universum*,
$\mathfrak{U}_1 =$ *kleinstes Universum* $\mathfrak{X}$ *mit* $\boldsymbol{N} \in \mathfrak{X}$.

Für Universen $\mathfrak{U}$ und Mengen A gilt:

$\mathfrak{M}(\mathfrak{U}) = \{X \in \mathfrak{U} \mid X \textit{ Menge}\}$,
$\mathfrak{A}(\mathfrak{U}) = \{X \in \mathfrak{U} \mid X \textit{ Allmenge}\}$,
$\mathfrak{B}(\mathfrak{U}) = \{X \in \mathfrak{U} \mid X \textit{ Allbereich}\}$,
$\mathfrak{C}(\mathfrak{U}) = \{\mathfrak{x} \in \mathfrak{U} \mid \mathfrak{x} \textit{ Kardinalzahl}\}$,
$\mathbf{\Omega}(\mathfrak{U}) = \{\xi \in \mathfrak{U} \mid \xi \textit{ Ordinalzahl}\}$,
A *Menge von* $\mathfrak{U} \leftrightarrow A \in \mathfrak{M}(\mathfrak{U})$,
A *Klasse von* $\mathfrak{U} \leftrightarrow A \in \mathfrak{P}\mathfrak{U}$,
A *Unmenge von* $\mathfrak{U} \leftrightarrow A \in \mathfrak{P}\mathfrak{U} \setminus \mathfrak{M}(\mathfrak{U})$.

Für Ordinalzahlen α und Universen $\mathfrak{U}$ mit $\alpha \in \mathfrak{U}$ und den Isomorphismus $(A_\xi)_{\xi \in \mathbf{\Omega}(\mathfrak{U})}$ von $(\mathbf{\Omega}(\mathfrak{U}), \leqq)$ auf $(\mathfrak{A}(\mathfrak{U}), \subseteq)$ gilt:

$\mathbf{A}_\alpha = A_\alpha$.

§ 13. Unerreichbare Zahlen

1. Universen und transfinite Zahlen. Zu jedem Universum $\mathfrak{U}$ gibt es eine eindeutig bestimmte Ordinalzahl ε mit $\mathfrak{U} = \mathbf{A}_\varepsilon$, und diese Universenindizes ε sollen jetzt näher untersucht werden. Es wird sich herausstellen, daß die Zahlen ε — abgesehen von $\varepsilon = \boldsymbol{\omega}$ — von unermeßlicher, exorbitanter Größe sind. Die Exorbitanz der Universenindizes liefert von den transfiniten Zahlen her den Grund des nach Satz 4, § 12 bestehenden exorbitanten Umfanges der Universen selbst. Man beachte, daß für jedes Universum $\mathfrak{U} = \mathbf{A}_\varepsilon$ der Index ε Limeszahl ist, da $\mathfrak{U}$ Allbereich ist, daß nach Satz 3b), § 12 genau bei endlichem Urbereich U der Index $\varepsilon = \boldsymbol{\omega}$ auftritt und daß $\mathfrak{U} \supseteq \mathfrak{U}_1$ genau dann gilt, wenn $\varepsilon > \boldsymbol{\omega}$ ist (in Satz 3b), § 12 ist ja $\mathfrak{B}_0 = \mathbf{A}_\omega$).

Satz 1. *Für Universen* $\mathfrak{U}, \mathfrak{B}$ *mit* $\mathfrak{U} \subset \mathfrak{B}$ *und* $\mathfrak{U} = \mathbf{A}_\varepsilon$ *gilt:*

$$\boldsymbol{\Omega}(\mathfrak{U}) = \boldsymbol{O}(\varepsilon), \qquad \varepsilon = \min(\boldsymbol{\Omega}(\mathfrak{B}) \setminus \boldsymbol{\Omega}(\mathfrak{U})).$$

Beweis. Ist T eine Wohlordnung in $\mathfrak{U}$, so daß alle Abschnitte von $(\mathfrak{U}, T)$ Elemente von $\mathfrak{U}$ sind, und ist $\delta = \operatorname{ord}(\mathfrak{U}, T)$, so gilt nach Satz 4d) § 12 $\boldsymbol{\Omega}(\mathfrak{U}) = \boldsymbol{O}(\delta)$ und nach den Sätzen 2a) und 5 aus § 12:

$$(\mathfrak{U}, T) \simeq (\mathfrak{A}(\mathfrak{U}), \leqq) = (\{\mathbf{A}_\xi\}_{\xi<\varepsilon}, \subseteq) \simeq (\boldsymbol{O}(\varepsilon), \leqq),$$

also

$$\delta = \operatorname{ord}(\mathfrak{U}, T) = \operatorname{ord}(\boldsymbol{O}(\varepsilon), \leqq) = \varepsilon$$

und damit $\boldsymbol{\Omega}(\mathfrak{U}) = \boldsymbol{O}(\delta) = \boldsymbol{O}(\varepsilon)$. Wegen $\mathfrak{U} \in \mathfrak{B}$ ist nach Satz 4c), § 12 $\varepsilon = \delta \in \mathfrak{B}$, womit ε die kleinste Ordinalzahl aus $\mathfrak{B}$ ist, welche nicht zu $\mathfrak{U}$ gehört. ∎

Mit Satz 1 und den Ausführungen in § 12, Abschn. 4 sind für jedes Universum $\mathfrak{U} = \mathbf{A}_\varepsilon$

$$(\mathbf{A}_\xi)_{\xi<\varepsilon}, \text{ bei } \varepsilon > \boldsymbol{\omega} \text{ auch } (\aleph_\xi)_{\xi<\varepsilon} \text{ und } (\boldsymbol{\omega}_\xi)_{\xi<\varepsilon}$$

die isomorphen Abbildungen von $\boldsymbol{\Omega}(\mathfrak{U}) = \boldsymbol{O}(\varepsilon)$ auf die Bereiche der Allmengen, der Alephs und der Anfangszahlen aus $\mathfrak{U}$. Ist noch $\mathfrak{B}$ ein Universum mit $\mathfrak{U} \subset \mathfrak{B}$, so ist $\mathbf{A}_\varepsilon$ die kleinste Allmenge aus $\mathfrak{B} \setminus \mathfrak{U}$, und bei $\varepsilon > \boldsymbol{\omega}$ ist $\aleph_\varepsilon$ das kleinste Aleph und $\boldsymbol{\omega}_\varepsilon$ die kleinste Anfangszahl aus $\mathfrak{B} \setminus \mathfrak{U}$ (wegen $\varepsilon \in \mathfrak{B}$ und Satz 4d), § 12).

Satz 2. *Für Ordinalzahlen* ε *gilt*:

a) $\mathbf{A}_\varepsilon$ *Universum* $\leftrightarrow \forall\alpha\,\forall\beta(\beta < \varepsilon \wedge \alpha \in \boldsymbol{O}(\varepsilon)^{\boldsymbol{O}(\beta)}$
$\rightarrow \lim\limits_{\xi<\beta} \alpha_\xi < \varepsilon) \wedge \varepsilon \geqq \boldsymbol{\omega} \wedge |\varepsilon| = \operatorname{card} \mathbf{A}_\varepsilon$,

b) $\mathbf{A}_\varepsilon$ *Universum* $\wedge\ \varepsilon > \boldsymbol{\omega} \rightarrow \varepsilon = \boldsymbol{\omega}_\varepsilon \wedge |\varepsilon| = \aleph_\varepsilon$,

c) $\mathbf{A}_\varepsilon$ *Universum* $\rightarrow \varepsilon$ *Anfangszahl* $\wedge\ |\varepsilon|$ *Limeszahl.*

Beweis. a) ($\rightarrow$) Ist $\mathbf{A}_\varepsilon$ ein Universum und $(\alpha_\xi)_{\xi<\beta}$ eine Ordinalzahlfolge mit stets $\beta, \alpha_\xi < \varepsilon$, so gilt $\beta, \alpha_\xi \in \mathbf{A}_\varepsilon$ nach Satz 1, also $\lim\limits_{\xi<\beta} \alpha_\xi < \varepsilon$ nach Satz 4e), § 12. Es ist $\varepsilon \geqq \boldsymbol{\omega}$. Mit den Sätzen 2a) und 5 aus § 12 ist schließlich

$$\mathbf{A}_\varepsilon \sim \mathfrak{A}(\mathbf{A}_\varepsilon) = \{\mathbf{A}_\xi\}_{\xi<\varepsilon} \sim \boldsymbol{O}(\varepsilon),$$

also $\operatorname{card} \mathbf{A}_\varepsilon = |\varepsilon|$. ($\leftarrow$) Ist umgekehrt $\mathbf{A}_\varepsilon$ eine Allmenge mit $\varepsilon \geqq \boldsymbol{\omega}$ und $|\varepsilon| = \operatorname{card} \mathbf{A}_\varepsilon$, so ist zunächst $\mathbf{A}_\varepsilon \neq \boldsymbol{U}$ und ε Limeszahl; denn wäre $\delta + 1 = \varepsilon$, so wäre

$$|\varepsilon| = |\delta| = \operatorname{card} \boldsymbol{O}(\delta) = \operatorname{card} \{\mathbf{A}_\xi\}_{\xi<\delta} \leqq \operatorname{card} \mathbf{A}_\delta$$
$$< \operatorname{card} \mathbf{A}_{\delta+1} = \operatorname{card} \mathbf{A}_\varepsilon = |\varepsilon|.$$

Es gilt dann auch

$$\mathbf{A}_\varepsilon = \bigcup_{\xi<\varepsilon} \mathbf{A}_\xi,$$

und unter der zusätzlichen Voraussetzung, daß $\lim\limits_{\xi<\beta} \alpha_\xi < \varepsilon$ ist für alle Ordinalzahlfolgen $(\alpha_\xi)_{\xi<\beta}$ mit $\beta, \alpha_\xi < \varepsilon$, ist $\mathbf{A}_\varepsilon$ als Universum nachzuweisen, ist also nach Satz 1c), § 12 noch zu zeigen:

$$\forall X(X \subseteq \mathbf{A}_\varepsilon \wedge X \nsim \mathbf{A}_\varepsilon \rightarrow X \in \mathbf{A}_\varepsilon).$$

Ist $X \subseteq \mathbf{A}_\varepsilon \nsim X$, so ist $\operatorname{card} X < \operatorname{card} \mathbf{A}_\varepsilon = |\varepsilon|$, womit es ein $\beta < \varepsilon$ gibt mit $X \sim \boldsymbol{O}(\beta)$; denn es ist $X \sim Y \subseteq \boldsymbol{O}(\varepsilon)$ für ein Y mit $Y \nsim \boldsymbol{O}(\varepsilon)$, und Y ist einem Segment von $\boldsymbol{O}(\varepsilon)$ isomorph, welches dann nur ein Abschnitt sein kann. Es sei f eine eineindeutige Abbildung von $\boldsymbol{O}(\beta)$ auf X und eine Funktion von X in $\boldsymbol{O}(\varepsilon)$ mit

$$\forall x(x \in X \rightarrow x \in \mathbf{A}_{g(x)})$$

(jedes $x \in X$ ist Element eines $\mathbf{A}_\xi$ mit $\xi < \varepsilon$, wähle etwa $g(x)$ als das kleinste derartige ξ). Dann ist

$$\alpha = g \circ f = (\alpha_\xi)_{\xi<\beta}$$

eine Ordinalzahlfolge mit stets β, $\alpha_\xi < \varepsilon$, also nach Voraussetzung

$$\lambda = \lim_{\xi<\beta} \alpha_\xi < \varepsilon,$$

also $\alpha_\xi \leqq \lambda < \varepsilon$ für alle $\xi < \beta$, also $X \subseteq \mathbf{A}_\lambda$, $X \in \mathbf{A}_{\lambda+1} \subseteq \mathbf{A}_\varepsilon$, $X \in \mathbf{A}_\varepsilon$.

b) Ist $\mathbf{A}_\varepsilon$ ein Universum bei $\varepsilon > \boldsymbol{\omega}$, so ist $\varepsilon = \boldsymbol{\omega}_\varepsilon$ zu zeigen. Nach Satz 5b), § 10 ist $\xi \leqq \boldsymbol{\omega}_\xi$ für jede Ordinalzahl ξ. Nach a) ist $|\varepsilon| = \operatorname{card} \mathbf{A}_\varepsilon$. Es gibt kein $\delta < \varepsilon$ mit $|\delta| = \operatorname{card} \mathbf{A}_\varepsilon$ wegen sonst wieder

$$|\varepsilon| = |\delta| \leqq \operatorname{card} \mathbf{A}_\delta < \operatorname{card} \mathbf{A}_{\delta+1} \leqq \operatorname{card} \mathbf{A}_\varepsilon = |\varepsilon|.$$

Da $\mathbf{A}_\varepsilon$ unendlich ist, ist ε eine Anfangszahl, also $\varepsilon = \boldsymbol{\omega}_\lambda$ für ein λ. λ ist Limeszahl; denn es ist $\boldsymbol{\omega} < \varepsilon = \boldsymbol{\omega}_\lambda$, also $\lambda > 0$, und es ist $\operatorname{card} \mathbf{A}_\varepsilon = |\varepsilon| = \aleph_\lambda$ und $\operatorname{card} \mathbf{A}_\varepsilon$ eine Limeszahl (für jedes $X \prec \mathbf{A}_\varepsilon$ gibt es ein Y mit $X \prec Y \prec \mathbf{A}_\varepsilon$). Für $\varepsilon = \boldsymbol{\omega}_\varepsilon$ genügt es, $\boldsymbol{\omega}_\lambda = \lambda$ zu zeigen. Wäre aber $\boldsymbol{\omega}_\lambda \neq \lambda$, so wäre $\lambda < \boldsymbol{\omega}_\lambda = \varepsilon$ und

$$(\boldsymbol{\omega}_\xi)_{\xi<\lambda} \in \boldsymbol{O}(\varepsilon)^{\boldsymbol{O}(\lambda)},$$

also nach a) $\lim_{\xi<\lambda} \boldsymbol{\omega}_\xi < \varepsilon = \boldsymbol{\omega}_\lambda$ im Widerspruch zu $\lim_{\xi<\lambda} \boldsymbol{\omega}_\xi = \boldsymbol{\omega}_\lambda$ nach Satz 8b), § 10.

c) folgt direkt aus b). ∎

Nach Satz 2 gilt für Universen $\mathfrak{U} = \mathbf{A}_\varepsilon$ u. a.:

$$\forall \alpha \, \forall \beta (\beta < \varepsilon \wedge \alpha \in \boldsymbol{O}(\varepsilon)^{\boldsymbol{O}(\beta)} \rightarrow \lim_{\xi<\beta} \alpha_\xi < \varepsilon),$$

$$\varepsilon, |\varepsilon| \textit{ Limeszahlen}.$$

Über diese Eigenschaften von ε hängen die Universen mit den unerreichbaren Zahlen zusammen.

2. Unerreichbare Zahlen. Es sei an die Konfinalität von Ordinalzahlen erinnert (Definition 13, § 9). ϱ ist mit β

konfinal, wenn — bei Repräsentation der Zahlen ϱ, β durch ihre Abschnitte — ϱ anschaulich denselben Endcharakter hat wie β. Besonders deutlich kommt das für Limeszahlen β zum Ausdruck (Satz 21, § 9): $\varrho \operatorname{cf} \beta$ gilt genau dann, wenn ϱ der Limes einer Fundamentalfolge $(\alpha_\xi)_{\xi<\beta}$ ist. Ist $\varrho \operatorname{cf} \beta$, so ist $\beta \leqq \varrho$; es gilt $\varrho \operatorname{cf} \varrho$.

Definition 1. Eine Ordinalzahl ϱ heißt *regulär*, wenn es kein $\beta < \varrho$ gibt mit $\varrho \operatorname{cf} \beta$; andernfalls heißt ϱ *singulär* oder *irregulär*. ∎

Für jede Ordinalzahl α ist die kleinste Zahl ϱ mit $\alpha \operatorname{cf} \varrho$ regulär, da sonst $\varrho \operatorname{cf} \beta$ für ein $\beta < \varrho$ wäre, also $\alpha \operatorname{cf} \beta$ (Satz 20, § 9) bei $\beta < \varrho$.

Satz 3. *Für Ordinalzahlen* ϱ, σ *gilt*:

a) 0, 1 *regulär*,

σ *isoliert* $\rightarrow \boldsymbol{\omega}_\sigma$ *regulär*,

$\varrho > 1 \wedge \varrho$ *isoliert* $\rightarrow \varrho$ *singulär*,

b) ϱ *regulär* $\rightarrow \varrho \leqq 1 \vee \exists \xi\ \varrho = \boldsymbol{\omega}_\xi$,

c) ϱ *regulär* $\wedge\ \varrho > 1 \leftrightarrow \varrho$ *Limeszahl* $\wedge$

$\forall \alpha\, \forall \beta (\beta < \varrho \wedge \alpha \in \boldsymbol{O}(\varrho)^{\boldsymbol{O}(\beta)} \rightarrow \lim_{\xi<\beta} \alpha_\xi < \varrho)$.

Beweis. a) Trivial ist 0 regulär und auch 1, da nicht 1 cf 0 ist. Nach Satz 10, § 10 gilt

$$\boldsymbol{\omega}_{\alpha+1} \operatorname{cf} \beta \rightarrow \beta = \boldsymbol{\omega}_{\alpha+1};$$

es gilt auch

$$\boldsymbol{\omega} \operatorname{cf} \beta \rightarrow \beta \leqq \boldsymbol{\omega} \wedge \beta \text{ Limeszahl} \rightarrow \beta = \boldsymbol{\omega}.$$

Damit sind alle Anfangszahlen $\boldsymbol{\omega}_\sigma$ mit isoliertem Index σ regulär. Weiter gilt $\varrho \operatorname{cf} 1$ für alle isolierten Zahlen ϱ, womit ϱ im Falle $\varrho > 1$ singulär ist.

b) Ist ϱ regulär und $\varrho > 1$, so ist nach a) $\varrho \geqq \boldsymbol{\omega}$. Für $|\varrho| = \aleph_\xi$ gibt es nach Satz 12, § 10 ein $\beta \leqq \boldsymbol{\omega}_\xi$ mit $\varrho \operatorname{cf} \beta$. Aus $\beta \leqq \boldsymbol{\omega}_\xi \leqq \varrho$ und der Regularität von ϱ folgt $\beta = \boldsymbol{\omega}_\xi = \varrho$.

c) ($\rightarrow$) Sei ϱ regulär und $\varrho > 1$. Nach b) ist ϱ Anfangszahl, also auch Limeszahl. Ist $(\alpha_\xi)_{\xi<\beta}$ eine echt wachsende Folge mit $\beta < \varrho$ und $\alpha_\xi < \varrho$ für alle $\xi < \beta$, so ist $\lim_{\xi<\beta} \alpha_\xi < \varrho$, da andernfalls $\boldsymbol{O}(\varrho)$ mit $\{\alpha_\xi\}_{\xi<\beta}$ konfinal wäre bei

$$\varrho = \mathrm{ord}\,(\boldsymbol{O}(\varrho), \leqq), \qquad \beta = \mathrm{ord}\,(\{\alpha_\xi\}_{\xi<\beta}, \leqq)$$

und damit (nach Definition 13, § 9) ϱ cf β wäre im Widerspruch zur Regularität von ϱ und zu $\beta < \varrho$. Ist $(\alpha_\xi)_{\xi<\beta}$ nur wachsend, so ist aber $(\alpha_\xi + \xi)_{\xi<\beta}$ echt wachsend bei $\alpha_\xi + \xi < \varrho$ (Satz 29e), § 11), also wieder

$$\lim_{\xi<\beta} \alpha_\xi \leqq \lim_{\xi<\beta} (\alpha_\xi + \xi) < \varrho.$$

Ist schließlich $(\alpha_\xi)_{\xi<\beta}$ eine beliebige Folge mit $\beta, \alpha_\xi < \varrho$, so erhält man leicht $\sum_{\xi<\beta} \alpha_\xi < \varrho$ durch transfinite gemischte Induktion über alle $\beta < \varrho$ unter Verwendung (für den Limesschritt der Induktion) der Abgeschlossenheit von $\boldsymbol{O}(\varrho)$ gegenüber Limesbildung wachsender Folgen. Dann ist auch

$$\lim_{\xi<\beta} \alpha_\xi \leqq \sum_{\xi<\beta} \alpha_\xi < \varrho$$

wegen $\alpha_\eta \leqq \sum_{\xi<\beta} \alpha_\xi$ für alle $\eta < \beta$. ($\leftarrow$) Sei umgekehrt ϱ eine Limeszahl und $\boldsymbol{O}(\varrho)$ gegenüber Limesbildung beliebiger Folgen $(\alpha_\xi)_{\xi<\beta}$ mit $\beta, \alpha_\xi < \varrho$ abgeschlossen. Trivial ist $\varrho > 1$. ϱ ist auch regulär; denn ist ϱ cf β, so ist $\beta \leqq \varrho$ und nach Satz 21, § 9 $\varrho = \lim_{\xi<\beta} \alpha_\xi$ für eine Fundamentalfolge $(\alpha_\xi)_{\xi<\beta}$, woraus $\beta = \varrho$ folgt, da andernfalls $\beta, \alpha_\xi < \varrho$ wäre, also nach Voraussetzung $\lim_{\xi<\beta} \alpha_\xi < \varrho$. ∎

Da im Beweis zu Satz 3c) ($\leftarrow$) nur von echt wachsenden Folgen α Gebrauch gemacht wurde, erhält man auch, daß ϱ regulär und $\varrho > 1$ ist genau dann, wenn ϱ Limeszahl ist mit $\lim_{\xi<\beta} \alpha_\xi < \varrho$ für jede echt wachsende Folge $(\alpha_\xi)_{\xi<\beta}$ mit $\beta < \varrho$ und $\alpha_\xi < \varrho$ für alle $\xi < \beta$. Damit ist auch für jede Ordinalzahl ϱ die Abgeschlossenheit von $\boldsymbol{O}(\varrho)$ gegenüber Limesbildung für echt wachsende Folgen gleichwertig mit der Abgeschlossenheit gegenüber Limesbildung für beliebige Folgen (für isoliertes ϱ gelten beide Abgeschlossenheiten trivial).

Die transfiniten regulären Zahlen sind nach Satz 3 die regulären Anfangszahlen $\boldsymbol{\omega}_\sigma$, also diejenigen Anfangszahlen $\boldsymbol{\omega}_\sigma$ mit

$$\forall \alpha \, \forall \beta (\beta < \boldsymbol{\omega}_\sigma \wedge \alpha \in \boldsymbol{O}(\boldsymbol{\omega}_\sigma)^{\boldsymbol{O}(\beta)} \to \lim_{\xi < \beta} \alpha_\xi < \boldsymbol{\omega}_\sigma).$$

Sie lassen sich auch als diejenigen Anfangszahlen $\boldsymbol{\omega}_\sigma$ charakterisieren, für die ein dem Satz 9, § 10 entsprechendes „HAUSDORFF-BERNSTEINsches Lemma" Gültigkeit hat:

Satz 4. *Eine Anfangszahl $\boldsymbol{\omega}_\sigma$ ist regulär genau dann, wenn für beliebige Mengen M gilt:*

$$M \subseteq \boldsymbol{O}(\boldsymbol{\omega}_\sigma) \wedge \text{card}\, M < \aleph_\sigma \leftrightarrow \exists \beta (\beta < \boldsymbol{\omega}_\sigma \wedge M \subseteq \boldsymbol{O}(\beta)).$$

Beweis. $\boldsymbol{\omega}_\sigma$ sei eine vorgegebene Anfangszahl. Ist $M \subseteq \boldsymbol{O}(\beta)$ für ein $\beta < \boldsymbol{\omega}_\sigma$, so ist trivial $M \subseteq \boldsymbol{O}(\boldsymbol{\omega}_\sigma)$ und card $M \leqq |\beta| < \aleph_\sigma$. Ist $\boldsymbol{\omega}_\sigma$ regulär und $M \subseteq \boldsymbol{O}(\boldsymbol{\omega}_\sigma)$, card $M < \aleph_\sigma$, so gibt es ein $\beta < \boldsymbol{\omega}_\sigma$ mit $M \sim \boldsymbol{O}(\beta)$. Ist α eine eineindeutige Abbildung von $\boldsymbol{O}(\beta)$ auf M, so ist β, $\alpha_\xi < \boldsymbol{\omega}_\sigma$ für alle $\xi < \beta$, also nach Satz 3c) $\gamma = \lim_{\xi < \beta} \alpha_\xi < \boldsymbol{\omega}_\sigma$ und damit

$$\gamma + 1 < \boldsymbol{\omega}_\sigma \wedge M \subseteq \boldsymbol{O}(\gamma + 1).$$

Ist umgekehrt $\boldsymbol{\omega}_\sigma$ eine Anfangszahl mit der Eigenschaft

$$M \subseteq \boldsymbol{O}(\boldsymbol{\omega}_\sigma) \wedge \text{card}\, M < \aleph_\sigma \to \exists \beta (\beta < \boldsymbol{\omega}_\sigma \wedge M \subseteq \boldsymbol{O}(\beta))$$

für jede Menge M und $(\alpha_\xi)_{\xi < \beta}$ eine Folge mit $\beta, \alpha_\xi < \boldsymbol{\omega}_\sigma$, so gilt für $M = \{\alpha_\xi\}_{\xi < \beta}$:

$$M \subseteq \boldsymbol{O}(\boldsymbol{\omega}_\sigma) \wedge \text{card}\, M \leqq \text{card}\, \boldsymbol{O}(\beta) = |\beta| < \aleph_\sigma,$$

also nach Voraussetzung $\lim_{\xi < \beta} \alpha_\xi < \boldsymbol{\omega}_\sigma$. Damit ist $\boldsymbol{\omega}_\sigma$ nach Satz 3c) regulär. ∎

Mit Satz 4 besteht analog zu Satz 10, § 10 der

Satz 5. *Für reguläre Anfangszahlen* ω_σ, *Mengen* $M \subseteq O(\omega_\sigma)$ *und Ordinalzahlen* β *gilt:*

$$O(\omega_\sigma) \text{ cf } M \leftrightarrow \text{card } M = \aleph_\sigma \leftrightarrow \text{ord } (M, \leqq) = \omega_\sigma,$$

$$\neg\, O(\omega_\sigma) \text{ cf } M \leftrightarrow \text{card } M < \aleph_\sigma \leftrightarrow \text{ord } (M, \leqq) < \omega_\sigma,$$

$$\omega_\sigma \text{ cf } \beta \leftrightarrow \beta = \omega_\sigma.$$

Beweis. Satz 4 und Definition 1. ∎

Die Abschnitte $O(\omega_\sigma)$ aller Anfangszahlen sind gegenüber den elementaren arithmetischen Operationen abgeschlossen. Für reguläre ω_σ besteht auch Abgeschlossenheit gegenüber allgemeiner Summen- und Produktbildung:

Satz 6. *Für reguläre Anfangszahlen* ω_σ *und Ordinalzahlfolgen* $(\alpha_\xi)_{\xi<\beta}$ *gilt:*

$$\beta < \omega_\sigma \wedge \{\alpha_\xi\}_{\xi<\beta} \subseteq O(\omega_\sigma) \rightarrow \sum_{\xi<\beta} \alpha_\xi, \prod_{\xi<\beta} \alpha_\xi < \omega_\sigma.$$

Beweis. Transfinite gemischte Induktion über $\beta < \omega_\sigma$ unter Verwendung von Satz 3c) für den Limesschritt der Induktion. ∎

Mit Satz 6 erhält man auch sofort, daß eine Ordinalzahl ϱ regulär und $\varrho > 1$ ist genau dann, wenn ϱ Limeszahl und $O(\varrho)$ gegenüber allgemeiner Summen- bzw. Produktbildung abgeschlossen ist (ist das Letztere der Fall, so ist ja $\lim_{\xi<\beta} \alpha_\xi \leqq \sum_{\xi<\beta} \alpha_\xi$ bzw. $\lim_{\xi<\beta} \alpha_\xi \leqq \prod_{\xi<\beta} \alpha_\xi$, falls alle $\alpha_\xi \neq 0$ sind).

Satz 7. *Zu jeder Ordinalzahl* α *gibt es genau eine reguläre Zahl* ϱ *mit* α cf ϱ.

Beweis. Die kleinste Zahl ϱ mit α cf ϱ ist regulär. Ist α cf β und α cf γ bei $\beta < \gamma$, so ist nach folgendem Hilfssatz γ cf λ bei $\lambda \leqq \beta$, womit γ singulär ist. Damit gibt es auch höchstens eine reguläre Zahl ϱ mit α cf ϱ.

Hilfssatz. Für beliebige Ordinalzahlen α, β, γ gibt es eine Ordinalzahl λ mit:

$$\alpha \operatorname{cf} \beta \wedge \alpha \operatorname{cf} \gamma \wedge \beta \leqq \gamma \to \lambda \leqq \beta \wedge \gamma \operatorname{cf} \lambda .$$

Beweis. Es sei $\alpha \operatorname{cf} \beta$, $\alpha \operatorname{cf} \gamma$ und $\beta \leqq \gamma$. Ist α isoliert, so sind auch β und γ isoliert mit $\beta \leqq \gamma$, woraus $\gamma \operatorname{cf} \beta$ im Falle $\beta \neq 0$ folgt (vgl. hinter Satz 20, § 9). Ist aber $\beta = 0$, so ist $\alpha = 0$ und $\gamma = 0$, also wieder $\gamma \operatorname{cf} \beta$. Für isoliertes α kann somit $\lambda = \beta$ gewählt werden. Ist α Limeszahl, so sind auch β und γ Limeszahlen, und nach Satz 21, § 9 gibt es Fundamentalfolgen $(\varphi_\xi)_{\xi<\beta}$ und $(\psi_\xi)_{\xi<\gamma}$ mit

$$\alpha = \lim_{\xi<\beta} \varphi_\xi , \qquad \alpha = \lim_{\xi<\gamma} \psi_\xi .$$

Gesucht ist eine Fundamentalfolge $(\chi_\xi)_{\xi<\lambda}$ mit

$$\lambda \leqq \beta , \qquad \gamma = \lim_{\xi<\lambda} \chi_\xi .$$

Man definiere durch transfinite ordnungstheoretische Induktion die Funktion f von $\boldsymbol{O}(\beta)$ in $\boldsymbol{O}(\gamma)$ mit für jedes $\eta < \beta$:

$$f(\eta) = \begin{cases} \text{kleinstes } \mu < \gamma \text{ mit } \mu \neq 0 \text{ und } \psi_\mu > \varphi_\varkappa \text{ für das} \\ \quad \text{kleinste } \varkappa < \beta \text{ mit } \varphi_\varkappa > \psi_{f(\xi)} \text{ für alle } \xi < \eta, \\ \quad \text{falls es ein solches } \varkappa \text{ gibt} \\ 0, \text{ falls es kein } \varkappa < \beta \text{ gibt mit } \varphi_\varkappa > \psi_{f(\xi)} \text{ für alle} \\ \quad \xi < \eta. \end{cases}$$

Für f und $\xi \leqq \eta < \beta$ gilt sofort:

$$f(\eta) \neq 0 \to f(\xi) \neq 0 \wedge f(\eta + 1) \neq 0 .$$

Es sei $\lambda = \beta$, falls $f(\xi) \neq 0$ für alle $\xi < \beta$ gilt; andernfalls sei λ die kleinste Zahl $\xi < \beta$ mit $f(\xi) = 0$; es sei also insgesamt

$$\lambda = \min \{\xi \leqq \beta \mid \xi < \beta \to f(\xi) = 0\} .$$

Es ist $\lambda \leqq \beta$, λ Limeszahl und f über $\boldsymbol{O}(\lambda)$ echt wachsend. Dann ist $\chi = f \mid \boldsymbol{O}(\lambda)$ eine Fundamentalfolge $(\chi_\xi)_{\xi<\lambda}$, und es ist noch γ als ihr Limes $\delta = \lim\limits_{\xi<\lambda} \chi_\xi$ nachzuweisen. Trivial ist $\delta \leqq \gamma$. Durch transfinite ordnungstheoretische Induktion über ξ zeigt man leicht $\varphi_\xi < \psi_{f(\xi)}$ für alle $\xi < \lambda$. Daraus folgt

$$\lim_{\xi<\lambda} \psi_{\chi(\xi)} = \alpha;$$

denn für $\lambda = \beta$ ist

$$\alpha = \lim_{\xi<\beta} \varphi_\xi \leqq \lim_{\xi<\beta} \psi_{\chi(\xi)} \leqq \alpha,$$

und für $\lambda < \beta$ ist $f(\lambda) = 0$, womit es kein $\varkappa < \beta$ gibt mit $\varphi_\varkappa > \psi_{\chi(\xi)}$ für alle $\xi < \lambda$, also

$$\alpha = \lim_{\xi<\beta} \varphi_\xi \leqq \lim_{\xi<\lambda} \psi_{\chi(\xi)} \leqq \alpha.$$

Damit gilt schließlich $\delta = \gamma$; denn für $\delta < \gamma$ wäre

$$\alpha = \lim_{\xi<\lambda} \psi_{\chi(\xi)} \leqq \psi_\delta < \alpha. \blacksquare$$

(Im obigen Hilfssatz ist nicht immer $\lambda = \beta$ möglich; z. B. ist $\boldsymbol{\omega}^2 + \boldsymbol{\omega}^2$ mit $\boldsymbol{\omega}^2$ und $\boldsymbol{\omega}^2 + \boldsymbol{\omega}$ konfinal, aber nicht $\boldsymbol{\omega}^2 + \boldsymbol{\omega}$ mit $\boldsymbol{\omega}^2$.)

Alle transfiniten regulären Ordinalzahlen (die uns in erster Linie interessieren) sind Anfangszahlen. Anfangszahlen $\boldsymbol{\omega}_\sigma$ mit isoliertem Index σ sind regulär. Dagegen sind etwa $\boldsymbol{\omega}_{\boldsymbol{\omega}}, \boldsymbol{\omega}_{(\boldsymbol{\omega}^{\boldsymbol{\omega}})}, \boldsymbol{\omega}_{\boldsymbol{\omega}_1}$ singulär wegen (vgl. Satz 8a), §10)

$$\boldsymbol{\omega}_{\boldsymbol{\omega}} = \lim_{n<\boldsymbol{\omega}} \boldsymbol{\omega}_n, \qquad \boldsymbol{\omega}_{(\boldsymbol{\omega}^{\boldsymbol{\omega}})} = \lim_{n<\boldsymbol{\omega}} \boldsymbol{\omega}_{(\boldsymbol{\omega}^n)},$$

$$\boldsymbol{\omega}_{\boldsymbol{\omega}_1} = \lim_{n<\boldsymbol{\omega}_1} \boldsymbol{\omega}_\xi.$$

Für jede reguläre Anfangszahl $\boldsymbol{\omega}_\lambda$ mit Limeszahlindex λ gilt

$$\boldsymbol{\omega}_\lambda = \lambda;$$

denn wäre $\lambda < \boldsymbol{\omega}_\lambda$, so wäre $\boldsymbol{\omega}_\lambda$ singulär wegen $\boldsymbol{\omega}_\lambda = \lim_{\xi<\lambda} \boldsymbol{\omega}_\xi$. Umgekehrt reicht die Bedingung $\boldsymbol{\omega}_\lambda = \lambda$ nicht aus für die Regularität von $\boldsymbol{\omega}_\lambda$; denn für die Folge $(\alpha_n)_{n<\boldsymbol{\omega}}$ mit

$$\alpha_0 = \boldsymbol{\omega}, \qquad \alpha_{n+1} = \boldsymbol{\omega}_{\alpha_n}$$

(α erhält man innerhalb $\mathfrak{U}_1$ mittels Definition durch vollständige Induktion) ist bei $\lambda = \lim_{n<\omega} \alpha_n$ sofort

$$\boldsymbol{\omega}_\lambda = \lim_{n<\omega} \boldsymbol{\omega}_{\alpha_n} = \lim_{n<\omega} \alpha_{n+1} = \lambda,$$

womit $\boldsymbol{\omega}_\lambda = \lambda$ gilt und $\boldsymbol{\omega}_\lambda$ singulär ist. Alle diese Beispiele führen zu der Einsicht, daß reguläre Anfangszahlen $\boldsymbol{\omega}_\lambda$ mit Limeszahlindex extrem große Zahlen sein müssen. Es sind das die regulären $\boldsymbol{\omega}_\lambda$, für welche $|\boldsymbol{\omega}_\lambda| = \aleph_\lambda$ Limeszahl ist bei $\lambda > 0$. Nach Satz 2 (vgl. die Bemerkung hinter Satz 2) und Satz 3c) ist für jedes Universum $\mathfrak{U} = \mathbf{A}_\varepsilon$ der Index ε eine reguläre Anfangszahl ε mit Limeszahl $|\varepsilon|$, womit $\varepsilon = \boldsymbol{\omega}_\varepsilon$ im Falle $\varepsilon > \boldsymbol{\omega}$ eine extrem große Ordinalzahl und entsprechend $|\varepsilon| = \aleph_\varepsilon = \text{card}\,\mathfrak{U}$ eine extrem große Kardinalzahl ist. Jede Unmenge A von $\mathfrak{U}$ ist mit $\mathfrak{U}$ gleichmächtig, womit auch (bei $\varepsilon > \boldsymbol{\omega}$) card $A = \aleph_\varepsilon$ gilt; die Unmengen von $\mathfrak{U}$ sind nicht nur Unmengen im Sinne von Nichtmengen von $\mathfrak{U}$, sondern auch Unmengen im Sinne extrem großen Umfanges.

Die regulären Anfangszahlen $\boldsymbol{\omega}_\lambda$ mit $\lambda = 0$ oder Limeszahl λ sind diejenigen Anfangszahlen, welche unerreichbar in bezug auf ordinale Limesbildung sind (im Sinne der Abgeschlossenheit von $\boldsymbol{O}(\boldsymbol{\omega}_\lambda)$ gegenüber Limesbildung nach Satz 3c)) und deren Kardinalzahlen unerreichbar in bezug auf kardinale Nachfolgerbildung sind.

Definition 2. Die regulären Anfangszahlen $\boldsymbol{\omega}_\lambda$ mit $\lambda = 0$ oder Limeszahl λ heißen *unerreichbare* (*Ordinal-*) *Zahlen*. Die regulären Anfangszahlen $\boldsymbol{\omega}_\lambda$ mit Limeszahlindex λ heißen *exorbitante* (*Ordinal-*)*Zahlen*. ∎

Man überträgt die ordinalen Begriffsbildungen unmittelbar auf transfinite Kardinalzahlen:

Definition 3. Ein Aleph $\mathfrak{r}$ heißt *regulär*, wenn bei $\mathfrak{r} = \aleph_\sigma$ die Anfangszahl $\boldsymbol{\omega}_\sigma$ regulär ist; andernfalls heißt $\mathfrak{r}$ *singulär* oder *irregulär*. Die *unerreichbaren* bzw. *exorbitanten* (*Kardinal-*)*Zahlen* sind diejenigen Alephs $\aleph_\lambda$, für welche $\boldsymbol{\omega}_\lambda$ unerreichbar bzw. exorbitant ist. ∎

Man hat also sofort für Ordinalzahlen σ, λ:

$$\aleph_\sigma \text{ regulär (singulär)} \leftrightarrow \omega_\sigma \text{ regulär (singulär)},$$
$$\aleph_\lambda \text{ unerreichbar} \leftrightarrow \omega_\lambda \text{ unerreichbar},$$
$$\aleph_\lambda \text{ exorbitant} \leftrightarrow \omega_\lambda \text{ exorbitant}.$$

Unerreichbare Ordinal- und Kardinalzahlen heißen nach ZERMELO auch *Grenzzahlen*. Sie bilden im Bereich aller Ordinal- bzw. Kardinalzahlen Grenzstellen, an denen jeweils ein durch einen enormen Größensprung bewirkter Qualitätssprung zwischen vorhergehenden und folgenden Zahlen stattfindet, vergleichbar dem Qualitätssprung vom Endlichen zum Unendlichen an der Stelle ω_0 bzw. $\aleph_0$.

Ein geläufiges Regularitätskriterium für Kardinalzahlen liefert der

Satz 8. *Eine Kardinalzahl* $\mathfrak{r}$ *ist regulär genau dann, wenn* $\mathfrak{r}$ *transfinit ist und* $\sum_{i\in I} \mathfrak{a}_i < \mathfrak{r}$ *gilt für jede Kardinalzahlfamilie* $(\mathfrak{a}_i)_{i\in I}$ *mit* card $I < \mathfrak{r}$ *und* $\mathfrak{a}_i < \mathfrak{r}$ *für alle* $i \in I$.

Beweis. ($\rightarrow$) Sei $\mathfrak{r} = \aleph_\sigma$ regulär und $(\mathfrak{a}_i)_{i\in I}$ eine angegebene Kardinalzahlfamilie. Trivial ist $\mathfrak{r}$ transfinit und ω_σ regulär. Wegen card $I < \aleph_\sigma$ gibt es ein $\beta < \omega_\sigma$ mit $O(\beta) \sim I$. Sei f eine eineindeutige Abbildung von $O(\beta)$ auf I und $(\alpha_\xi)_{\xi<\beta}$ eine Ordinalzahlfamilie mit $|\alpha_\xi| = \mathfrak{a}_{f(\xi)}$ für alle $\xi < \beta$, etwa $\alpha_\xi = \min \mathfrak{Z}(\mathfrak{a}_{f(\xi)})$. Wegen $\mathfrak{a}_i < \aleph_\sigma$ ist stets $\alpha_\xi < \omega_\sigma$. Damit gilt nach Satz 6 $\sum_{\xi<\beta} \alpha_\xi < \omega_\sigma$, also auch

$$\sum_{i\in I} \mathfrak{a}_i = \sum_{\xi<\beta} \mathfrak{a}_{f(\xi)} = \sum_{\xi<\beta} |\alpha_\xi| = |\sum_{\xi<\beta} \alpha_\xi| < \aleph_\sigma.$$

($\leftarrow$) Sei umgekehrt $\mathfrak{r} = \aleph_\sigma$ eine transfinite Kardinalzahl mit der angegebenen Abgeschlossenheit von $C(\mathfrak{r})$ gegenüber allgemeiner Summenbildung. Zu zeigen ist die Regularität von ω_σ. Ist aber $(\alpha_\xi)_{\xi<\beta}$ eine Ordinalzahlfolge mit $\beta, \alpha_\xi < \omega_\sigma$, so ist nach Voraussetzung

$$|\lim_{\xi<\beta} \alpha_\xi| \leqq |\sum_{\xi<\beta} \alpha_\xi| = \sum_{\xi<\beta} |\alpha_\xi| < \aleph_\sigma,$$

also $\lim_{\xi<\beta} \alpha_\xi < \omega_\sigma$, womit ω_σ nach Satz 3c) regulär ist. ∎

Man beachte bei der Fomulierung von Satz 8, daß für Kardinalzahlfamilien $(\mathfrak{a}_i)_{i\in I}$ und Alephs $\mathfrak{x}$ mit card I, $\mathfrak{a}_i < \mathfrak{x}$ stets gilt:

$$\sum_{i\in I} \mathfrak{a}_i \leqq \mathfrak{x} \cdot \operatorname{card} I \leqq \mathfrak{x}.$$

In Satz 8 könnte man für $\sum_{i\in I} \mathfrak{a}_i$ auch $\sup_{i\in I} \mathfrak{a}_i$ nehmen (Abgeschlossenheit von $\boldsymbol{O}(\mathfrak{x})$ gegenüber Supremumbildung anstatt allgemeiner Summenbildung); denn es ist

$$\sup_{i\in I} \mathfrak{a}_i \leqq \sum_{i\in I} \mathfrak{a}_i \leqq \left(\sup_{i\in I} \mathfrak{a}_i\right) \cdot \operatorname{card} I.$$

Es besteht kein entsprechendes Kriterium im Zusammenhang mit allgemeiner Produktbildung; denn z. B. ist $\aleph_1$ regulär, aber

$$\prod_{i\in \boldsymbol{N}} \aleph_0 = \aleph_0^{\aleph_0} = 2^{\aleph_0} \geqq \aleph_1.$$

Die Exorbitanz transfiniter Zahlen läßt sich auch folgendermaßen beschreiben:

Satz 9. *Die exorbitanten Ordinalzahlen sind*

a) *diejenigen ordinalen Limeszahlen* λ *mit* $\lim_{\xi<\beta} \boldsymbol{\omega}_{\alpha_\xi} < \lambda$ *für beliebige Ordinalzahlfolgen* $(\alpha_\xi)_{\xi<\beta}$ *mit* β, $\alpha_\xi < \lambda$ *für alle* $\xi < \beta$;

b) *diejenigen regulären Anfangszahlen* $\boldsymbol{\omega}_\lambda$ *mit* $\boldsymbol{\omega}_\lambda = \lambda$.

Die exorbitanten Kardinalzahlen sind

c) *diejenigen Alephs* $\aleph_\lambda$ *mit* $\lim_{\xi<\beta} \aleph_{\alpha_\xi} < \aleph_\lambda$ *für beliebige Ordinalzahlfolgen* $(\alpha_\xi)_{\xi<\beta}$ *mit* $|\beta|$, $|\alpha_\xi| < \aleph_\lambda$ *für alle* $\xi < \beta$;

d) *diejenigen regulären Alephs* $\aleph_\lambda$ *mit* $\aleph_\lambda = |\lambda|$;

e) *diejenigen Alephs* $\aleph_\lambda$ *mit exorbitantem Index* λ.

Beweis. Ist $\boldsymbol{\omega}_\lambda$ exorbitant, so ist $\boldsymbol{\omega}_\lambda$ regulär und λ Limeszahl. Es gilt $\boldsymbol{\omega}_\lambda = \lambda$ (vgl. hinter Satz 7), und für jede Ordinalzahlfolge $(\alpha_\xi)_{\xi<\beta}$ mit β, $\alpha_\xi < \lambda$ ist auch $\boldsymbol{\omega}_{\alpha_\xi}$

$< \omega_\lambda = \lambda$, also nach Satz 3c) $\lim_{\xi<\beta} \omega_{\alpha_\xi} < \lambda$. Damit hat ω_λ die Eigenschaften aus a), b). Ist umgekehrt nach a) λ eine Limeszahl mit $\lim_{\xi<\beta} \omega_{\alpha_\xi} < \lambda$ für die angegebenen Folgen $(\alpha_\xi)_{\xi<\beta}$, so auch stets $\lim_{\xi<\beta} \alpha_\xi < \lambda$ wegen $\alpha_\xi \leqq \omega_{\alpha_\xi}$, womit λ nach Satz 3c) regulär ist, etwa $\lambda = \omega_\sigma$. ω_σ ist schließlich exorbitant, d. h. σ eine Limeszahl; denn es ist $\omega_\sigma = \sigma$, da andernfalls $\sigma < \lambda$ wäre, also nach der Limesvoraussetzung $\omega_\sigma < \lambda = \omega_\sigma$ sein müßte. Ist nach b) ω_λ eine reguläre Anfangszahl mit $\omega_\lambda = \lambda$, so ist trivial λ eine Limeszahl, also ω_λ exorbitant.

Ist $\aleph_\lambda$ exorbitant, so ist ω_λ exorbitant, also nach b) ω_λ regulär mit $\omega_\lambda = \lambda$, also $\aleph_\lambda$ regulär mit $\aleph_\lambda = |\omega_\lambda| = |\lambda|$ und exorbitantem Index $\lambda = \omega_\lambda$. Ist weiter $(\alpha_\xi)_{\xi<\beta}$ eine Ordinalzahlfolge mit $|\beta|, |\alpha_\xi| < \aleph_\lambda$, so gilt nach a) $\lim_{\xi<\beta} \omega_{\alpha_\xi} < \omega_\lambda$, also auch

$$\lim_{\xi<\beta} \aleph_{\alpha_\xi} = \lim_{\xi<\beta} |\omega_{\alpha_\xi}| \leqq |\lim_{\xi<\beta} \omega_{\alpha_\xi}| < \aleph_\lambda .$$

Damit hat $\aleph_\lambda$ die Eigenschaften aus c), d), e). Gilt umgekehrt nach c) $\lim_{\xi<\beta} \aleph_{\alpha_\xi} < \aleph_\lambda$ für ein Aleph $\aleph_\lambda$ und die angegebenen Folgen $(\alpha_\xi)_{\xi<\beta}$, so gilt für solche Folgen $(\alpha_\xi)_{\xi<\beta}$ bei $\beta \neq 0$ und $\aleph_\mu = \lim_{\xi<\beta} \aleph_{\alpha_\xi}$ auch

$$|\lim_{\xi<\beta} \omega_{\alpha_\xi}| \leqq |\omega_\mu| = \aleph_\mu < \aleph_\lambda ,$$

also $\lim_{\xi<\beta} \omega_{\alpha_\xi} < \omega_\lambda$, womit ω_λ nach a) exorbitant ist, also auch $\aleph_\lambda$. Ist $\aleph_\lambda$ nach d) regulär mit $\aleph_\lambda = |\lambda|$, so ist ω_λ regulär mit $\omega_\lambda = \lambda$, da im Falle $\lambda < \omega_\lambda$ doch $|\lambda| < \aleph_\lambda$ wäre. Nach b) ist dann ω_λ exorbitant, also auch $\aleph_\lambda$. Besitzt $\aleph_\lambda$ nach e) einen exorbitanten Index λ, so ist nach b) $\lambda = \omega_\mu$ für ein μ mit $\omega_\mu = \mu$, also $\lambda = \omega_\lambda$, und mit λ ist ω_λ exorbitant, also auch $\aleph_\lambda$. ∎

In einem abschließenden Satz stellen wir den Zusammenhang zwischen Universen und exorbitanten Zahlen heraus:

Satz 10. *Für Ordinalzahlen* ε *gilt*:

a) $\mathbf{A}_\varepsilon$ *Universum* $\to$

$$\varepsilon,\ |\varepsilon| \textit{ unerreichbar} \wedge |\varepsilon| = \operatorname{card} \mathbf{A}_\varepsilon > \operatorname{card} \boldsymbol{U},$$

$$\mathbf{A}_\omega \textit{ Universum} \leftrightarrow \boldsymbol{U} \textit{ endlich} \leftrightarrow \operatorname{card} \mathbf{A}_\omega = \aleph_0,$$

b) $\mathbf{A}_\varepsilon$ *Universum* $\wedge\ \varepsilon > \boldsymbol{\omega} \to$

$$\varepsilon,\ \aleph_\varepsilon \textit{ exorbitant} \wedge \operatorname{card} \mathbf{A}_\varepsilon = \aleph_\varepsilon.$$

Unter Voraussetzung der Alephhypothese gilt für Ordinalzahlen ε:

c) ε *exorbitant* $\wedge\ |\varepsilon| > \operatorname{card} \boldsymbol{U} \to$

$$\mathbf{A}_\varepsilon \textit{ Universum} \wedge \varepsilon > \boldsymbol{\omega},$$

d) $\mathbf{A}_\varepsilon$ *Universum* $\wedge\ \varepsilon > \boldsymbol{\omega} \leftrightarrow$

$$\varepsilon \textit{ exorbitant} \wedge |\varepsilon| > \operatorname{card} \boldsymbol{U},$$

$$\mathbf{A}_\varepsilon \textit{ Universum} \wedge \varepsilon > \boldsymbol{\omega} \leftrightarrow$$

$$\operatorname{card} \mathbf{A}_\varepsilon \textit{ exorbitant} \wedge \operatorname{card} \mathbf{A}_\varepsilon > \operatorname{card} \boldsymbol{U}.$$

Beweis. a) und b) folgen aus Satz 3b), § 12 und den Sätzen 2, 3c).

Für c) zunächst zwei Hilfssätze.

Hilfssatz 1. Unter Voraussetzung der Alephhypothese gilt für unendliche Allmengen $\mathbf{A}_\alpha$ *und Ordinalzahlen* ξ *bei* $\operatorname{card} \mathbf{A}_\alpha = \aleph_\beta$:

$$\operatorname{card} \mathbf{A}_{\alpha+\xi} = \aleph_{\beta+\xi}.$$

Beweis. Transfinite gemischte Induktion über ξ. Trivial gilt die Behauptung für $\xi = 0$. Gilt sie für ξ, so mit Alephhypothese auch für $\xi + 1$ wegen

$$\operatorname{card} \mathbf{A}_{\alpha+\xi+1} = \operatorname{card} (\mathbf{A}_{\alpha+\xi} \cup \mathfrak{P}\mathbf{A}_{\alpha+\xi}) = \operatorname{card} \mathfrak{P}\mathbf{A}_{\alpha+\xi} = \aleph_{\beta+\xi+1}.$$

Ist λ Limeszahl und gilt die Behauptung für alle $\xi < \lambda$, so auch für λ wegen

$$\mathbf{A}_{\alpha+\lambda} = \bigcup_{\eta<\alpha+\lambda} \mathbf{A}_\eta = \bigcup_{\alpha\leq\eta<\alpha+\lambda} \mathbf{A}_\eta = \bigcup_{\xi<\lambda} \mathbf{A}_{\alpha+\xi}$$

($\alpha \leqq \eta < \alpha + \lambda$ gilt nach dem Subtraktionssatz genau dann, wenn $\eta = \alpha + \xi$ ist für ein $\xi < \lambda$),

$$\lim_{\xi<\lambda} \aleph_{\beta+\xi} = \lim_{\xi<\lambda} \text{card}\, \mathbf{A}_{\alpha+\xi} \leqq \text{card}\, \mathbf{A}_{\alpha+\lambda}$$
$$\leqq \sum_{\xi<\lambda} \text{card}\, \mathbf{A}_{\alpha+\xi} = \sum_{\xi<\lambda} \aleph_{\beta+\xi}$$

und nach Satz 18a), § 10

$$\sum_{\xi<\lambda} \aleph_{\beta+\xi} = \lim_{\xi<\lambda} \aleph_{\beta+\xi} = \aleph_{\beta+\lambda}.$$

Damit ist Hilfssatz 1 bewiesen. Aus ihm folgt der

Hilfssatz 2. Unter Voraussetzung der Alephhypothese gilt für exorbitante Ordinalzahlen ε mit $|\varepsilon| >$ card U:

$$\text{card}\, \mathbf{A}_\varepsilon = \aleph_\varepsilon.$$

Beweis. Für exorbitantes ε ist $\varepsilon = \boldsymbol{\omega}_\varepsilon > \boldsymbol{\omega}$, $|\varepsilon| = \aleph_\varepsilon$ und gilt für jede Ordinalzahl ξ nach Satz 29, § 11 (vgl. die an jenen Satz anschließenden Bemerkungen)

$$\xi < \varepsilon \rightarrow \xi + \varepsilon = \varepsilon.$$

Ist U endlich, so ist card $\mathbf{A}_{\boldsymbol{\omega}} = \aleph_0$ und $\boldsymbol{\omega} < \varepsilon$, also nach Hilfssatz 1:

$$\text{card}\, \mathbf{A}_\varepsilon = \text{card}\, \mathbf{A}_{\boldsymbol{\omega}+\varepsilon} = \aleph_\varepsilon.$$

Ist U unendlich und card U = card $\mathbf{A}_0 = \aleph_\beta$, so ist $\beta < \varepsilon$ wegen

$$\aleph_\varepsilon = |\varepsilon| > \text{card}\, U = \aleph_\beta,$$

also nach Hilfssatz 1:

$$\text{card}\, \mathbf{A}_\varepsilon = \aleph_{\beta+\varepsilon} = \aleph_\varepsilon.$$

Damit ist Hilfssatz 2 bewiesen, und wir zeigen nun c).

Ist ε eine exorbitante Ordinalzahl und $|\varepsilon| >$ card U, so ist trivial $\varepsilon > \boldsymbol{\omega}$, und es verbleibt noch der Nachweis, daß $\mathbf{A}_\varepsilon$ ein Universum ist, daß also gilt:

$$\forall X(X \subseteq \mathbf{A}_\varepsilon \wedge X \nsim \mathbf{A}_\varepsilon \rightarrow X \in \mathbf{A}_\varepsilon).$$

Es genügt hierfür zu zeigen:

$$\forall X(X \subseteq \mathbf{A}_\varepsilon \wedge X \mathrel{\sqsubset\!\sqsupset} \mathbf{A}_\varepsilon \rightarrow X \sim \mathbf{A}_\varepsilon);$$

denn ist dann $X \subseteq \mathbf{A}_\varepsilon$ und $X \nsim \mathbf{A}_\varepsilon$, so muß $X \in \mathbf{A}_\varepsilon$ sein, da andernfalls $X \sqsubset \mathbf{A}_\varepsilon$ und $X \mathrel{\sqcap\!\!\!\!+} \mathbf{A}_\varepsilon$ wäre, also $X \mathrel{\sqsubset\!\sqsupset} \mathbf{A}_\varepsilon$ und damit $X \sim \mathbf{A}_\varepsilon$ im Widerspruch zur Voraussetzung $X \nsim \mathbf{A}_\varepsilon$. Sei nun $X \subseteq \mathbf{A}_\varepsilon$ und $X \mathrel{\sqsubset\!\sqsupset} \mathbf{A}_\varepsilon$; behauptet wird $X \sim \mathbf{A}_\varepsilon$. Es gibt kein $\xi < \varepsilon$ mit $X \subseteq \mathbf{A}_\xi$, da sonst $X \sqsubset \mathbf{A}_\xi \mathrel{\ulcorner\!\!-} \mathbf{A}_\varepsilon$ wäre. Für jedes $\xi < \varepsilon$ existiert also ein ξ_0 mit $\xi \leqq \xi_0 < \varepsilon$ und ein $x \in X \cap \mathbf{A}_{\xi_0}$ mit $x \notin \bigcup_{\eta<\xi} \mathbf{A}_\eta$. Auf Grund der Regularität von ε ist $\boldsymbol{O}(\varepsilon)$ gegenüber Limesbildung abgeschlossen. Mittels transfiniter ordnungstheoretischer Rekursion läßt sich also die Funktion f von $\boldsymbol{O}(\varepsilon)$ in $\boldsymbol{O}(\varepsilon)$ definieren mit für jedes $\xi < \varepsilon$:

$$f(\xi) = \begin{cases} \text{kleinstes } \xi_0 < \varepsilon \text{ mit } g(\xi) = \lim\limits_{\zeta<\xi} f(\zeta) + 1 \leqq \xi_0, \\ \text{für welches es ein } x \in X \cap \mathbf{A}_{\xi_0} \text{ gibt mit } x \notin \bigcup\limits_{\eta<g(\xi)} \mathbf{A}_\eta. \end{cases}$$

Für $\xi_1 < \xi_2 < \varepsilon$ gilt sofort

$$f(\xi_1) \leqq \lim_{\xi<\xi_2} f(\xi) < g(\xi_2) \leqq f(\xi_2).$$

Für jedes $\xi < \varepsilon$ ist

$$M_\xi = \{x \mid x \in X \cap \mathbf{A}_{f(\xi)} \wedge x \notin \bigcup_{\eta<g(\xi)} \mathbf{A}_\eta\} \neq \emptyset,$$

und über das Auswahlaxiom gibt es eine Funktion F über $\boldsymbol{O}(\varepsilon)$ mit $F(\xi) \in M_\xi$ für jedes $\xi < \varepsilon$. Ist dann $\xi_1 < \xi_2 < \varepsilon$, so ist $f(\xi_1) < g(\xi_2)$, also $F(\xi_1) \in \mathbf{A}_{f(\xi_1)}$ und $F(\xi_2) \notin \mathbf{A}_{f(\xi_1)}$, also $F(\xi_1) \neq F(\xi_2)$, womit F eineindeutig ist. Hilfssatz 2 ergibt dann

$$\aleph_\varepsilon = |\varepsilon| = \text{card } \mathrm{D}(F) = \text{card } \mathrm{W}(F) \leqq \text{card } X \leqq \text{card } \mathbf{A}_\varepsilon = \aleph_\varepsilon,$$

also $X \sim \mathbf{A}_\varepsilon$.

d) Die erste Behauptung von d) und die Richtung $(\rightarrow)$ der zweiten Behauptung folgen unmittelbar aus a), b), c).

Ist schließlich card $\mathbf{A}_\varepsilon$ exorbitant und card $\mathbf{A}_\varepsilon >$ card $\boldsymbol{U}$, so ist bei card $\mathbf{A}_\varepsilon = \aleph_\delta$ nach Satz 9e) δ exorbitant und $|\delta| = |\boldsymbol{\omega}_\delta| = \aleph_\delta >$ card $\boldsymbol{U}$, womit nach c) $\mathbf{A}_\delta$ ein Universum mit $\delta > \boldsymbol{\omega}$ ist und nach a)

$$\text{card } \mathbf{A}_\delta = |\delta| = \aleph_\delta = \text{card } \mathbf{A}_\varepsilon$$

gilt, also $\delta = \varepsilon$. Damit ist $\mathbf{A}_\varepsilon$ ein Universum mit $\varepsilon > \boldsymbol{\omega}$. ∎

Im Falle eines endlichen bzw. unendlichen Urbereiches $\boldsymbol{U}$ kann man natürlich die in Satz 10 im Zusammenhang mit card $\boldsymbol{U}$ bzw. $\boldsymbol{\omega}$ auftretenden Ungleichungen weglassen.

3. Zusammenfassung der Begriffe. Für Ordinalzahlen α und Kardinalzahlen $\mathfrak{a}$ gilt:

α *regulär* $\leftrightarrow \neg \exists \beta(\beta < \alpha \wedge \alpha \text{ cf } \beta)$,

α *singulär (irregulär)* $\leftrightarrow \neg\, \alpha$ *regulär*,

α *unerreichbare (Ordinal-)Zahl* $\leftrightarrow \exists\, \lambda(\alpha = \boldsymbol{\omega}_\lambda \wedge \alpha$ *regulär* $.\wedge.\ \lambda = 0 \vee \lambda$ *Limeszahl*),

α *exorbitante (Ordinal-)Zahl* $\leftrightarrow \exists \lambda(\alpha = \boldsymbol{\omega}_\lambda \wedge \alpha$ *regulär* $\wedge\, \lambda$ *Limeszahl*),

$\mathfrak{a}$ *regulär* $\leftrightarrow \exists \sigma(\mathfrak{a} = \aleph_\sigma \wedge \boldsymbol{\omega}_\sigma$ *regulär*),

$\mathfrak{a}$ *singulär (irregulär)* $\leftrightarrow \exists \sigma(\mathfrak{a} = \aleph_\sigma \wedge \boldsymbol{\omega}_\sigma$ *singulär*),

$\mathfrak{a}$ *unerreichbare (Kardinal-)Zahl* $\leftrightarrow \exists \lambda(\mathfrak{a} = \aleph_\lambda \wedge \boldsymbol{\omega}_\lambda$ *unerreichbar*),

$\mathfrak{a}$ *exorbitante (Kardinal-)Zahl* $\leftrightarrow \exists \lambda(\mathfrak{a} = \aleph_\lambda \wedge \boldsymbol{\omega}_\lambda$ *exorbitant*).

4. Schlußbemerkungen. Nach Bd. II, § 11, Abschn. 4 und mit der in Band III entwickelten Theorie der Wohlordnungen, Kardinal- und Ordinalzahlen einschließlich der Erweiterung des elementaren Axiomensystems der Mengenlehre durch das Universenaxiom haben wir in den drei Bänden I, II, III unseres Buches „Einführung in die Allgemeine

Mengenlehre" ein axiomatisches System der Mengenlehre errichtet, in welchem die gesamte heutige Mathematik nach dem Muster unseres Buches bequem und leicht verständlich dargestellt werden kann. Alle für dieses Programm der mengentheoretischen Darstellung der Gesamtmathematik erforderlichen Untersuchungen aus der Allgemeinen Mengenlehre haben wir vollständig und theoretisch abgerundet durchgeführt. Nicht unmittelbar dieses Programm berührende Untersuchungen aus der Allgemeinen Mengenlehre — eine weiterführende Mengenalgebra und Ordnungstheorie und ein detaillierteres Studium der transfiniten Zahlen — wurden nicht aufgenommen. Man kann sich im Bedarfsfalle derartige Untersuchungen, mit unserem Buch als Grundlage, aus der Spezialliteratur selbst aneignen.

Beim Vergleich des von uns gewählten Axiomensystems der Mengenlehre mit anderen Systemen fällt die Stufenbeziehung $\sqsubset$ auf, die man sonst nicht vorfindet. Systeme ohne Urelemente kommen mit der Elementbeziehung $\in$ allein aus. Systeme mit Urelementen und einer einzigen Variablensorte (Variable für Objekte) brauchen (bei Wahrung der üblichen Stufenvorstellung über den Objektebereich) neben $\in$ noch einen weiteren Grundbegriff (wie $\emptyset$, Urelement, Menge, $\sqsubset$) mit entsprechend zugehörigen Axiomen, der nicht durch $\in$ allein definiert werden kann und der die Unterscheidung zwischen Urelementen und leerer Menge ermöglicht. Aus Gründen besonderer Anschaulichkeit (vgl. Bd. I, § 1, Abschn. 4) haben wir uns für die Zulassung von Urelementen entschieden. Hinzu kommt, daß man bei Grundlagenuntersuchungen — im Sinne der Mathematischen Logik — zur Allgemeinen Mengenlehre etwa den Bereich D aller Objekte (Dinge der Mengenlehre) mit Elementbeziehung $\in$ und Stufenbeziehung $\sqsubset$ als Modell (D, ε, η) des Axiomensystems der Mengenlehre unter den Objekten der Metatheorie (der Theorie über die Theorie der Mengen) zur Verfügung haben möchte, wobei die Metatheorie eine möglichst eingeschränkte Mengenlehre sei, etwa die

Theorie der elementaren Objekte auf der Grundlage des elementaren Axiomensystems der Mengenlehre aus Band I. Das läßt sich inhaltlich befriedigend nur erreichen, wenn man eine Metatheorie mit Urelementen hat und somit D als Teilmenge des metatheoretischen Urbereiches auffassen kann. In solchem Sinne ist die Zulassung von Urelementen für eine inhaltlich einwandfreie mengentheoretische Darstellung metamathematischer Untersuchungen erforderlich. Damit ist die Aufnahme von Urelementen in unser System der Mengenlehre hinreichend begründet. Die Verwendung nur einer einzigen Variablensorte erlaubt weiterhin eine einfachere Ausdrucksbestimmung (vgl. Bd. I, § 2, Abschn. 11), als dies bei mehreren Variablensorten der Fall wäre. Somit müssen wir insgesamt neben $\in$ einen zweiten Grundbegriff mit zugehörigen Axiomen aufnehmen. Wir haben uns für $\sqsubset$ entschieden, weil die Stufung in Anlehnung an die RUSSELLsche Typentheorie eine fundamentale Eigenschaft der über dem Urbereich errichteten Hierarchie aller Mengen ist. Die Stufenbeziehung läßt uns nämlich (auf der Grundlage der Axiome I, Bd. I, § 4, Abschn. 2) von vornherein — vor Einführung von Ordinalzahlen — über die Wohlordnung des Bereiches der Stufen und des Bereiches der Allmengen verfügen, was eine anschaulich besonders naheliegende axiomatische Theorie der Mengen ermöglicht. So kann man u. a. gleich zu Beginn auf Existenzaxiome spezieller Mengen (wie sie in anderen Systemen üblich sind) verzichten und kommt allein mit dem Schema der Komprehensionsaxiome aus.

Die a) RUSSELLsche Typentheorie erzeugt die Stufenunterscheidung der Objekte durch Einführung unendlich vieler Variablensorten (für jede Stufe eine Variablensorte), so daß a) technisch unnötig kompliziert ist und dementsprechend auch international in der Literatur kaum Verwendung findet, wenn es um eine praktisch akzeptable mengentheoretische Begründung der Gesamtmathematik geht. Es werden für den letztgenannten Zweck vorwiegend Axiomensysteme herangezogen, die an den Systemen b) ZERMELO-FRAENKEL-SKOLEM und c) J. v. NEUMANN-BERNAYS-GÖDEL-QUINE orientiert sind (vgl. Bd. I, § 4, Abschn. 1) und meistens keine Urelemente besitzen. Unser Axiomensystem verschmilzt a), b), c), indem es von a) die Urelemente übernimmt — gleich unter Zulassung beliebiger Urelementebereiche an Stelle der unendlichen Urbereiche in a) — und die Idee der Stufung — zweckmäßig erweitert zu einer transfiniten inhomogenen Stufung, während es bei a) nur Stufen natürlichzahliger Indizes gibt und jeweils nur Objekte einer festen Stufe zu Mengen zusammengefaßt werden dürfen —, indem es wie b) und c) keinen mehrsortigen Variablengebrauch aufweist, indem es zu b) analoge Komprehensionsaxiome besitzt und indem es schließlich innerhalb jedes Universums, welches die Menge der natürlichen Zahlen als Element enthält, den Klassenkalkül c) umfaßt.

Für den Nachweis der Nichtdefinierbarkeit der Stufenbeziehung durch die Elementbeziehung (innerhalb des Systems „Allgemeine Mengenlehre, Akademie-Verlag, Berlin 1968, 1969", doch auch in unserem hier behandelten System durchführbar) sei abschließend auf folgende Arbeiten aus der Grundlagenforschung — im Sinne der Mathematischen Logik — zur Allgemeinen Mengenlehre verwiesen:

KÜHNRICH, M., Ein Beweis der wesentlichen Nichtdefinierbarkeit; Monatsberichte der Deutschen Akademie der Wissenschaften zu Berlin, Band 13, 255—257 (1971).

SCHWARTZ, D., Nichtdefinierbarkeit der Stufenbeziehung durch die Elementbeziehung in der Allgemeinen Mengenlehre von KLAUA; Monatsberichte der Deutschen Akademie der Wissenschaften zu Berlin, Band 12, 116—120 (1970).

Literaturverzeichnis

Es wird ein Überblick über die international vorliegende Hochschul-Lehrbuchliteratur zur Allgemeinen Mengenlehre gegeben.

ABBOTT, J. C., Sets, lattices and Boolean algebras; Boston 1969.

ABIAN, A., The theory of sets and transfinite arithmetic; Philadelphia-London 1965.

АЛЕКСАНДРОВ, П. С., Введение в общую теорию множеств и функций; Москва-Ленинград 1948.

ALEXANDROFF, P. S., Einführung in die Mengenlehre und die Theorie der reellen Funktionen; Berlin 1973.

BACHMANN, H., Transfinite Zahlen; Berlin-Heidelberg-New York 1967.

BASTIANI, A., Théorie des ensembles; Paris 1970.

BERNAYS, P., FRAENKEL, A. A., Axiomatic set theory; Amsterdam 1968.

BOREL, E., Elements de la théorie des ensembles; Paris 1949.

BOURBAKI, N., Théorie des ensembles; Paris 1960 (Kapitel I, II), 1963 (Kapitel III) und 1957 (Kapitel IV).

BREUER, J., Introduction to the theory of sets; Englewood Cliffs, N. Y. 1958.

CHRISTIAN, R., Introduction to logic and sets; Boston 1958.

COHEN, P. J., Set theory and the continuum hypothesis; New York-Amsterdam 1966.

Коэн, П. Дж., Теория множесть н континуумгипотеза; Москва 1969.

CROSSLEY, J. N., Constructive order typs; Amsterdam 1969.

DRAKE, F. R., Set theory. An introduction to large cardinals; Amsterdam-London 1973.

FELGNER, M., Models of ZF-set theory; Berlin-Heidelberg-New York 1971.

FITTING, M. C., Intuitionistic logic, model theory and forcing; Amsterdam-London 1969.

FRAENKEL, A. A., Zehn Vorlesungen über die Grundlegung der Mengenlehre; Leipzig-Berlin 1927.

FRAENKEL, A. A., Einleitung in die Mengenlehre; Berlin 1928.
FRAENKEL, A. A., Mengenlehre und Logik; Berlin 1959.
FRAENKEL, A. A., Abstract set theory; Amsterdam 1968.
FRAENKEL, A. A., BAR-HILLEL, Y., Foundations of set theory; Amsterdam 1958.
FRAENKEL, A. A., BAR-HILLEL, Y., LEVY, A., VAN DALEN, D., Foundations of set theory; Amsterdam 1973.
Френкель, А. А., Бар-хиллел, И., Основания теории множесть; Москва 1966.
GÖDEL, K., The consistency of the axiom of choice and of the generalized continuum-hypothesis with the axioms of set theory; Princeton 1940 und 1961.
GRELLING, K., Mengenlehre; Leipzig 1924.
HALMOS, P. R., Naive set theory; Princeton N.Y.-Toronto-London-New York 1960.
HALMOS, P. R., Naive Mengenlehre; Göttingen 1969.
HAMILTON, N., LANDIN, J., Set theory: the structure of arithmetic; Boston 1961.
HAO WANG, MCNAUGHTON, R., Les systèmes axiomatiques de la théorie des ensembles; Paris-Louvain 1953.
Вах Хао, Мак-Нотон, Р., Аксиоматические системы теории Множесть; Москва 1963.
HAUSDORFF, F., Grundzüge der Mengenlehre; Leipzig 1914 und New York 1949.
HAUSDORFF, F., Mengenlehre; Berlin-Leipzig 1935.
HAUSDORFF, F., Set theory; New York 1957.
HAYDEN, S., KENNISON, H. F., Zermelo-Fraenkel set theory; Columbus, Ohio 1968.
HESSENBERG, G., Grundbegriffe der Mengenlehre; Göttingen 1906.
JECH, TH. J., Lectures in set theory with particular emphasis on the method of forcing; Berlin-Heidelberg-New York 1971.
JECH, TH. J., The axiom of choice; Amsterdam-London 1973.
JENSEN, R. B., Modelle der Mengenlehre; Berlin-Heidelberg-New York 1967.
KAMKE, E., Theory of sets; New York 1950.
KAMKE, E., Mengenlehre; Berlin 1962.
KEENE, G. B., Abstract sets and finite ordinals; Oxford-London-New York-Paris 1961.
KLAUA, D., Konstruktion ganzer, rationaler und reeller Ordinalzahlen und die diskontinuierliche Struktur der transfiniten reellen Zahlenräume; Berlin 1961.

KLAUA, D., Allgemeine Mengenlehre; Berlin 1968 (Band I) und 1969 (Band II).

KLAUA, D., Elementare Axiome der Mengenlehre; Berlin-Oxford-Braunschweig 1971.

KLAUA, D., Grundbegriffe der axiomatischen Mengenlehre, Teil 1 und 2; Berlin-Braunschweig 1973.

KLAUA, D., Kardinal- und Ordinalzahlen, Teil 1 und 2; Berlin-Braunschweig 1974.

KRIVINE, J. L., Théorie axiomatique des ensembles; Paris 1969.

KRIVINE, J. L., Introduction to axiomatic set theory; Dordrecht 1971.

KRUSE, A. H., Localization and iteration of axiomatic set theory; Detroit 1969.

KURATOWSKI, K., Einführung in die Mengenlehre und Topologie (Polnisch); Warszawa 1955.

KURATOWSKI, K., Introduction to set theory and topology; Oxford-London-New York-Paris-Warszawa 1972.

KURATOWSKI, K., MOSTOWSKI, A., Mengenlehre (Polnisch); Warszawa-Wrocław 1952.

KURATOWSKI, K., MOSTOWSKI, A., Set theory; Warszawa-Amsterdam 1968.

КУРАТОВСКИЙ, К., МОСТОВСКИЙ, А., Теория множесть; Москва 1970.

LIPSCHUTZ, S., Set theory and related topics; New York 1964.

MENDELSON, E., Introduction to mathematical logic; Princeton-Toronto-New York-London 1964.

МЕНДЕЛЬСОН, Э., Введение в математическую логику; Москва 1971.

MONK, J. D., Introduction to set theory; New York-St. Louis-San Francisco-London-Sydney-Toronto-Mexico-Panama 1969.

MORSE, A. P., A theory of sets; New York-London 1965.

MOSTOWSKI, A., Constructible sets with applications; Warszawa-Amsterdam 1971.

PINTER, CH. C., Set theory; Reading-Menlo Park-London-Don Mills 1971.

QUINE, W. V., Mathematical logic; Cambridge Mass. 1951.

QUINE, W. V., From a logical point of view; Cambridge Mass. 1953.

QUINE, W. V., Set theory and its logic; Cambridge Mass. 1969.

ROSSER, J. B., Logic for mathematicians; New York 1953.

ROSSER, J. B., Simplified independence proofs; New York-London 1969.

ROTMAN, S., KNEEBONE, S. T., The theory of sets and transfinite numbers; London 1966.
RUBIN, H., RUBIN, J., Equivalents of the axiom of choice; Amsterdam 1970.
RUBIN, J. E., Set theory for the mathematician; San Francisco 1967.
SAARNIO, U., Das System und die Darstellung der transfiniten Ordnungszahlen mit Hilfe der höheren Rechenoperationen; Helsinki 1958.
SCHMIDT, J., Mengenlehre I; Mannheim 1966.
SCHOENFLIES, A., Entwickelung der Mengenlehre und ihrer Anwendungen; Leipzig-Berlin 1913.
SHOENFIELD, J. R., Mathematical logic; Reading (Mass.)-Menlo Park (Cal.)-London-Don Mills (Ontario) 1967.
SIERPIŃSKI, W., Hypothèse du continu; Warszawa-Lwow 1934.
SIERPIŃSKI, W., Leçons sur les nombres transfinis; Paris 1950.
SIERPIŃSKI, W., Algèbre des ensembles; Warszawa-Wrocław 1951.
SIERPIŃSKI, W., Cardinal and ordinal numbers; Warszawa 1965.
SIGLER, L. E., Exercises in set theory; Princeton N.Y.-Toronto-New York-London 1966.
SKOLEM, TH. A., Abstract set theory; Notre Dame, Indiana 1962.
SŁUPECKI, J., BORKOWSKI, L., Elements of mathematical logic and set theory; Warszawa-Oxford-London-Edinburgh-New York-Toronto-Sydney-Paris-Braunschweig 1967.
STOLL, R. R., Set theory and logic; San Francisco-London 1963.
SUPPES, P., Axiomatic set theory; Princeton N.Y.-Toronto-London-New York 1960.
TAKEUTI, G., ZARING, W. M., Introduction to axiomatic set theory; New York-Heidelberg-Berlin 1971.
VOPĚNKA, P., HÁJEK, P., The theory of semisets; Prague 1972.
ZEHNA, P., JOHNSON, R., Elements of set theory; Boston 1972.

Symbol-Liste

Namen- und Sachregister

Der Autor

- behandelt Wohlordnung und Arithmetik der Kardinal- und Ordinalzahlen

- studiert die Zahlklassen im Zusammenhang mit Alephs, Anfangszahlen und Konfinalität

- gewinnt durch Hinzunahme des Universenaxioms das erweiterte Axiomensystem der Mengenlehre als axiomatisches Fundament der Gesamtmathematik und untersucht die engen Beziehungen zwischen Universen und exorbitanten Zahlen

- setzt die Kenntnis des WTB-Bandes „Kardinal- und Ordinalzahlen, Teil 1" voraus

WISSENSCHAFTLICHE TASCHENBÜCHER

MIX

Papier | Fördert gute Waldnutzung

FSC® C083411

Kolibri 360 GmbH
Ferdinand-Jühlke-Straße 7
99095 Erfurt, Deutschland
produktsicherheit@kolibri360.de